高熱伝導性コンポジット材料

Advanced Composites Having High Thermal Conductivities

《普及版／Popular Edition》

監修 竹澤由高

シーエムシー出版

はじめに

　地球温暖化をはじめとする環境問題がクローズアップされ，LED採用やインバータ採用といった環境に優しい製品，技術が販売の謳い文句になって久しい。環境に優しい製品であっても機器内部から発生する「熱」は性能が向上すればする程大きくなり，「放熱」というキーワードが極めて重要になっている。このような世の中の状況に対応して，放熱材料に関する講演会や雑誌などでの特集がいろいろなところで目に付くようになった。一般的な放熱対策技術としては，冷却ファンや空冷ヒートシンク等の外付け冷却器の使いこなし技術から始まり，実装構造内部に踏み込んでの特集となると，冷却器と発熱体との間に使用する高熱伝導シートとしてカーボンや金属フィラーを含んだコンポジット材料，セラミックス系フィラーを用いたコンポジット材料等の応用製品が開発メーカーからオムニバス的に紹介された構成が多い。

　しかし，熱対策に頭を痛めている材料開発者，部品設計者にはブラックボックスとなっているコンポジット素材の熱伝導現象，カタログ値の熱伝導率と必ずしも合わない実際のモノの熱伝導率の測定法に関して疑問をもっている方も少なくないのではないだろうか？　さらに，コンポジット材料の絶縁，非絶縁の区分，熱硬化，熱可塑の区分もユーザー側にとっては重要な選定項目であるが，不明確でわかりにくいのが現状と思われる。本書はそういった疑問に答えるとともに，最新の開発技術を構成区分別に応用事例としてコンパクトにまとめることを目的に企画したものである。

　第1編では大学の先生方を中心に，金属とは異なり理論で説明しにくいコンポジット材料という曖昧で複雑な材料の熱伝導理論と測定技術の基礎をわかりやすく解説いただいた。第2編では素材自身の高熱伝導化技術を樹脂，フィラーそれぞれについてその分野で著名な研究者にご執筆いただいた。第3編は本書のメインとなる部分であるが，コンポジット材料の最新の高熱伝導化技術とその応用事例を主に開発メーカーの技術者にお願いして執筆いただいた。

　このように基礎理論から測定技術，素材の開発状況にまで踏み込んで最新の高熱伝導性コンポジッ材料を構成区分別に解説した書籍は他になく，是非とも多数の関係者に活用されることを希望する。

2010年12月

竹澤由高

普及版の刊行にあたって

本書は2011年に『高熱伝導性コンポジット材料』として刊行されました。普及版の刊行にあたり，内容は当時のままであり加筆・訂正などの手は加えておりませんので，ご了承ください。

2016年12月

シーエムシー出版　編集部

執筆者一覧（執筆順）

伊藤 雄三	工学院大学　工学部　応用化学科　教授		
橋本 壽正	東京工業大学　大学院理工学研究科　有機・高分子物質専攻　教授		
森川 淳子	東京工業大学　大学院理工学研究科　有機・高分子物質専攻　助教		
遠藤 聡	アルバック理工㈱　研究開発部　課長		
笈川 直美	アルバック理工㈱　研究開発部　分析サービス室　係長		
池内 賢朗	アルバック理工㈱　規格生産部　課員		
上利 泰幸	（地独）大阪市立工業研究所　環境技術研究部　高機能樹脂研究室　主幹・室長		
竹澤 由高	日立化成工業㈱　筑波総合研究所　主管研究員		
原田 美由紀	関西大学　化学生命工学部　准教授		
木村 亨	ポリマテック㈱　R&Dセンター　研究部　部長		
依藤 大輔	東京工業大学　理工学研究科　物質科学専攻　博士課程（現：ポリプラスチック㈱）		
安藤 慎治	東京工業大学　理工学研究科　物質科学専攻　教授		
加藤 孝	チッソ㈱　液晶事業部		
渡利 広司	㈱産業技術総合研究所　イノベーション推進本部　総括企画主幹		
佐藤 公泰	㈱産業技術総合研究所　先進製造プロセス研究部門　研究員		
真田 和昭	富山県立大学　工学部　機械システム工学科　エコマテリアル工学講座　准教授		
北條 房郎	㈱日立製作所　材料研究所　電子材料研究部　主任研究員		
小堺 規行	住友大阪セメント㈱　建材事業部　新規事業グループ　部長		
片木 秀行	日立化成工業㈱　筑波総合研究所　基盤技術開発センター　専任研究員		
宮田 建治	電気化学工業㈱　電子材料総合研究所　精密材料研究部　先任研究員		
阿尻 雅文	東北大学　原子分子材料科学高等研究機構　教授		
北川 和哉	住友ベークライト㈱　高機能プラスチック製品総合研究センター　基盤研究部　主任研究員		
島﨑 譲	㈱日立製作所　材料研究所　環境材料プロセス研究部　研究員		
矢野 浩之	京都大学　生存圏研究所　教授		
山縣 利貴	電気化学工業㈱　電子材料総合研究所　精密材料研究部　先任研究員		
岡本 敏	住友化学㈱　情報電子化学品研究所　グループマネージャー		
位地 正年	日本電気㈱　グリーンイノベーション研究所　主席研究員		
井上 雅博	大阪大学　産業科学研究所　助教		
守田 俊章	㈱日立製作所　材料研究所　電子材料研究部　主任研究員		
吉武 正義	福田金属箔粉工業㈱　研究開発部　調査役		
山本 礼	日立化成工業㈱　筑波総合研究所　専任研究員		
西川 泰司	㈱カネカ　電材事業部　技術統括部　電子材料開発研究グループ　幹部職		
富村 寿夫	熊本大学　大学院自然科学研究科　産業創造工学専攻　先端機械システム講座　教授		
奥山 正明	山形大学　大学院理工学研究科　機械システム工学分野　准教授		

執筆者の所属表記は，2011年当時のものを使用しております。

目　次

【第1編　熱伝導理論と測定技術の基礎】

第1章　固体物理から考える高分子の熱伝導現象の基礎　　伊藤雄三

1　緒言 …………………………………… 1
2　熱伝導の基礎 ………………………… 2
　2.1　熱伝導率の定義（Fourierの法則）と熱拡散方程式 …………… 2
　2.2　熱伝導率と物質定数との関係（Debyeの式）…………………… 4
　2.3　電子による熱伝導とフォノンによる熱伝導 ………………………… 5
　2.4　熱伝導率を決める因子，定圧体積比熱，フォノンの速度，平均自由行程 …………………………………… 7
　2.5　平均自由行程を決める因子，静的散乱と動的散乱 ……………………… 8
　2.6　Boltzmannの輸送方程式によるフォノンフォノン散乱を考慮した熱伝導率の定量的解析 ………………… 10
3　高分子の熱伝導 …………………… 11
　3.1　高分子の熱伝導の特徴 ………… 11
　3.2　高分子の高次構造と熱伝導率 … 12
4　高熱伝導高分子 …………………… 14
　4.1　高分子の高熱伝導化のメカニズム …………………………………… 14

第2章　高分子の熱物性と熱伝導率・熱拡散率測定法　　橋本壽正，森川淳子

1　はじめに ……………………………… 16
2　フーリエ法則から物性値へ ………… 17
3　測定法の概観 ………………………… 18
　3.1　定常法 ……………………………… 20
　3.2　細線法・熱線法・ホットディスク法 …………………………………… 22
　3.3　フラッシュ法・レーザーフラッシュ法 …………………………………… 24
　3.4　温度波熱分析法 ………………… 25
　3.5　赤外線カメラを用いた熱拡散率測定 …………………………………… 32
4　まとめ ………………………………… 36

第3章　熱伝導率測定装置の進歩　　遠藤　聡，笈川直美，池内賢朗

1　熱伝導率・熱拡散率評価法の概要 …… 39
2　フラッシュ法とその応用展開 ……… 41
　2.1　フラッシュ法（厚さ方向の熱拡散率評価）……………………………… 41
　2.2　応用展開（面内方向の熱拡散率評価）……………………………… 43

3 光交流法による薄板の面内熱拡散率評価 …………………………………………… 44

4 まとめ ……………………………………… 46

第4章 複合系高分子材料の熱伝導率向上技術　上利泰幸

1 高熱伝導性高分子材料への期待 ……… 48
2 高分子材料の複合化による熱伝導率に及ぼす影響 …………………………………… 49
 2.1 粒子分散複合材料の有効熱伝導率に与える影響と予測式 ………………… 49
 2.2 熱伝導率に与える影響 ……………… 50
 2.3 熱伝導率の異なる多種類の充填材を複合化したときの熱伝導率 ………… 59
3 応用分野と将来性 ……………………… 59

【第2編　素材自身の高熱伝導化技術】

第5章　樹脂の高熱伝導化技術

1 絶縁エポキシ樹脂のランダム自己配列型高次構造制御による高熱伝導化 …………………………………… **竹澤由高** … 63
 1.1 はじめに …………………………… 63
 1.2 樹脂自身の高熱伝導化の必要性と高熱伝導樹脂の材料設計の考え方 …… 64
 1.3 高次構造を制御した高熱伝導エポキシ樹脂の開発 ………………………… 67
 1.4 おわりに …………………………… 70
2 エポキシ樹脂の異方配向制御による高熱伝導化 ……………… **原田美由紀** … 72
 2.1 はじめに …………………………… 72
 2.2 構造制御に用いられるメソゲン基と液晶性エポキシ樹脂の特徴 ………… 72
 2.3 磁場・電場配向による異方性ネットワークポリマーの特性 ……………… 74
 2.4 化学的安定性に優れたターフェニル型エポキシ樹脂の開発 ……………… 76
 2.5 おわりに …………………………… 77
3 強磁場による高分子の異方配向制御と高熱伝導化 ……………… **木村　亨** … 79
 3.1 はじめに …………………………… 79
 3.2 詳細内容 …………………………… 79
 3.3 おわりに …………………………… 84
4 ポリイミド系樹脂の高熱伝導化材料設計技術 ………… **依藤大輔，安藤慎治** … 86
 4.1 はじめに …………………………… 86
 4.2 ポリイミドの高熱伝導化 …………… 87
 4.3 ポリイミド／無機ナノ粒子ハイブリッド膜の高熱伝導化 ………………… 91
 4.4 おわりに …………………………… 98
5 重合性液晶材料（PLC）を利用した分子配向制御による高熱伝導化 …………………………………… **加藤　孝** … 100

5.1 はじめに……………………100	………………………………103
5.2 分子配向制御と熱伝導の関係……101	5.4 まとめ………………………110
5.3 ネットワーク構造と熱伝導の関係	

第6章　フィラーの高熱伝導化技術

1　窒化ホウ素フィラーの評価とその応用—高熱伝導率フィラー／樹脂複合材の開発—………渡利広司，佐藤公泰…111
　1.1　はじめに………………………111
　1.2　BNの特徴……………………111
　1.3　BNフィラーの製造方法………113
　1.4　BNフィラーの状況……………114
　1.5　BNフィラー／樹脂複合材の研究例………………………………116
　1.6　フィラー／樹脂複合材のためのBNフィラーの評価………………117
　1.7　まとめと今後の展開……………122
2　カーボンナノチューブの分散・ネットワーク構造形成技術とポリマーの高熱伝導化………………真田和昭…125
　2.1　はじめに………………………125
　2.2　カーボンナノチューブの特徴……125

　2.3　カーボンナノチューブの分散方法………………………………127
　2.4　カーボンナノチューブの表面処理方法………………………………129
　2.5　カーボンナノチューブによるポリマーの高熱伝導化技術……………130
　2.6　おわりに………………………138
3　分岐アルミナファイバー，ナノポーラスアルミナを用いたポリマーコンポジット………………北條房郎…141
　3.1　はじめに………………………141
　3.2　分岐構造を形成させたアルミナファイバーの形成……………………141
　3.3　ポーラスα-アルミナを用いたコンポジット材料の形成……………143
　3.4　おわりに………………………145

【第3編　コンポジット材料の高熱伝導化技術とその応用事例】

第7章　熱硬化型の絶縁系コンポジット材料

1　封止・接着用高熱伝導・電気絶縁性液状エポキシ材料…………小堺規行…146
　1.1　はじめに………………………146
　1.2　設計思想………………………146

　1.3　成形条件と成形粘度……………148
　1.4　特性値…………………………151
　1.5　接着強さ………………………153
　1.6　温度別可使時間…………………153

1.7 長期信頼性……………………154	4.2 熱放散性成形材料の設計………171
1.8 おわりに………………………155	4.3 熱放散性成形材料スミコン®Tシリーズ………………………173
2 絶縁性と熱伝導性を両立した接着シート……………片木秀行…157	4.4 成形品への展開………………178
2.1 はじめに………………………157	4.5 おわりに………………………179
2.2 高熱伝導絶縁接着シートの開発‥157	5 セルロースナノファイバーを用いた透明高熱伝導フィルム
2.3 おわりに………………………161	………島﨑　譲,矢野浩之…180
3 高度な粒子配向制御と高充填化技術を用いた超高熱伝導BNコンポジットシート……宮田建治,阿尻雅文…162	5.1 はじめに………………………180
	5.2 セルロースナノファイバー（CeNF）………………………180
3.1 はじめに………………………162	5.3 透明高熱伝導フィルム…………181
3.2 複合材料の高熱伝導化手法について………………………164	5.4 透明高熱伝導フィルムの熱伝導特性………………………………182
3.3 高熱伝導複合材料の創成と検証‥167	5.5 開発課題，各研究機関の取り組み………………………………184
3.4 ハイブリッド材料による新デバイス………………………………169	5.6 おわりに………………………185
4 熱放散性成形材料………北川和哉…171	
4.1 はじめに………………………171	

第8章　熱可塑型およびその他の絶縁系コンポジット材料

1 フェーズチェンジタイプ放熱スペーサー……………山縣利貴…187	1.7 フェーズチェンジタイプ放熱スペーサー開発品「PCA-E5」…………190
1.1 はじめに………………………187	1.8 二層品フェーズチェンジタイプ放熱スペーサー「PCA-Y12」…………191
1.2 放熱材料………………………187	1.9 おわりに………………………192
1.3 放熱材料の熱伝導性と材料設計ポイント……………………………188	2 液晶ポリマーの熱伝導性と応用……………………岡本　敏…193
1.4 熱伝導性測定装置……………188	2.1 はじめに………………………193
1.5 フェーズチェンジタイプ放熱スペーサーの特徴……………………189	2.2 熱伝達材マトリックスとしての液晶ポリマーのポテンシャル…………195
1.6 二層品フェーズチェンジタイプ放熱スペーサーの特徴………………189	2.3 LCP／フィラーコンポジットの高熱

伝導化の可能性……………196
　2.4 実用面で熱伝達材マトリックスとして有益な液晶ポリマーの開発……199
　2.5 むすびに…………………206
3 高熱伝導性バイオプラスチックの開発
　　　……………………**位地正年**…208
　3.1 はじめに…………………208

　3.2 ポリ乳酸中での炭素繊維の架橋化による高熱伝導化……………210
　3.3 新規ポリ乳酸複合材の熱伝導性への炭素繊維のサイズの影響………211
　3.4 機械的特性の改善効果…………212
　3.5 実用化技術の開発………213
　3.6 まとめと今後の展開……213

第9章　熱硬化型の非絶縁系コンポジット材料

1 導電性接着剤の熱伝導特性
　　　………………**井上雅博**…215
　1.1 はじめに…………………215
　1.2 導電性接着剤の熱伝導率解析の理論的背景………………………215
　1.3 導電性接着剤の熱伝導率の解析例
　　　……………………………218
　1.4 高熱伝導性の導電性接着剤の開発指針……………………………222
　1.5 おわりに…………………223
2 酸化銀マイクロ粒子を用いた高熱伝導接合材料……………**守田俊章**…225
　2.1 はじめに…………………225
　2.2 酸化銀の還元温度………225

　2.3 酸化銀粒子の還元，及び焼結挙動
　　　……………………………226
　2.4 接合強度評価……………227
　2.5 放熱性評価………………228
　2.6 まとめ……………………230
3 金属系（銀／銅）フィラーによる高熱伝導化技術…………**吉武正義**…231
　3.1 はじめに…………………231
　3.2 金属系フィラーの種類…………231
　3.3 高熱伝導性フィラー……232
　3.4 金属フィラー分散複合材料の熱伝導性………………………………237
　3.5 おわりに…………………239

第10章　熱可塑型およびその他の非絶縁系コンポジット材料

1 黒鉛粒子配向制御によるコンポジット材の高熱伝導化………**山本　礼**…240
　1.1 はじめに…………………240
　1.2 従来の熱伝導材の問題点………241
　1.3 高熱伝導性と柔軟性の両立………243

　1.4 熱伝導粒子の配向と熱伝導性の関係
　　　……………………………246
　1.5 絶縁性伝導材……………247
　1.6 おわりに…………………248
2 高熱伝導性グラファイトシートの特性と

応用 ……………………西川泰司 … 250
 2.1 はじめに ………………………… 250
 2.2 グラファイトの特徴 …………… 250
 2.3 高熱伝導性グラファイトシート
    (GS) の作製と物性 …………… 251
 2.4 グラファイト複合シート ……… 252
 2.5 高熱伝導性グラファイトシートの特
    性 ………………………………… 252
 2.6 グラファイトシートのアプリケー
    ションへの応用例 ……………… 254
 2.7 おわりに ………………………… 256
3 カーボンナノファイバーを添加したシリ
コーングリース，ゴムの熱伝導特性
  ……………富村寿夫，奥山正明 … 258
 3.1 はじめに ………………………… 258
 3.2 熱伝導率の測定原理と方法 …… 258
 3.3 測定装置 ………………………… 261
 3.4 カーボンナノファイバー，シリコー
    ングリース，ゴム ……………… 263
 3.5 カーボンナノファイバーを添加した
    シリコーングリースの熱伝導特性
    …………………………………… 263
 3.6 カーボンナノファイバーを添加した
    ゴムの熱伝導特性 ……………… 267

【第1編　熱伝導理論と測定技術の基礎】

第1章　固体物理から考える高分子の熱伝導現象の基礎

伊藤雄三*

1　緒言

今日では熱力学第2法則（孤立系におけるエントロピー増大の法則）として知られるThomsonの原理より，エネルギーを消費して何らかの仕事を行う全ての機器・デバイスにおいては，熱の発生は必然的なものであり，許容限度以上の温度上昇を抑える放熱の問題は，根源的な技術課題といえる。全て金属性部品で賄える内燃機関等は，比較的放熱設計が容易であるが，必ず絶縁体を必要とする電子・電気機器では，絶縁材料の低熱伝導性に由来し，特に，エネルギー消費の大きいものにおいては，その放熱設計が極めて困難となる。

既に十数年以前より，大型発電機においては，この放熱性能がその性能に大きな影響を与え，コイルの絶縁材料の放熱性，即ち，熱伝導率をいかに上げるかが，非常に重要な技術課題となっていた。近年においては，エレクトロニクス機器の高性能化，小型化，高速化により，放熱，冷却の問題が喫緊の課題となっている。また，電気エネルギーを動力源として用いるモーターにおいては，言うまでもなく，放熱の問題は最重要課題の一つである。これら課題を有する機器を主要構成要素として持つ自動車，特に，電気自動車（EV），ハイブリッド車（HV）においては，パワー半導体等を用いる電子回路や小型高性能モーター等において，この高放熱性，絶縁部の高熱伝導化の問題は，最重要技術課題といえ，非常に競争の激しい本分野においては死命を制するキーテクノロジーとなり得る。

本稿においては，材料中の熱伝導の基礎をまず論じ，次いで，絶縁材料として最も汎用的に用いられる高分子における熱伝導の基礎，高熱伝導化の可能性に関して述べる。熱伝導現象を固体物理の観点から眺めると，熱伝導を担う固体中の励起状態である，電子およびフォノンによる熱エネルギーの伝導現象，それを妨げる熱抵抗となる，固体中の幾何学的構造不整による散乱（静的散乱），電子フォノン，フォノンフォノンの散乱（動的散乱）などの各種素励起の散乱過程の物理を論じることになる。まず，これら素励起による熱エネルギーの輸送過程を，簡単な運動力学的観点から述べ，次いで，Boltzmannの輸送方程式を用いた，より定量的な取り扱いについて述べる。最後に最も簡単な高分子であるポリエチレンの熱伝導率の理論限界

---

*　Yuzo Itoh　工学院大学　工学部　応用化学科　教授

について,厳密な Boltzmann の輸送方程式を用いた定量的解析による理論計算の観点から考察する。

2 熱伝導の基礎

2.1 熱伝導率の定義(Fourier の法則)と熱拡散方程式
2.1.1 熱伝導率の定義(Fourier の法則)
(1) 1次元[1]

物質中に温度勾配があるときの物質中を流れる単位時間,単位面積当たりの熱エネルギーを熱流束(熱流密度:j_{th}/Wm^{-2})と定義する。熱流束は以下の (1) 式で表わされる(Fourier の法則)。

$$j_{th} = -K(dT/dx) \tag{1}$$

ここで,$K/Wm^{-1}K^{-1}$ は熱伝導率,T/K は絶対温度,x/m は1次元方向の位置を表す。また,熱流束が両端の温度差 ΔT ではなく,温度勾配 dT/dx に比例することから,熱伝導現象が拡散過程であることが分かる。熱拡散の観点からの定式化は次節で述べる。

(2) 3次元

ある一定の方向のみの熱伝導に着目している場合には,1次元の取り扱いで十分であるが,一般的には,材料中における熱伝導現象は3次元,即ちベクトル(1階のテンソル)およびテンソルによる定式化が必要である。熱流束ベクトルを j_{th} で表わす。ここで,熱流束ベクトルの方向が熱伝導の方向,絶対値が熱流束の大きさを表す。以下,式において,ベクトル及びテンソルはゴシック体で表わす。

$$\mathbf{j_{th}} = (j_{th}^x, j_{th}^y, j_{th}^z) \tag{2}$$

ここで,j_{th}^x,j_{th}^y,j_{th}^z は,それぞれ,熱流束ベクトルの x 成分,y 成分,z 成分を表す。(3) 式に3次元での物質中での熱伝導率を表す式を示した。

$$\mathbf{j_{th}} = -\mathbf{K}\nabla T \tag{3}$$

ここで,$\mathbf{K}$ は熱伝導率テンソル,∇ はナブラ演算子((5) 式)である。

$$\mathbf{K} = \begin{pmatrix} K_{xx}, & K_{xy}, & K_{xz} \\ K_{yx}, & K_{yy}, & K_{yz} \\ K_{zx}, & K_{zy}, & K_{zz} \end{pmatrix} \tag{4}$$

第1章　固体物理から考える高分子の熱伝導現象の基礎

$$\nabla = (\partial/\partial x, \ \partial/\partial y, \ \partial/\partial z) \tag{5}$$

(3) 式は熱流束の x, y, z 成分で書き下すと以下の式となる。

$$j_{th}^x = -K_{xx}(\partial T/\partial x) - K_{xy}(\partial T/\partial y) - K_{xz}(\partial T/\partial z)$$
$$j_{th}^y = -K_{yx}(\partial T/\partial x) - K_{yy}(\partial T/\partial y) - K_{yz}(\partial T/\partial z) \tag{6}$$
$$j_{th}^z = -K_{zx}(\partial T/\partial x) - K_{zy}(\partial T/\partial y) - K_{zz}(\partial T/\partial z)$$

2.1.2　熱拡散方程式
(1) 1次元

紙面の都合上，式の導出は割愛するが，1次元における熱伝導を，熱拡散の観点から定式化すると以下の熱拡散方程式（(7) 式）が得られる。

$$\partial T(x, t)/\partial t = \alpha \partial^2 T(x, t)/\partial x^2 \tag{7}$$

ここで，$T(x, t)/K$ は物質中において，位置 x，時間 t における絶対温度であり，α/m^2s^{-1} は熱拡散係数である。式(1)および式(7)は物質中を熱エネルギーが移動するという同一の物理過程を熱伝導と熱拡散という2つの物理的描像で表わしたものであり，その物理的本質は同じものである。従って，熱伝導率および熱拡散係数には以下の式で表わされる普遍的関係がある。

$$K = \rho C \alpha = C'\alpha \tag{8}$$

ここで，ρ/kgm^{-3} は物質の密度，$C/JK^{-1}kg^{-1}$ は定圧比熱容量，$C'/JK^{-1}m^{-3}$ は定圧体積熱容量である。以後の議論では，物質定数と明確に関連付けられ，より物理的本質を表す熱伝導率を用い，必要に応じて熱拡散係数に言及する。熱拡散方程式は有限要素法などの数値計算ではよく用いられ，熱伝導率測定装置でも，その測定原理により，熱伝導率あるいは熱拡散係数のどちらかが，直接的に求められる。必要に応じて (8) 式により相互に換算していただきたい。

(2) 3次元

1次元の熱拡散方程式は，類書によく見かけられるが，異方性固体における一般の熱の流れの解析に用いられる3次元の熱拡散方程式は，あまり一般的ではないので，以下に厳密な式を示す。

$$\partial T(r, t)/\partial t = (1/\rho C)(\nabla \cdot \mathbf{K} \nabla T(r, t)) \tag{9}$$

(9) 式の熱拡散方程式そのものは，(3) 式で表わされる熱伝導のベクトル方程式と違い，スカラー方程式であるが，右辺の式の成分中に3次元の情報を含む。テンソル **K** とベクトル ∇T

(r, t) の積 K∇T (r, t) はベクトルであり，ベクトル演算子∇とベクトル K∇T (r, t) の内積∇・K∇T (r, t) はスカラーである。ここで絶対温度 T (r, t) は，位置ベクトル r, 時刻 t における絶対温度を示す。(9) 式は熱伝導の定義式 (3) 式，流体力学や電磁気学でよく用いられる連続の方程式（電荷の保存則），および定圧体積熱容量の定義式より直接導かれる。

2.2 熱伝導率と物質定数との関係 (Debye の式)

物質中で熱エネルギーを輸送する担い手としては，電子および物質の熱振動を量子化したフォノンがあげられる。絶縁体では，電子は物質中を移動しないので，熱エネルギーの伝達にはフォノンのみが寄与し，導電体では，電子およびフォノンが熱伝導に寄与するが，銅や鉄などの良導体では，電子の寄与が圧倒的に大きい。本稿の目的は絶縁体である高分子中の熱伝導のメカニズムを明らかにすることであり，以下の議論では，熱エネルギー伝達の主なものとしてフォノンのみを扱い，電子は必要に応じて言及するにとどめる。

ここではまず，物質の熱伝導率 K が，いかなる物質定数によって決まるかを明らかにするため，物質定数と熱伝導率との関係を表した Debye の式を，簡単な運動力学的理論により，導出する[1,2]。今物質中を x 軸の正の方向に熱が伝導しているものとする。即ち dT/dx は負である。物質中でのフォノンの平均密度を n/m^{-3}，フォノンの x 軸方向への平均速度を $\langle v_x \rangle /ms^{-1}$ とすると，単位時間単位面積を通過するフォノン数（フォノン流束）は $n\langle v_x \rangle$ で表わされる。この物質中でフォノンが最初に散乱されてから次に散乱されるまでの微小距離 l_x（平均自由行程）進んだ時，絶対温度が ΔT 下がったとすると，この過程でフォノン 1 個から発生する熱量は $-c\Delta T = -cl_x (dT/dx)$ となる。ここで，c/JK^{-1} はフォノン 1 個当たりの定圧熱容量である。従って，フォノン流束 $n\langle v_x \rangle$ が発生する熱量，即ち熱流束 j_{th} は以下の式で表わされる。

$$j_{th} = -n\langle V_x \rangle c l_x (dT/dx) \tag{10}$$

ここで，フォノンが散乱されてから次に散乱されるまでの時間（緩和時間）を τ/s，3 次元物質中の一般の方向を進むフォノンの平均速度を $\langle v \rangle /ms^{-1}$ とし，簡単のため，この物質は等方性と仮定すると，以下の式が成り立つ。

$$l_x = \tau \langle v_x \rangle \tag{11}$$

$$\begin{aligned} \langle v \rangle^2 &= \langle v_x \rangle^2 + \langle v_y \rangle^2 + \langle v_z \rangle^2 \\ &= 3\langle v_x \rangle^2 \end{aligned} \tag{12}$$

(10), (11), (12) 式より以下の (13) 式が導かれる。

第1章　固体物理から考える高分子の熱伝導現象の基礎

$$j_{th} = -(1/3)C'\langle v \rangle l(dT/dx) \tag{13}$$

ここで，$C' = nc$ を用いた。(1) の熱伝導率の定義式と比較することにより以下の Debye の式が得られる。

$$K = (1/3)C'\langle v \rangle l \tag{14}$$

得られた Debye の式は，導出過程からもわかるように，3次元等方性固体を仮定した1次元の近似であり，一般の固体に適用するためには，異方性を考慮したテンソルを用いた表式が必要である。ただし，1次元近似の (14) 式を用いても物理的本質の議論には差し支えないので，以後，(14) 式で表わされる Debye の式を用いて，熱伝導率と物質定数との関係を議論していく。(14) 式より熱伝導率 K は，物質の定圧体積熱容量 C'，フォノンの平均速度 $\langle v \rangle$，およびフォノンが散乱されてから次に散乱されるまで進む距離，即ち，平均自由行程 l によって決まることが分かる。詳細は 2. 4 項以降で議論する。

2. 3　電子による熱伝導とフォノンによる熱伝導

2. 3. 1　電子による熱伝導

本稿では，フォノンによる熱伝導を議論の対象にしているが，物質中の熱伝導現象の本質ともかかわるため，ここでは電子による熱伝導を概観する[1]。電子による熱伝導の場合でも (14) 式の Debye の式は成立する。ただし，定圧体積熱容量 C' は，電子による定圧体積熱容量 C_{el}' であり，$\langle v \rangle$ は電子の平均速度であり，l は電子の平均自由行程である。電子による定圧体積熱容量 C_{el}' は以下の式で表わされる[1,2]。

$$C_{el}' = (1/2)\pi^2 n k_B T/T_F \tag{15}$$

ここで，n/m^{-3} は電子密度，k_B/JK^{-1} は Boltzmann 定数，m/kg は電子の質量，Fermi 温度 T_F は $\varepsilon_F = k_B T_F$ で定義される。ここで ε_F, v_F は，それぞれ，Fermi 面近傍での電子のエネルギーおよび平均速度である。(15) 式を (14) 式に代入し，$T_F = \varepsilon_F/k_B$, $\varepsilon_F = (1/2)mv_F^2$, $l = v_F \tau$ を用いれば，電子による熱伝導率 K_{el} ((16) 式) が求まる。ここで τ/s は電子が散乱され，再び散乱されるまでの時間（緩和時間）である。

$$K_{el} = \pi^2 n k_B^2 T\tau/3m \tag{16}$$

また，自由電子モデルより求めた電気伝導度 $\sigma/AV^{-1}m^{-1}$ は以下の式 ((17) 式) で表わされる。ここで，A はアンペア，V はボルト，AV^{-1} は Ω^{-1} である。

$$\sigma = ne^2\tau/m \tag{17}$$

ここで，e/C は電子の電荷である。

2.3.2 ヴィーデマン―フランツの法則（Wiedemann-Franz law）[1,2]

ここで電導体における，K_{el}/σ の値を (16)，(17) 式を用いて導くと，ヴィーデマン―フランツの法則（Wiedemann-Franz law）として知られる (18) 式が得られる。

$$K_{el}/\sigma = (\pi^2/3)(k_B/e)^2 T \tag{18}$$

即ち，電子が熱伝導および電気伝導に主として寄与する電導体においては，熱伝導率 K と電気伝導率 σ の比は絶対温度 T に比例して一定値となり，電気伝導率が大きな材料は，熱伝導率も大きく，電気伝導率が小さい，即ち，絶縁体では，熱伝導率も必然的に小さくなる。従って，電子による熱伝導では，熱伝導率の大きな絶縁体を作製することは不可能となる。(18) 式の T の比例係数はローレンツ数 (L) と呼ばれ，理論値は (18) 式よりボルツマン定数および電子の電荷の値より計算され，$2.45 \times 10^{-8}/W\Omega K^{-2}$ となる。例えば，銀，鉛の 0℃ におけるLの実測値は，それぞれ，$2.31 \times 10^{-8}/W\Omega K^{-2}$，$2.47 \times 10^{-8}/W\Omega K^{-2}$ となり[1]，(Fermi-Dirac 統計を考慮した）自由電子モデルという簡単な近似にもかかわらず，理論値と実測値の一致は極めてよく，(18) 式で表わされるヴィーデマン―フランツの法則の信頼性は非常に高いものであるといえる。理論的な観点からは，ヴィーデマン―フランツの法則がよく成り立つということは，電子が熱エネルギーを輸送する時の緩和時間 τ ((16) 式) と電子が電荷を輸送する時の緩和時間 τ ((17) 式) が一致する，即ち熱抵抗および電気抵抗にかかわる物理的過程が同一の過程であるということを意味している。

2.3.3 様々な物質の熱伝導率

前項の議論より，高い熱伝導率を有する絶縁体は，熱エネルギーを輸送する媒体として，電子ではなくフォノンを用いなくてはならないことが分かる。ここで，フォノンが熱エネルギーを輸送する材料において，高い熱伝導率を達成することができるかどうかを確認するため，様々な材料の熱伝導率をその熱エネルギーを輸送する媒体とともに表1に示した。

表1を見てわかるように，電子を熱エネルギー輸送の媒体として用いる金属（銅）が，室温において非常に大きな熱伝導率を示し，これは我々の日常的な感覚と一致する。しかし，サファイアはフォノンが熱エネルギー輸送の媒体であるにもかかわらず，極低温 (30 K) ではあるが，非常に大きな熱伝導率を示す。ここで着目すべきは，ダイヤモンドの熱伝導率であり，室温において 2000 $Wm^{-1}K^{-1}$ の非常に大きな熱伝導率を示し，これは，熱伝導の媒体が電子であり大きな熱伝導率を示す代表的な金属である銅の値の 5 倍の値であり，ダイヤモンドは室

第1章 固体物理から考える高分子の熱伝導現象の基礎

表1 様々な材料の熱伝導率

種類	熱伝導の媒体	状態	熱伝導率/Wm^{-1}K^{-1}
金属	自由電子	結晶	400（銅）
セラミックス	フォノン	結晶	30（アルミナ）
絶縁樹脂	フォノン	非晶	0.2（エポキシ樹脂）
サファイヤ	フォノン	結晶	2×10^4 at 30K
ダイヤモンド	フォノン	結晶	2×10^3 at 298K

温で最も大きな熱伝導率を示す物質である。実用的には，単結晶で非常に高価な宝石でもあるダイヤモンドを絶縁材料として用いることはできないが，フォノンを熱エネルギーの輸送媒体として用いる絶縁体においても，非常に大きな熱伝導率が達成可能であることが分かった。次項以降で，ダイヤモンドがなぜ室温においてこのような大きな熱伝導率を達成できたのかを解析し，高分子材料の高熱伝導化のメカニズムを考察する。

2.4 熱伝導率を決める因子，定圧体積比熱，フォノンの速度，平均自由行程

以下，熱エネルギーを輸送する媒体としてフォノンのみを考える。Debyeの式（14）式より，熱伝導率Kを決めるには3つの因子，定圧体積熱容量C'，フォノンの平均速度<v>，フォノンの平均自由行程 l があげられる。

まず，定圧体積熱容量C'では，C'＝nc（n：フォノンの密度，c：フォノン1個当たりの熱容量）であり，定圧体積熱容量C'は絶対温度Tが増大するにつれて，フォノン密度nが増大し，従って，定圧体積熱容量C'も増大する。ただし，室温においては，C'の値は物質間であまり大きく変化せず，1桁違うことはまれである。

次いで，フォノンの平均速度<v>を考察する。固体結晶中のフォノンは，いわゆる音波と本質的に同等な音響フォノン（定圧比熱容量のDebyeモデルに用いられる）とIRやラマン散乱で観測される光学フォノン（定圧比熱容量のEinsteinモデルに用いられる）に分類される[1,2]。室温で励起されているフォノンは圧倒的に音響フォノンが多く，熱伝導を考察する時も，まず音響フォノンを考慮しなければならない。<v>の値としては，Brillouin散乱で測定された，代表的な有機物質であるステアリン酸の縦波音響フォノンの値が，2.8×10^3/ms^{-1}であり[3]，無機結晶の場合は，代表的な値が，5×10^3/ms^{-1}であり[1]，物質間で大きな差はない。

次に，フォノンの平均自由行程 l を考察する。まず，結晶粒界や，転位，格子欠陥など構造不整，非連続性（フォノンにとっての非連続性，即ち，非連続的な，構成原子の質量の変化や原子間ポテンシャル（力の定数）の変化）がある場合，静的な（幾何学的な）フォノン散乱が

発生し,平均自由行程 l が減少し,熱伝導率の低下につながる。また,フォノンの散乱には,フォノン同士による動的な散乱もあり,これも平均自由行程 l の低下をもたらし,熱伝導率の低下を引き起こす。この動的散乱であるフォノンフォノン散乱は,物質中における原子間ポテンシャルに非調和性(ポテンシャルエネルギーの位置の3次以上の項)がなければ存在せず,従って,物質中の原子間ポテンシャルの非調和性が小さいほど,フォノンの動的散乱は小さくなり,熱伝導率の増大をもたらす。一般的に,分子間ポテンシャル(ファンデアワールス力)は非調和性が大きく,共有結合は非調和性が小さい。ここで,フォノンフォノン散乱による平均自由行程 l の温度変化を考察すると,フォノン密度の小さい極低温においては,フォノンフォノン散乱は極まれにしか起こらず,平均自由行程 l は十分大きく,従って,熱伝導率も大きい。絶対温度Tが増大するにつれて,フォノンの密度は増大し,フォノンフォノン散乱が起こる確率も増大し,平均自由行程 l の低下をもたらし,従って,熱伝導率も低下する。

上述したように,定圧体積熱容量C'は,絶対温度Tの増大に従って増大し熱伝導率の増大をもたらし,平均自由行程 l は,絶対温度Tが増大するにつれて低下し熱伝導率の減少を引き起こす。従って,絶対温度Tの増加に伴う熱伝導率の値の変化は,定圧体積熱容量C'の増大による寄与と平均自由行程 l の低下による寄与の総和となり,ある温度で極大値を示すことが分かる。

石英の平均自由行程 l の室温における値は4 nmであり,83 Kでの値は54 nmである[1]。この一例からもわかるように,平均自由行程 l は,温度変化や物質の違いにより大きく変化し,室温における熱伝導率の大小を決定している因子は,定圧体積熱容量C'やフォノンの平均速度 <v> ではなく,平均自由行程 l であることが分かる。即ち,高分子などの絶縁体の熱伝導率を大きくするには,「フォノンの平均自由行程 l をいかに大きくするか」であることが分かる。また,熱伝導率の極大値を室温付近に持ってくることも,実用的には重要である。

2.5 平均自由行程を決める因子,静的散乱と動的散乱 [1, 2, 4, 5]

2.5.1 フォノンの静的散乱

前項で述べたように,フォノンの静的な散乱は,固体中の幾何学的な構造不整(フォノンにとっての非連続性,即ち,非連続的な,構成原子の質量の変化や原子間ポテンシャル(力の定数)の変化)がある場合,引き起こされる散乱であり,幾何学的な構造不整を極力なくすことにより,平均自由行程 l の低下を防ぎ,熱伝導率の増大をもたらすことができる。

2.5.2 フォノンの動的散乱

フォノンの動的散乱に関しては,ここでもう少し詳細に議論することを要す。フォノンの動的散乱,フォノンフォノン散乱に関しては,以下に示す2つのプロセスに分類できる。1

第1章　固体物理から考える高分子の熱伝導現象の基礎

つは正常過程（N過程：normal process）であり，他の1つは反転過程（U過程：Umklapp process）である[1,2,4,5]。正常過程は何ら熱伝導に影響を及ぼさないが，反転過程は，室温における熱抵抗の最も大きな原因の1つである。この熱抵抗に関するU過程の重要性に関してはPierlsにより始めて指摘された[4]。これら2つのフォノン同士の散乱過程に関し，以下に詳述する。

(1) 正常過程（N過程：normal process）

フォノンの波数ベクトル K を定義する。波数ベクトルの方向がフォノンの進行方向であり，その絶対値はフォノンの波長の逆数の大きさである。$(h/2\pi)K$ は固体中では運動量のように振る舞い（擬運動量，結晶運動量），フォノンフォノンの散乱過程では運動量の保存則（波数ベクトルの保存則）が成り立つ。フォノン K_1 とフォノン K_2 が消滅し，フォノン K_3 が生じる，3フォノン散乱過程では，運動量の保存則から，次式が成り立つ。

$$K_1 + K_2 = K_3 \tag{18}$$

図1に，フォノン K_1 とフォノン K_2 が消滅し，フォノン K_3 が生じる，3フォノン散乱過程の運動量保存則（(18)式）を模式的に示した。図中，縦軸と横軸は逆格子ベクトルの軸を表し，色つきの部分はブリルアンゾーンを表す。このような散乱過程がフォノンの集団中で発生しても，(18)式で表される運動量の保存則より，フォノン集団全体の運動量は変化せず，従って，フォノン流束の速度，熱伝導率にも影響を及ぼさない。また，このような散乱過程では，フォノン集団は熱平衡に達しない。

(2) 反転過程（U過程：Umklapp process）

フォノン K_1 とフォノン K_2 が消滅し，フォノン K_3 が生じる，3フォノン散乱過程では，次式で表されるもう一つの過程が存在する[2,4,5]。

$$K_1 + K_2 = K_3 + G \tag{19}$$

ここで，G は結晶の逆格子ベクトルである。一般に，結晶中でのフォノンやフォトンなどの散乱では，(19)式で表されるように，逆格子ベクトル G を含んだ形で，運動量の保存則が成り立つ。例えば，$K_2 = 0$ で，K_1 が入射x線の波数ベクトル，K_3 が回折x線の波数ベクトルであれば，(19)式は，x線の結晶によるブラッグ散乱を表す。(19)式で運動量の保存則が表されるような，3フォノンの散乱過程が反転過程（U過程：Umklapp process）である。図2にこの反転過程の運動量の保存則を模式的に示した。ここで逆格子ベクトル G が作用しなければ，フォノン K_1，フォノン K_2 が消滅し，図中の破線のようなフォノンが生成し，正常過程となるが，逆格子ベクトル G が作用したことにより，逆向きの運動量をもったフォノン K_3 が生成し

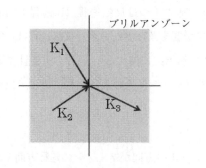 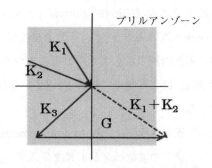

図1 3フォノン散乱，正常過程（N過程）　　図2 3フォノン過程，反転過程（U過程）

た。このU過程による3フォノンの散乱は，フォノンの運動量の総和の変化をもたらし，室温における熱抵抗の主要な要因となる。また，この過程の存在によりフォノン集団は熱平衡に達することができる。ここで，U過程のフォノンフォノン散乱が生じるためには，図2の破線で示したK_1+K_2がブリルアンゾーンの外に出なければならず，従って，少なくともフォノンの波数ベクトルが逆格子ベクトルの1/2より大きくなければならず，ある一定以上の温度において成立する過程である。

以上でフォノン散乱の基本理論を概観したが，ここで，フォノンが熱エネルギーの輸送媒体であるダイヤモンドが，なぜ室温において最大の熱伝導率を示すのかを考察する。すべての炭素原子が共有結合で結ばれているダイヤモンドは非常に硬く，フォノンの速度等も大きく熱伝導率の増大に寄与しているが，ダイヤモンドの大きな熱伝導率をもたらす最大の要因は，室温における平均自由行程が非常に大きいことである。平均自由行程の低下をもたらすのはフォノンの散乱であるが，まず，ダイヤモンドは非常に完全性の高い単結晶であり，結晶の欠陥や，粒界，転位等の静的フォノン散乱をもたらすものがほとんどなく，静的フォノン散乱による熱伝導率の低下はほとんどない。また，原子間の結合がすべて共有結合であることから，その非調和性は非常に小さく，室温においてより重要な動的フォノン散乱も非常に起こりにくく，熱伝導率の増大をもたらす。これらの諸点は，銅などの金属に比べて，熱伝導率の増大に関して有利な点である。

2.6 Boltzmannの輸送方程式によるフォノンフォノン散乱を考慮した熱伝導率の定量的解析[5]

熱伝導などのエネルギー輸送の非平衡過程では，以下に示すBoltzmannの輸送方程式を解くことにより，熱伝導率などの値を理論的かつ定量的に求めることができる。

第1章　固体物理から考える高分子の熱伝導現象の基礎

$$\partial f_k/\partial t + \mathbf{v}_k \cdot \nabla_r f_k + \alpha_k \cdot \nabla_v f_k = (\partial f_k/\partial t)_{col} \tag{20}$$

ここでf_kは時刻t，場所r，波数ベクトルkのフォノンの分布関数，$\mathbf{v}_k$，α_kは，それぞれ，フォノンの速度および加速度ベクトル，∇_r，∇_v，はrおよびvで微分したナブラ演算子である。フォノンの分布関数が時間変化しない定常状態では左辺の第1項は0となる。第2項は温度が場所により変化している場合の熱伝導にかかわるフォノンの拡散を表す。

$$\mathbf{v}_k \cdot \nabla_r f_k \simeq \mathbf{v}_k \cdot \partial f_k^0/\partial t \tag{21}$$

ここでf_k^0は，平衡状態でのフォノンの分布関数である。第3項は電場などにより粒子が加速される過程を表し，電気伝導率の計算では重要となるが，今考察している熱伝導のみを考える場合では0となる。右辺は，左辺で表わされる過程によりフォノンの分布関数が変化した場合，それが，フォノンフォノン散乱により平衡状態に戻る過程を表し，次式で表わされる。

$$(\partial f_k/\partial t)_{col} = \int \{(f_{k'} - f_{k'}^0) - (f_k - f_k^0)\} Q_k^{k'} d\mathbf{k} \tag{22}$$

ここで，$Q_k^{k'}$はフォノンがk状態からk'状態へ遷移する遷移確率を表す。

(20)式の右辺に3フォノン散乱過程を適用し，変分原理を用いて熱伝導率Kを求めるため，(20)式を変形して次式を得る。

$$1/K = (1/2kT^2) \iiint \{\Phi_q + \Phi_{q'} - \Phi_{q''}\} 2 P_{qq'}^{q''} d\mathbf{q}\, d\mathbf{q'}\, d\mathbf{q''} \Big/ \Big| \int \mathbf{v}_q \Phi_q (\partial n_q^0/\partial T) dq \Big|^2 \tag{23}$$

ここで関数Φ_kは次式で定義され，フォノン分布関数の平衡からのずれを表す。$P_{qq'}^{q''}$は平衡状態の3フォノン遷移確率である。

$$f_k = f_k^0 - \Phi_k (\partial f_k^0/\partial E_k) \tag{24}$$

Φ_qに初期関数（$\mathbf{q} \cdot \mathbf{u}$）を代入し，変分原理により右辺を最小化することにより，最も確からしい熱伝導率Kを得る。

3　高分子の熱伝導

3.1　高分子の熱伝導の特徴

固体高分子の熱伝導の特徴を議論する時，まず，考察しなければならないのは，その構造の複雑さである[6]。固体高分子においては，熱力学的準安定状態である非晶（アモルファス）と微小結晶（クリスタリット）が混在しており，また，様々な高次構造を有する場合も多い。非

晶中においても，密度分布や分子鎖の配向分布なども，成型条件によっては生じる場合がある。その一次構造においても，分子量分布や組成分布を有し，分子鎖の分岐度が異なる場合もある。これらの固体高分子の構造上の特徴は，その熱伝導に大きな影響を及ぼす。

　固体高分子の熱伝導を考察するには，2. 4，2. 5項で詳述したように，Debyeの式中の，フォノンの平均自由行程，即ち，平均自由行程を決める，フォノンの静的および動的散乱が固体高分子中でどのようになるかを詳細に検討しなければならない。

　まず，静的散乱に関しては，上述の固体高分子の構造上の特徴は，幾何学的な構造不整となる場合が多く，フォノンの静的散乱によって高分子の熱伝導の大きな低下をもたらす。完全な単結晶であり，フォノンの静的な散乱をほとんど起こさないダイヤモンドとは，正反対の特性である。静的なフォノン散乱を引き起こす，幾何学的な構造不整を極力少なくし，また，成型時に生じる密度分布や配向分布などを極力均一にすることにより，静的なフォノン散乱による熱伝導率の低下を少なくすることができる。

　次に，動的なフォノン散乱である，フォノンフォノン散乱に関しては，高分子を構成する原子間，分子間のポテンシャルの非調和性により大きく影響される。主として共有結合で結ばれる主鎖方向は，結合の非調和性は小さく，動的なフォノン散乱は起こりにくい。一方，分子鎖間に関しては，分子間力（ファンデルワールス力）により結合されており，その非調和性は大きく，大きな動的フォノン散乱が引き起こされる。従って，このフォノンフォノン散乱の影響により，主鎖方向の熱伝導率は大きく，分子鎖間の（主鎖に垂直な）方向は，熱伝導率が小さい。2. 6項で詳述したように，動的散乱の熱伝導に及ぼす定量的な厳密な議論は，結晶においては可能であり，フォノンフォノン散乱のU過程を考慮し，ブロッホの輸送方程式を解くことにより行われる[2, 4, 5, 8]。高分子結晶における熱伝導の理論的詳細の検討は，次節で述べる。

3. 2　高分子の高次構造と熱伝導率
3. 2. 1　結晶性と熱伝導率

　今までの議論から，高分子の結晶部と非晶部を比べると，結晶部の方が熱伝導率が大きいことが分かる。すなわち，高分子結晶においては，静的フォノン散乱をもたらす幾何学的構造不整が少なく，また，分子鎖方向においては，共有結合の非調和性が小さく動的散乱も少なくなり，従って，平均自由行程の増大により，熱伝導率は大きくなる。一方，非晶部においては，密度や分子配向の不均一性が生じやすく，静的散乱は大きくなり，また，分子間ポテンシャルの寄与が大きく，その非調和性の大きさにより，動的散乱であるフォノンフォノン散乱が起きやすく，従って，熱伝導率の大きな低下をもたらす。結晶化度が大きくなるに従って，熱拡散

第1章　固体物理から考える高分子の熱伝導現象の基礎

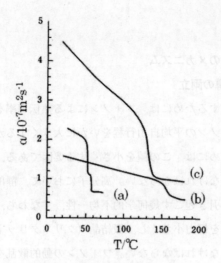

図3　結晶性高分子の熱拡散率[7]
(a) n-アルカン，(b) ポリプロピレン，(c) ポリエチレン

率が増大し，従って，熱伝導率も増大する。また，図3にいくつかの結晶性高分子の熱拡散率の温度変化を，ポリエチレンモデル化合物であるn-アルカンの値とともに示した[7]。温度上昇に伴って熱拡散率は低下しており，高分子の室温付近における熱伝導率の低下にフォノンフォノン散乱が大きく寄与していることが分かる。汎用高分子では，高密度ポリエチレンが最大の熱伝導率を示す。

3.2.2　分子配向と熱伝導率

3.1項で述べたように，室温における熱伝導率低下の最大要因である動的なフォノン散乱，フォノンフォノン散乱は，分子鎖方向では極めて起こりにくく，従って，分子鎖方向では，大きな熱伝導率が期待できる。巨視的には，高分子中で分子鎖の配向度を上げることにより，配向方向の熱伝導率の増大をもたらすことができる。また，同じ分子鎖方向であっても，分子構造の違いにより，その熱伝導率は大きく異なる。分子鎖方向のフォノンに関与するポテンシャルとしては，共有結合で結ばれた原子間の結合長の増減，結合角の変化，一重結合周りのトーション角の変化等があり，この順に，ポテンシャルの非調和性は大きくなる。従って，トーション角の変化が存在しない剛直な分子構造をもった，ケブラー，全芳香族ポリエステル，PBOなどの超高弾性繊維などは，その配向度が非常に高いことにもより，配向方向の熱伝導率は，$10\,\mathrm{Wm^{-1}K^{-1}}$以上の非常に大きな値を示す。ただし，配向方向に垂直な方向の熱伝導率は，大きくない。

4 高熱伝導高分子

4.1 高分子の高熱伝導化のメカニズム

4.1.1 絶縁性と高熱伝導の両立

　絶縁性と高熱伝導の両立するためには，フォノンによる熱伝導率をいかに大きくするかであり，室温においては，フォノンの平均自由行程をいかに大きくするかの問題に帰結される。平均自由行程を大きくするためには，この値を小さくする要因である，フォノンの静的散乱および動的散乱を極力少なくしなければならない。高分子において，静的散乱を小さくするためには，フォノンの静的散乱を引き起こす幾何学的不均一性，すなわち，非晶部における密度や，配向，分子量などの不均一を極力小さくし，微結晶（クリスタリット）と非晶部との界面での散乱を極力減らす工夫をしなければならない。フォノンの動的散乱を減らすには，熱伝導の方向，すなわち，フォノン伝搬の方向に，極力秩序性のある構造を導入し，分子鎖方向の熱伝導が寄与するように工夫する必要がある。ある方向のみの熱伝導率を大きくするためには，前節で述べたように，剛直な分子構造を有する高分子を特定の方向に高度に配向すればよく，容易であるが，全方向の熱伝導率を等方的に増大するのは容易ではない。上述の原則を考慮した詳細な分子設計が必要である。

4.1.2 高分子の熱伝導率の理論限界―ポリエチレン結晶の熱伝導率の理論解析―[8]

　高分子におけるフォノンによる熱伝導率の理論限界を考察するため，C. L. Choy, S. P. Wongら[8]によるポリエチレン結晶の熱伝導率の理論計算の結果を紹介する。彼らは，ポリエチレン分子鎖を直線と仮定しポリエチレン結晶を構成し，分子間及び分子内ポテンシャルに関しては，ポリエチレン結晶の熱膨張率等を再現するように，非調和性も含めて精密に策定したパラメータを用いている。熱伝導率の計算に関しては，2.6項で詳述したPeierls[4]やZiman[5]により提唱された，ボルツマンの輸送方程式を拡張したBoltzmann-Peierls equation[2,4,5]を用いた解析を厳密に行っている。ポリエチレン結晶の分子鎖方向（c軸）の熱伝導率の温度依存性の計算結果を図4に模式的に示した。図中の数字は，計算に用いた結晶界面での散乱によるフォノンの平均自由行程の値であり，結晶中には幾何学的構造不整は存在せず，フォノンの静的散乱は結晶界面でのみ起こると仮定している。また，図中のエラーバーで示したのは彼らのグループにより実測された熱伝導率の値であり，結晶界面での散乱によるフォノンの平均自由行程の値を50 nmとしたときに，計算値は最もよく実測値と一致しており，ポリエチレン微結晶（クリスタリット）の大きさがほぼ50 nmであるという，一般的結果とも一致している。彼らの計算結果より，ポリエチレン結晶の分子鎖方向の熱伝導率は465 $Wm^{-1}K^{-1}$ であり，分子鎖に垂直方向は0.16 $Wm^{-1}K^{-1}$ である。分子鎖方向の熱伝導率は，直観的な予想よ

第1章　固体物理から考える高分子の熱伝導現象の基礎

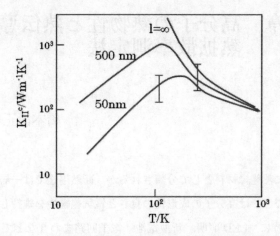

図4　ポリエチレン結晶の分子鎖方向の熱伝導率の計算値の温度依存性[8]

りはるかに大きな値を示しうることが，この理論計算により示された。また，彼らの計算によれば，熱エネルギーの80%は横波音響フォノンにより運ばれており，これも直感的には予測しがたい結果である。

文　　献

1) キッテル，「固体物理学入門第8版」，丸善（2005）
2) J. M. Ziman, "Principles of the Theory of Solids", Cambridge University Press（1972）
3) Y. Itoh and M. Kobayashi, *J. Phys. Chem.*, **95**, 1794（1991）
4) R. E. Peierls, "Quantum Theory of Solids", Clarendon, Oxford（1955）
5) J. M. Ziman, "Electrons and Fonons", Oxford University, London（1960）
6) 田所宏行，「高分子の構造」，化学同人（1976）
7) 野瀬卓平ほか，「大学院高分子化学，第10章熱物性」，講談社（1997）
8) C. L. Choy, S. P. Wong and K. Young, *J. of Polym. Sci., Polym. Phys. Ed.*, **23**, 1495（1985）

第2章 高分子の熱物性と熱伝導率・熱拡散率測定法

橋本壽正[*1]，森川淳子[*2]

1 はじめに

　高分子材料は一般に熱絶縁材料として分類されるが，断熱用途では一層の断熱性を求められる一方で，電子部材などでは高分子の成形性の良さと電気絶縁性を維持したまま高い熱伝導性を求められている。特に，LED照明，新型電池，電子回路まわりなどでは伝熱性向上への期待は大きい。高分子材料は，伝導自由電子を持たないために，基本的に断熱材料で格子振動の伝搬によるフォノン伝導で説明される。ただし，フォノン伝導が低い熱伝導性を与える原因ではなく，たとえばすべてがsp3混成軌道結合からなるダイヤモンドは，銀などを遙かにしのぐ高い熱伝導を有している。フォノン伝導では，欠陥による散乱が熱伝導の阻害因子となっているのである。高分子材料でも，線型な分子構造を持つものでは，共有結合でつながる主鎖方向の熱伝導が高くなることが知られている。

　共有結合と分子間の結合であるファンデルワールス結合ではどのくらいの差があるかは，はっきりとしたデータはないが，実験的に3桁ほどの違いはあると言われている。ダイヤモンドとポリエチレンの熱伝導率の違いがおよそ4桁なので，それほど的外れな値ではないと思われる。通常は，成形条件によって，主鎖方向と垂直方向の比率（配向）によって，様々な熱伝導率値をとるため，材料としての物性を記載する場合は，分子配向状態には特に注意を要する。材料の設計と評価技術は車の両輪にたとえることができるほど密接な関係にある。

　さて，熱伝導率測定法であるが，仮にコストを度外視した大掛かりな装置であっても，完全な測定方法が現在のところ存在しない。これは熱の絶縁が難しく，熱の拡散は制御できないことに主な原因がある。熱は極端な異方性材料であっても全方位に拡散し，方程式が要求する厳密性を実現するのが難しいということである。たとえば線状材料であっても，空気へ逃げるし，真空にしても輻射で周囲へ逃げ，輻射を止めたとしても，ヒーターやセンサーへの逃げが無視できないなど，定量性を確保するのが難しいのである。本稿では，実際の工業で必要とさ

　[*1] Toshimasa Hashimoto　東京工業大学　大学院理工学研究科　有機・高分子物質専攻　教授

　[*2] Junko Morikawa　東京工業大学　大学院理工学研究科　有機・高分子物質専攻　助教

れる測定法の現状にスポットを当てて論をすすめる。

2　フーリエ法則から物性値へ

　熱伝導現象とは，ある部分に生じた熱エネルギーを他の部分に伝達する拡散現象である。物質中に，熱エネルギーが伝搬すると，熱容量に応じて温度が上昇する。熱量は直接測定できないので，温度計を用いて温度変化を測定していることに注意する必要がある。物質中の温度は，場所と時間の関数である。物質内の温度分布を温度場というが，ある場所の温度が時間とともに変化する状況を非定常状態，一定なら定常状態と呼ぶのが一般的である。

　定常状態を仮定した一次元の熱流束（単位断面積，単位時間当たりの熱量）は温度勾配 dT/dx に比例し，フーリエの法則として知られる次式のような表現となる。

$$q = -\lambda \frac{dT}{dx} \tag{1}$$

　この定数 λ が熱伝導率である。λ が大きいほど輸送される熱流は大きくなるので，したがって，熱伝導率は物質中の熱エネルギーの拡散のしやすさに相当する。熱力学の第二法則に従うとすれば，熱エネルギーは温度勾配の中を高温から低温へ不可逆的に流れていく。このとき輸送される熱流束 q は，温度勾配とは逆向きのベクトルである。温度はスカラーであるが，温度勾配はベクトルである。したがって，熱伝導率は本質的にベクトルとベクトルを結びつけるテンソル量となる。すなわち熱伝導率は，方向性が存在する物質固有の性質である。ここでいう物質は，三軸結晶を意識していることが多いが，実際の工業材料用の測定装置では，一次元熱拡散方程式の解に合わせて，一方向への熱流が仮定できるような装置の組立となっており，試料形状も装置に応じて準備する必要がある。このため，ある方向とその垂直方向のデータが必要な場合は，それぞれの試料を用意する必要がある。

　熱移動を表現する物性に，もう一つ熱拡散率（α）がある。熱伝導率と無関係なものではなく密接な関係にあり，両者の関係は $\lambda = \alpha \cdot C_p \cdot \rho$ と定義される。実際の測定では温度が計測されるので，物質の熱量は比熱を用いて温度へ変換される。熱拡散率は温度の時間微分と距離の2回微分の比であるが，複雑な境界条件のもとでの温度変化を得るための熱拡散方程式を導く必要からである。また，比熱は実験的には大気圧下での質量当たりの熱容量を示す定圧比熱 C_p が求められるので，上式では密度 ρ を掛けて体積当たりの比熱に換算しているのである。熱移動現象は，重さ当たりではなく，長さ（体積）当たりの物性値として定義されるためである。

　熱伝導率・熱拡散率ともに物性定数であり，均質な物質あるいは十分に均質と見なせる材料

に対して定義されるが，実際に開発される材料は，粒子あるいは気泡を分散させた系，多層系と複雑なものである。測定値は，断面積当たりどの程度の熱流があり，どのくらいの温度差を生じるかに対応し，被対象物の内部構造に立ち入るものではないので，熱伝導の基礎理論を用いた考察などでは注意が必要である。

測定装置では隠れているが，実際に測定されるのは，熱抵抗（熱コンダクタンス）の逆数である。電気抵抗から導電率へ変換するときと同様に，長さなど距離情報も必須である。熱コンダクタンスは，熱伝導率を厚さで割ったもので，この値は加成性が成り立つのである。すなわち，熱を通したい場合は，熱コンダクタンスを上げれば良く，そのためには熱伝導率を大きくするか，厚さを薄くすればいいという実感に沿った定義になっている。

3 測定法の概観

熱伝導関連の測定法は，熱関係の物性値測定でも難しいとされ，相当数の方法論が提案されてきた。熱拡散率・熱伝導率測定方法は定常法と非定常法に分類され（表1），定常法は，定常絶対法[1]と定常比較法[2]に，非定常法は，刺激入力と応答の関係から，Ａヒーター（入力）とセンサー（応答）を兼用する方法（熱線法[3~5]，ホットディスク法[6]，3ω法等[7~9]），Ｂ瞬間加熱の減衰を測定する方法（レーザーフラッシュ[10]，サーモリフレクタンス法[11,12]），Ｃ温度波の減衰から求める方法（ACカロリメトリ法[13]等），Ｄ温度波の位相遅れから求める

表1 定常・非定常法の分類

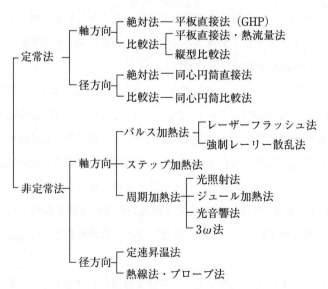

第2章　高分子の熱物性と熱伝導率・熱拡散率測定法

表2a　各種温度変調法の特徴

方法		入力	入力形状	測定範囲(Hz)	センサー形状	出力形状
熱線法（プローブ法・HD）	A	J	⎍	ステップ	熱電対・抵抗線	∽
3ω法		J	∿	$10^{-2} \sim 10^3$	金属薄膜	∿
温度変調DSC		J	∿⎍	$10^{-3} \sim 10$	白金抵抗線・熱電対	∿
レーザーフラッシュ法	B	光	⎍	パルス	熱電対・輻射温度計	∽
光交流法　AC法	C	光	⊓⊓⊓	$1 \sim 10$	熱電対	∿∿
オングストローム法	D	J	∿	$1 \sim 10^2$	熱電対・光電素子	∿∿
		光	⊓⊓⊓			∿∿
光音響効果法		光	⊓⊓⊓	$10 \sim 10^3$	圧電素子・マイクロホン	∿∿
ミラージュ法		光	⊓⊓⊓	$1 \sim 10^2$	光電素子	∿∿
TWA法		J	∿	$1 \sim 10^5$	金属薄膜	∿
FT-TWA法		J	⊓⊓⊓	$1 \sim 10^4$	金属薄膜	∿

表2b　刺激―応答の与え方による各種測定法の分類

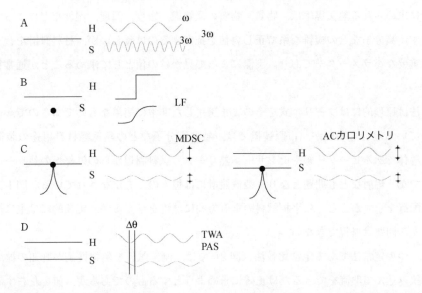

方法（光音響法[14,15]，温度波熱分析法[16~18]），に大きく分類される（表2a，b）。市販装置として開発されている方法，さらに国際規格（表3）となった方法，特殊な試料や条件などで，温度センシング法も多様である。物性値測定そのものではないが，ナノスケール計測においてはAFMに温度検出機能を加えた方法や，金属薄膜についてのピコ秒サーモリフレクタンス法などの開発も行われている[12]。それらの個々の原理は非常に興味深くまた精緻なものも多いのであるが，ここでは実際に市販され，製造現場で使える方法に限って概観する。

表3 ISOにおける高分子の熱伝導率・熱拡散率測定法

		Liquid	Solid	(thickness) d	(conductivity) λ	(diffusivity) α
1.	Hot wire (ISO 8994)	(○)	○	∞	○	×
2.	Line source (ASTM D5930)	(○)	○	∞	○	○
3.	Gustafsson probe (ISO22007-2)	△	○	∞	○ ±5%<	△
4.	TWA (ISO22007-3)	○	○	10 μm >(0.25 μm)	△	○
5.	Laser Flash (ISO22007-4)	×	○	500 μm>	△ (opaque)	○
6.	G. H. P. (ISO 8302)	×	○	1 mm>	○	×
7.	Guarded Heat Flow Meter (ASTM E1530)	×	○	1 mm>	○	×

3.1 定常法

実際に求められる熱伝導率は，物質，物質の微組織，密度，温度，湿度などによって異なる値を示す。高分子などの複雑な系で正しい値を推定するのは難しいが，材料設計を行う上で実用上は重要なパラメーターであり，実測によって見かけの値として求めることが通常行われている。

定常法は原理的にはフーリエ式をそのまま適用した非常に簡単なものであるので，自作して測定している場合も多いが，市販装置では，特に高分子などの熱絶縁材料用途の装置などでは，良導体であるヒーター線やセンサーへ熱リーク，試料周辺からの外部への熱リーク，伝導ばかりでなく輻射なども問題となり，装置設計には種々の工夫がなされている。図1は定常絶対法の配置を示すが，とくに平板試料の垂直方向に熱流を与えるが，実験的には主に横方向へリークする問題は無視できない。

もう一つの定常法である定常比較法（図2）では，測定試料を熱物性値が既知の標準物質で両側を挟み込んで熱流をできるだけ正確に求めようとするものであるが，値を左右する標準試料の選定が難しい問題となっている。

定常法は熱伝導率が直接求まるので便利な反面，測定試料の形状や大きさに制限があり，細かな部分の測定や微妙な温度依存性などが得にくい方法である。高分子材料の熱伝導率は，ほぼ0.02～2 W/m・Kの範囲にあり，定常比較法である平板熱流計法（JIS A1412）（表4）が代表的な方法であるが，サイズ約50 mm，厚さ2～20 mmの試料と熱流計を上部ヒータ板と下部ヒータ板の間にはさみ密着させ，指定温度で定常状態に達したことを確認の後，試料の表

第2章　高分子の熱物性と熱伝導率・熱拡散率測定法

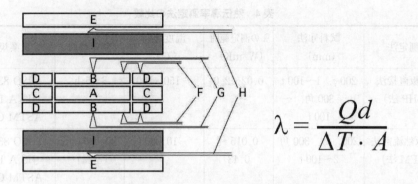

図1　定常絶対法（GHP法）の概念図　ASTM E1530
A：主ヒーター，B：主ヒーター均熱板，C：ガードヒーター，D：ガードヒーター均熱板，E：冷却板，F：差動熱電対，G：主ヒーター表面測温用熱電対，H：冷却板表面測温用熱電対，I：試料

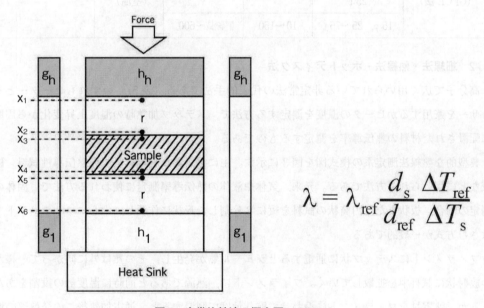

図2　定常比較法の概念図　ISO8301
h1：主ヒーター，h2：低温熱源，r：標準試料，s：測定試料，i：ヒートシンク，
g1, g2：ガードヒーター，x_1-x_6：熱電対温度計測位置

裏両面間の温度差，熱流束を検出し，試料の熱伝導率を求める。通常は熱流をパイレックス7740ガラスなど熱伝導率既知の標準試料で，各装置定数や熱流を較正する必要がある。最近では小型装置による微小試料の測定も試みられるようになったが，高分子薄膜の測定は難しいとされる。

表4　熱伝導率測定法の比較

測定法	試料寸法 (mm)	λの測定範囲 (W/mK)	温度範囲 (℃)	測定時間	工業規格
平板直接法 (GHP法)	200 φ, 1〜100 t or 300 角, 〜100 t	0.02〜2.0	−150〜800	3〜5 h	ISO 8302 JIS A 1412 ASTM C 177
平板熱流計法 (HFM法)	200 or 300 角 2〜100 t	0.015〜0.43	−10〜200	20〜30 min (室温)	ISO 8301 JIS A 1412 ASTM C 518
円板熱流計法 (GHFM法)	50 φ or 50 角 2〜20 t	0.05〜15	−150〜300	20〜30 min (室温)	ASTM E 1530
縦型比較法 (GPCL法)	25 or 50 φ, 25 t	0.2〜25	室温〜800	2〜3 H (室温)	ASTM E 1225
	15 φ, 25〜75 t	10〜150	室温〜600		

3.2　細線法・熱線法・ホットディスク法

　高分子で広く用いられている非定常法の代表的手法である（表5）。いずれもヒーターとセンサーを兼用するかヒータの温度を測定する方法で，ステップ加熱時の温度上昇変化から周囲に配置された材料の熱伝導率を測定するものである。

　典型的な熱線法測定系の模式図を図3に示す。主に電気的な絶縁材料で低熱伝導性試料，融液などに用いられる方法である。元来，気体や液体の熱伝導率測定に使われる方法で，固体の測定の場合，板状または円筒状の試料を縦に2分割した形状に作製し，中心にフィラメントをはさむ方式が一般的である。

　フィラメントにステップ状に通電するとジュール熱が発生し，その熱は外に向かって一様かつ放射状に試料中を拡散していく。フィラメントに，熱源であると同時に温度計の役割をあたえるか，熱電対をフィラメントに沿わせて取り付けて測温すると，通電加熱後この発熱部の温

表5　接触型非定常法の分類

測定法	ヒーター形式	入力の種類	得られる物性値
ホットワイヤー／プローブ／ストリップ	線, ストリップ	ステップ	λ, α
ホットプレート	面	ステップ	λ
ホットディスク	ディスク	ステップ	α, C, λ
グスタフソン　プローブ	スパイラル	ステップ	α, C, λ

λ：熱伝導率，α：熱拡散率，C：熱容量

第2章 高分子の熱物性と熱伝導率・熱拡散率測定法

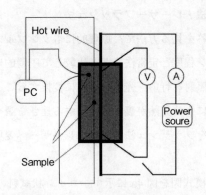

図3 熱線法の概念図 パラレル法 ISO8894-2

度の時間変化を測定することができる．試料が無限に大きいと仮定し，時刻 t_1 のときの温度を T1，時刻 t_2 のときの温度を T2 とし，$\Delta T = T2 - T1$ を求めると，そのときの熱伝導率は次式で与えられる．

$$\Delta T = \frac{Q}{4\pi\lambda} \ln \frac{t_2}{t_1} \tag{2}$$

ここで Q は通電量から定められる熱量である．

この方法は，1回の測定に必要な時間が短く，測定自体は比較的簡単である．ただし測定の際には，フィラメントはかなり高温になるため，フィラメントの両端部に大きな熱損失が生じやすく，発生する単位時間当たりの熱量 Q や，温度の測定精度に影響を与える．しかし，熱源の表面積が線状で小さいことから，放射の影響を小さく抑えているので，フィラメント両端近くに保護のヒータを設置するなどの措置が執られることが多い．

溶融ポリマー測定用の装置も市販されているが，試料の形状は，50 mm×50 mm×100 mm 程度と大きなものが必要で，小さくすると外部との界面の影響が著しく現れる．試料が大きいため熱伝導率の温度依存性を測定する場合，温度が定常状態になったことの確認に数時間かかることもある．

熱線法は，ホットディスク法，プローブ法などと呼ばれる高感度化，解析法などに工夫を凝らせた方法も市販されており，実際の高分子材料の測定によく用いられる方法である．プローブ法は，高分子の高温域での熱伝導率測定に広く用いられる．プローブを測定試料に挿入して，測定を行うことからプローブ法と呼ばれるが，ヒーターとセンサーを同位置におく熱線法の一種であるが，複雑な断熱状態の創出や複雑な装置が不要で簡便な方法である．測定時間は比較的短いが，原則的に無限大の試料を仮定しているため，測定試料が大量に必要である．したがって，薄膜などには不向きであることが多い．

3.3 フラッシュ法・レーザーフラッシュ法

　パルス刺激―応答を見る方法で，原理的にもシンプルで解析の理論が発展している方法である。試料量もコイン程度と定常法などと比較して圧倒的に少なくてよい。平板サンプルの表面にハイパワーの光照射を行い，光吸収を熱に変換することによってパルス的に加熱する方法である。この光吸収による発熱が裏面に伝熱する速さを調べる方法である。キセノンランプを集光して当てる方法をフラッシュ法，光源をレーザーへ変更したものをレーザーフラッシュ法と呼ぶ。

　代表的な装置の模式図を図4aに示す。コイン状試料の表面にパルス状のレーザー光を照射し，試料裏面の温度上昇を熱電対または放射温度計で検出し，その応答曲線から熱拡散率を求

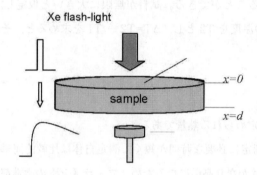

図4a　レーザーフラッシュ法　概念図

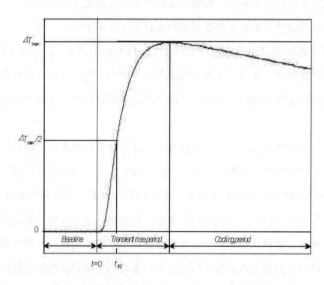

図4b　レーザーフラッシュ法　温度応答の例

める方法である。熱伝導率へは，定圧比熱と密度が必要である。最近は，放射温度計を使い加熱・検出とも非接触型としたものがほとんどである。容器中に試料が設置されるので，減圧下での測定，高温での測定も可能である。直径約 10 mm，厚み 1〜3 mm 程度の均質な固体試料に対し，厚み方向の一次元熱流を仮定して解析される。

さて，図 4b は，レーザーフラッシュ法の典型的な結果を示す。図は裏面で測定される温度の時間変化である。表面でのパルス入力が，試料を通過する過程で高周波成分を失い，裏面ではなだらかな変化となるが，この変化の程度から熱拡散率を求めることができる。具体的には，このとき温度変化が全変化の 0.5 になるときの時刻 $t_{1/2}$ を測定することにより，熱拡散率 α は，次式のようになる。

$$\alpha = \frac{1.37 d^2}{\pi^2 t_{1/2}} \tag{3}$$

この方法では，熱量 Q は光放射〜吸収により供給されるので，セラミックス，プラスチックフィルムなど照射光を吸収しない試料を測定する場合，試料表面にカーボンブラックなどを塗布し吸収率をあげることと，試料内に光がもれない様な工夫が必要となる。したがって高分子の薄膜ではこの塗布の影響を受けやすいことと，光照射による瞬間的昇温が大きく，融解近くでの測定が困難となることに留意すべきである。

3.4 温度波熱分析法

筆者らが開発している方法で，試料表面に与えた温度波の伝搬解析から熱拡散率を算定する方法である（図 5a）。与えた温度波の減衰は，周波数，距離，試料の物性に依存するが，高分子試料では，1 Hz 程度では 1 mm 程度の短距離で起こるので，平行平板で 1 mm 程度以下の薄い試料に適している。特徴として，ヒーター・センサーともに熱容量が小さな蒸着金属薄膜などを用いることで，応答時定数を小さくすることができ，1 kHz 以上の高い周波数の温度波まで解析可能となり，薄膜測定への適用が可能となる。

まず，厚さ d の試料を，熱定数が既知で厚さ無限大と見なせるバッキング材料でサンドウィッチ状に挟んだ構成を仮定する（図 5b）。このときの試料は，固体試料のみならず，自立できないような液体や粉体であっても良い。挟むことで高分子材料の熱収縮などを押さえることもできる。簡単のため一次元の熱流のみを考える。発熱面（x = 0）とし交流発熱をさせる。発生した温度波は，ヒータから両側に拡散していくが，一部は試料中を拡散して裏面に到達する。ここに設置したセンサーに到達した波は，発熱シグナルに対して，振幅が減衰し位相も遅れることになる。正弦波（便宜上 $\exp(i\omega t)$ と表現している）を発生させたときの一次元熱拡散方程式を解くと，裏面 x = d での温度変化は次式で表現される。

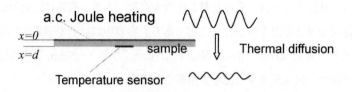

図 5a　温度波熱分析法

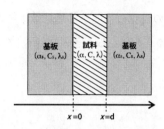

図 5b　温度波熱分析法　試料構成

$$T(d,\ t) = \frac{\sqrt{2}\,j_0 \lambda k \exp(-kd)}{(\lambda k - \lambda_s k_s)^2} \exp\left\{i\left(\omega t - kd - \frac{\pi}{4}\right)\right\} \tag{4}$$

ここで，i は虚数，α は熱拡散率，c は体積当たりの比熱容量，ω は角周波数，d は試料厚さ，λ は熱伝導率である。j_0 は測定面での温度振幅（熱流束に相当する）であるが，試料の熱物性ばかりでなく，通電量，横方向への熱拡散，センサー感度，バッキング材料，配線材料などの装置常数を多数含むものである。また式中のサブスクリプトのbはバッキング材料の物性値を意味し，s は測定対象とした試料の値を示す。

式中に現れる k は熱拡散長の逆数で，測定周波数と試料の熱拡散率で定まる。交流測定では，熱的に厚い条件すなわち裏面に温度波がほとんど感じられない状態，または熱的に薄い条件すなわち表裏の温度差が無くなる状態が存在する。バッキング材料と測定試料が同じような熱物性であれば，計測はこの中間当たりがもっとも正確に求まる。言い換えると，$kd = 1$ 付近が測定に適することになる。熱拡散長と試料の厚さが一致した周辺である。温度波が0.5から1サイクル伝わる距離にほぼ相当する。

上式は，指数関数と余弦関数の積の形で，波が減衰していくことを示す式となっている。ここで，位相項 $\Delta\theta$ のみに着目すると，以下のように，試料厚さ，熱拡散率，測定周波数しか入っていない簡単な式で記述できることがわかる。

$$\Delta\theta = -\sqrt{\frac{\omega}{2\alpha}}\,d - \frac{\pi}{4} \tag{5}$$

厚さが分かっている材料では，センサーとヒーター間の位相遅れがわかれば熱拡散率が決定

第2章 高分子の熱物性と熱伝導率・熱拡散率測定法

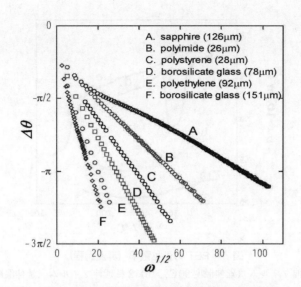

図6 温度波法による種々の試料の位相と角周波数の関係

できる。現実の測定では、境界条件を満足していることを確認することも念頭に、いろいろな周波数で位相変化を測定する。ほとんどの試料で、式(5)から予想されるように周波数の平方根と位相のプロットが直線関係を示す（図6）。この方向から熱拡散率が算定され、切片は$-\pi/4$になる。

実験室的な測定装置は、試料両面に取り付けた金スパッタ膜をセンサーとヒーターに用いている。試料は基本的に平坦なフィルム状で、厚さが1〜2000ミクロン、電極サイズが1mm×5mm程度の少量でよい。液体状の試料は、あらかじめ金蒸着された2枚のガラス板にスペーサーを取り付けた専用の試料容器を用意して行うことができる。測定装置の主要部は、試料部・ホットステージ、ファンクションシンセサイザー（熱源）、ロックインアンプより成り立っている。試料の加熱はファンクションシンセサイザーから周波数fの交流を通電してジュール発熱させることで行われ、加熱周波数を任意に変えることができるが、試料の厚さと熱拡散長が同程度になるように決められる。振幅は試料の昇温を防ぐため極力小さくするが、通常は加熱側で100 mK程度の温度波が発生する程度を選択する。こうして生じた温度波の一部は試料中を拡散し裏面まで到達する。試料裏面の温度変化は、金薄膜抵抗の温度依存性を利用して観測し、ロックインアンプを用いて、加熱面との位相差および振幅減衰が測定される。この方法は温度可変が容易で、300℃程度までの熱拡散率の温度依存性が求められる（図7，8）。

入力刺激を正弦波から、連続矩形波または三角波として、センサーで読みとった到達温度波に対しフーリエ変換を施して、高次高調波の各成分の減衰を独立に解析し、複数の周波数での熱拡散率・体積比熱・熱伝導率を同時に測定しようとするフーリエ変換型温度波熱分析法

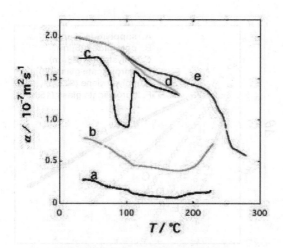

図7　PETの熱拡散率（昇温過程）
a）2軸延伸フィルム（延伸温度 90℃），b）2軸延伸フィルム（延伸温度 95℃），
c）未延伸フィルム，d）冷結晶化後 160℃ より冷却，e）290℃ より冷却
測定周波数：a），b）160 Hz, 1℃/min, c），d），e）18 Hz, 0.2℃/min

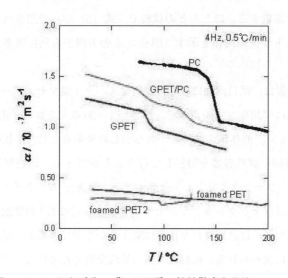

図8　非晶性高分子 PET, PC およびそのブレンド系の熱拡散率と発泡 PET フィルムの熱拡散率

（FT-TWA）へ展開する試みも行った。熱拡散率・熱伝導率は測定環境の影響を受けるが，もっとも影響が大きいのが温度依存性である。高分子の多くは，温度に対して熱拡散率は負の勾配を持ち，ガラス転移や融解といった大きな分子運動が知られている温度域では熱拡散率の急変が観測されている。図7は，ポリエチレンテレフタレート（PET）の熱拡散率を温度の関数としてプロットしたものである。全く同一の PET であるが，配向の与え方2種，メルト

第2章　高分子の熱物性と熱伝導率・熱拡散率測定法

から急冷したもの，十分に結晶化したものなど履歴が異なる試料である。まず図中 c の急冷試料では，ガラス転移で急激な熱拡散率の低下が観測されている。この試料は 110℃ まで昇温すると急に上昇するが，これは結晶化によるもので，結晶した完了した試料を冷却すると，もはやガラス転移ははっきりせず，熱拡散率の絶対値も高くなっている。結晶化したものを再度昇温してももはやこの試料の場合は融解域に熱拡散率の急変が観測されない。また配向試料は，測定を膜圧方向に行っているので，分子と垂直方法を測定していることになる。室温での c 試料との比較では 10 倍も違う。また，温度依存性も異なり，ガラス転移ははっきりしなくなっている。さらに高温では熱拡散率の絶対値が若干大きくなるが，これは配向緩和によるもので，回復が2段階あり，延伸操作が逐次二段であることを反映している。

図8は非晶 PET (GPET) とポリカーボネート (PC) をブレンドした試料についてガラス転移の変化を示す。いずれの試料もガラス転移で急激な熱拡散率の低下が観測されている。ブレンドによって，転移温度が変化することと同時に熱拡散率の絶対値の変化も観測されている。また，図中には，発泡した PET フィルムの測定例を示した。絶対値は PET フィルムに較べて小さいものであるが，2種類の試料間でも微妙な違いが観測され，この場合は発泡であるが，熱拡散率は成形条件に敏感な物性値であることを示している。

以上の例のように，熱拡散率には，配向や結晶化といった高次構造，添加物に敏感であること，加工履歴ならびに熱履歴の影響が大きく現れること，温度依存性が大きいことが，詳細な測定から明らかになり，材料評価が室温だけではなく電子材料で注目される実用温度での測定も重要と考える。

温度波熱分析法をベースにした装置は，いくつか市販されている。そのうちの簡便な装置は，図9a に示されるように，アームの上下に，マイクロヒータと温度センサーを対抗した形で取り付けられ，その間に試料を挟む構造となっている。ヒータの面積は，$1.5\,\mathrm{mm} \times 1\,\mathrm{mm}$ の直方体で，数 mW から数百 W の正弦波電力が供給され，試料表面に温度波を発生させる。一方でセンサーサイズは有効面積 $0.25\,\mathrm{mm} \times 0.5\,\mathrm{mm}$ と小さめにして，熱流の一次元性を確保している。本測定は比較試料を必要とせず，また黒化など試料の前処理なしに直接熱拡散率が求められるというのが特徴である。図9b は，ポリイミドについて測定した結果であるが，位相・振幅ともに理論曲線に一致することが確認された。また周波数範囲が $0.01\,\mathrm{Hz}$ から $2\,\mathrm{kHz}$ まで広くとれるため，試料に応じた適切な熱拡散長を周波数によって調整でき，熱絶縁体から金属まで幅広い材料への対応が可能である。本測定はまた，1回の測定時間が 30〜300 秒程度の迅速測定である。したがって，同一条件で 100 回以上の計測が短時間で行え，誤差分散や試料内の熱拡散率分布が求められるというメリットもある。複合材料などは，分散状態が物性に大きな影響を与えること，通常のポリマー薄膜フィルムは配向分布があることを考える

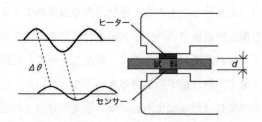

図9a 温度波熱分析法 市販装置の構成例

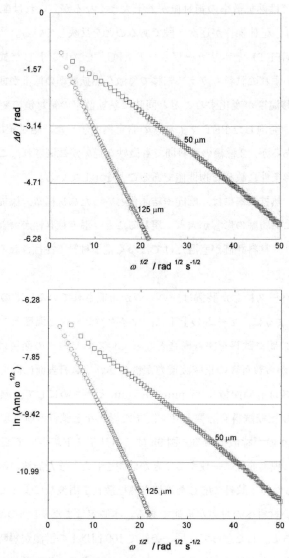

図9b 温度波熱分析法 市販装置によるポリイミドフィルム 50, 125 ミクロンの
A) 位相と B) 温度振幅の測定例

第2章　高分子の熱物性と熱伝導率・熱拡散率測定法

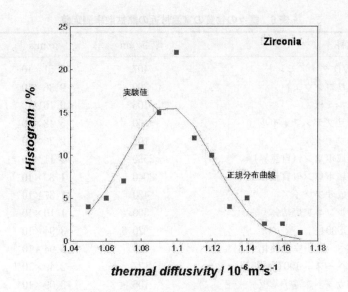

図9c　ジルコニア厚みゲージの熱拡散率測定値の分布と正規曲線

と，センサーサイズの小さいことを利した約0.5 mm間隔での熱拡散率マッピングが測定を可能としている。

図9cは，500 μmのジルコニア焼結板（ミツトヨ製厚みゲージ）について，日時を変えて100回測定したときの熱拡散率測定結果の分布を示す。平均値$1.10 \times 10^{-6}\mathrm{ms}^{-1}$で，図のような分散となっており，測定再現性は高い。さらに迅速測定（一測定で2分程度）のため，熱拡散率データを統計的に扱えるという画期的方法でもある。この装置で測定された種々の物質についての測定値を表6に示す。ダイヤモンド，金属，無機単結晶のような純物質については，最低30回の平均として求めているが，文献で知られた値とよく一致している。複合系は見かけの値で厳密な意味で熱拡散率として定義できるかどうかの問題をはらんでいるが，材料伝熱評価に十分に用いることができる。カーボンフェルトやカーボンナノチューブなどの複合系では，当然ではあるが会合条件，繊維の配向，原試料の焼成条件で大きく違い，データベースで記述できない複雑さを示唆している。表は，様々な試料についての代表例である。表に示した値はそれぞれの平均値であり，本来的には分布として扱えるので，熱拡散率をプローブとした高次構造評価法としての応用が効果的と考えられる。高分子の熱伝導性向上には高熱伝導性フィラーの混練が一般的であるが，表にあるように，ポリプロピレンの例のように若干の混練はかえって散乱点が増し，熱拡散率は低下する傾向にある。また，不純物の存在は熱拡散率や熱伝導率の低下を招くが，同位元素の存在や，配向による影響もかなり大きいことがわかる。

筆者らは，プラスチックの熱伝導率・熱拡散率測定について，日本プラスチック連盟の支援

表6 種々の物質の室温付近の熱拡散率測定値

試料	厚さ/μm	α/$m^2 s^{-1}$
CVDダイアモンド	407	8.51×10^{-4}
シリコンウェハ	309	9.36×10^{-5}
アルミ板	106	9.16×10^{-5}
モリブデンフォイル	50	5.48×10^{-5}
鉛フォイル	102	2.26×10^{-5}
金属ボロン（自然界）	2530	1.11×10^{-5}
金属ボロン（質量数11）	2040	1.83×10^{-5}
合成サファイア	420	1.37×10^{-5}
ジルコニア焼結体	500	1.10×10^{-6}
SUS304	20.6	3.94×10^{-6}
銀ペースト室温硬化	185	6.94×10^{-7}
銀ペースト100℃熱処理	127	2.49×10^{-6}
銅カプトン電子基板	105	3.09×10^{-7}
カプトン(ポリイミド)	75	1.20×10^{-7}
カーボンフェルト700℃焼成	179	1.58×10^{-7}
カーボンフェルト1000℃焼成	280	2.80×10^{-7}
KBr単結晶	625	2.60×10^{-6}
ショ糖単結晶	477	2.04×10^{-7}
アントラセン	52	3.83×10^{-7}
重水素化アントラセン	236	2.12×10^{-7}
ポリプロピレン	255	1.38×10^{-7}
10%タルク入りポリプロピレン	199	1.16×10^{-7}
蒸留水	150	1.43×10^{-7}

のものと，温度波熱分析法のISO提案を2001年の国際会議から行ってきた。ISOは多岐にわたり，分類も材料，方法論，製品と広範囲にわたるが，プラスチックの熱伝導率測定はTC61 SC5（物理化学的性質）という分類に属する。さらに熱伝導はWG8というグループで討論される。新規提案には4カ国以上の共同提案を必要とするが，会議にかかる前までに，定常法，プローブ法，ホットディスク法，レーザーフラッシュ法，温度波法の5法について共同提案する同意が得られた。その後，毎年9月に会議がもたれ，紆余曲折があったものの，2008年12月に，温度波熱分析，フラッシュ法，ホットディスク法と併記の形で国際投票にかけられ承認された。ISO-22007-3というのが温度波法の規格番号である。

3.5 赤外線カメラを用いた熱拡散率測定

赤外線温度センサーや赤外カメラの利用は，高速であること，非接触であること，面の情報

第2章　高分子の熱物性と熱伝導率・熱拡散率測定法

が得られることなど特有の利点があることから局所の温度変化測定に用いられている。半面，輻射率や反射率が決定できないと正確な温度が決まらないという難点もある。温度計測には，CCD素子のプリアンプ込みの感度むら，ドット抜け，窓材・レンズを通した光量低下，レンズの口径食や周辺光量低下，サンプルの反射率や輻射率など，各種補正する必要がある。このため，10 mm擬似黒体板の温度を幾つか設定して中心部の2 mm面が均一温度と仮定する方法で校正するなどの工夫が必要である。

温度波の計測には，量子型のインジウムアンチモンタイプCCDカメラが適している。空間分解能は測定波長である3 μmまで可能で，速度は1000フレーム毎秒は実用範囲である。本研究では−20～300℃程度の狭い範囲では，3～5ミクロンの赤外線の受光総量がシュテファン・ボルツマン則を十分に満足していることを確認してから，受光量を温度へ換算する。

筆者らが開発した可視化熱分析測定装置[19]の概略を図10に示す。測定に応じたサンプルホルダー，外部からの交流温度刺激を与える機構，試料の温度制御系，赤外カメラシステムから成り立っている。10 cm角程度のプレート上に乗せた平面試料をその上部に取り付けた赤外線カメラで観測する形式である。温度解像力は，室温近傍では0.025 Kである。距離の解像力は，計測波長である3 μmが限界であり，256×256画素ならばおよそ1 mm角程度の部分を視野に収めることができる。ミクロ定常法として応用した例を紹介したい[20]。試料の配置は図11aのようにし，小型の真空チャンバー内に装着し，片面が発熱面，反対側がヒートシンクとなっている。定常になった段階の，赤外線画像から3D温度プロフィールを描いた例を図11bに示す。縦軸の値は換算した温度を表す。試料は，熱電材料であるBiTeSeとリファレンス試料としてマコールを両側に配置したミクロ定常比較法の例である。試料の中心部分は各試料内で直線関係を示し，この勾配から直接熱伝導率が算定できる。

赤外カメラで取り込んだ画像は，ある瞬間の画像の時系列スタックである。これらの画像の各ピクセルについて温度の時間変化を抽出し，画像内6万数千点の位置での温度変化を書き出すことができる。ついでこれらの時間データの離散フーリエ変換を行うことで周波数解析がすべての点で可能となる。

例えば，画面内のある点（面）で交流的な温度変化を与え，その波の伝搬を画像として捉えると，指定したピクセルをリファレンスとして，ロックインすることができる。すなわち，リファレンスからの位相遅れを全画面について描画することが可能となる。

平板な試料上を伝搬する温度波を赤外線カメラにより観察した例を図12aに示す。試料はポリイミド薄膜である。図中，右端の黒く見える部分がスパッタリングされた金薄膜であり，この部位で通電加熱によって温度波を発生させる。温度波の周波数は0.2 Hz，振幅は試料の温度に換算して約1℃以下となるように調整した。同一試料内であれば（輻射率が等しければ）

高熱伝導性コンポジット材料

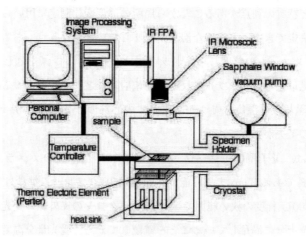

図10 可視化熱分析測定装置の概念図

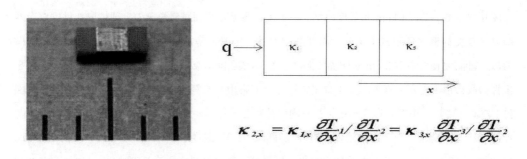

$$\kappa_{2,x} = \kappa_{1,x} \frac{\partial T}{\partial x}_{,1} / \frac{\partial T}{\partial x}_{,2} = \kappa_{3,x} \frac{\partial T}{\partial x}_{,3} / \frac{\partial T}{\partial x}_{,2}$$

図11a　ミクロ定常法　試料配置図

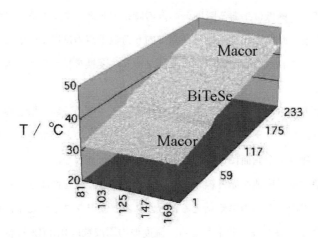

図11b　赤外線画像から3D温度プロフィールを描いた例。試料は　Macor/ BiTeSe/Macor

第2章　高分子の熱物性と熱伝導率・熱拡散率測定法

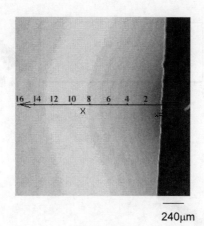

図12a　赤外線カメラにより観察したポリイミド膜上の温度波

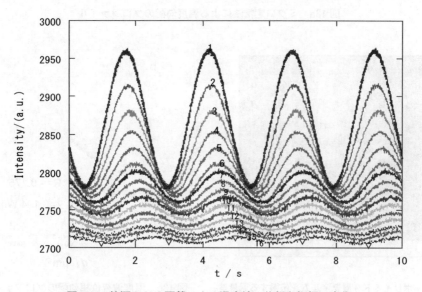

図12b　熱源からの距離による温度波の位相と振幅の変化

温度が高い部分は白く，低い部分は黒く見えている。実際の赤外線画像（Real Image）は温度振幅に相当し，試料表面を波形状の温度分布が伝搬していく様子が観察される（図12b）。これらの温度波の時間データをフーリエ変換法により計算し，伝搬距離に対する位相遅れから熱拡散率換算可能である。

さらに，赤外線画像による温度勾配あるいは温度波の位相の変化率は，界面の熱伝達に関する情報を与えることを示す例を紹介する。図13aは，前出のミクロ定常法による定常状態による温度勾配の断面プロファイルを，図13b，cはポリイミド3層膜に温度波を印可したときの断面の温度分布図と，その位相像の断面プロファイル[21]を示す。定常法では，直流的な温度

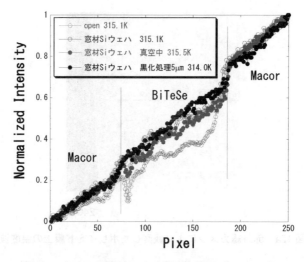

図13a ミクロ定常法による温度勾配のプロファイル

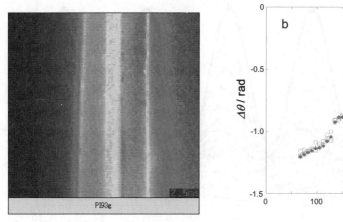

図13b ポリイミド3層フィルムを伝播する温度波   図13c 温度波夜位相勾配のプロファイル

勾配における熱伝導に関する温度ギャップを，温度波法では，位相伝播の変化率に対する熱拡散に関する位相の遅れのギャップを示す。界面の熱的な損失の定量化は，熱的なインピーダンスの周波数依存性も含めた詳細な解析への糸口となると考えられる。

4 まとめ

物性としての側面は，特に複合系では表現が難しいことを述べてきた。本解説では，熱分析あるいは熱伝導率全般を網羅したものではないこと，熱伝導測定法は目的に応じて選択される

第2章 高分子の熱物性と熱伝導率・熱拡散率測定法

ことを最後にお断りしておく。応用例としてあげたものの他に，高分子や有機物の相転移における周波数依存性を考慮した複素熱物性測定，ポリマーブレンドやフィラー充填材料などの複雑系の解析など未解決な部分が多数ある。材料開発では熱伝導率が必要という場面がまだ多いが，実際薄くて小さな試料では非定常法で熱拡散率しか得られないのが現状である。したがって，熱伝導率への換算には，熱拡散率・体積比熱・密度が必要である。装置を開発する側の立場からは，熱拡散率に加えて，熱伝導率を直読する方法，温度の関数ならびに周波数の関数で同時に求まるという方法など，新たな視点を加えることで，単なる熱物性のみならず，構造解析法としても発展するものと確信している。

測定法では国際標準化がますます重要となろうが，日本発の提案ももっと増加すると思われる。一つのISO規格は，他の分類に属するISOやその他の規格にも引用されることになる。具体的な例として，プラスチックの熱伝導の標準規格は，IEC規格のなかの携帯電話電磁シールド材評価法に引用された。熱伝導率測定関連では，発泡材と中心とした熱絶縁膜の評価法として2010年秋に新規提案がスタートした。ISOを中心とした国際規格は，工業材料にとって重大な意味を持つことは論を待たないが，ここでも材料開発と，測定法開発が車の両輪になることが，国際競争力の点においても，真に望まれる。

文　献

1) S. Klarsfeld, Ch. 4 in Compendium of Thermophysical Property Measurement Methods 1, Edited by K. D. Maglic, A. Cezairliyan, V. E. Peletsky, Plemum Press（1984）
2) R. P. Tye, Ch. 3 in in Compendium of Thermophysical Property Measurement Methods 1, Edited by K. D. Maglic, A. Cezairliyan, V. E. Peletsky, Plemum Press（1992）
3) J. Kestin and R. Paul, *Physica*, 100A, 349（1980）
4) Y. Nagasaki and Y. Nagasaka, *J. Phy. Sci.*, 14, 12（1981）
5) W. E. Haupin, *J. Am. Ceram. Soc. Bull.*, 39, 139（1960）
6) S. E. Gustafsson, *Rev. Sci. Instrum.*, 62, 797-806（1991）
7) N. O. Birge, *Phys. Rev.B*, 34, 3, 1631（1986）
8) David G. Cahill, O. Pohl, *Phys. Rev. B*, 34, 4067（1987）
9) O. M. Corbino, *Phys. Z.*, 11, 413-417（1911）
10) W. J. Parker, R. J. Jenkins, C. P. Butter, G. L. Abbott, *J. Appl. Phys.*, 32, 1679（1961）
11) C. A. Paddock, G. L. Eesly, *J. Appl. Phys.*, 60（1），285, 1986
12) N. Taketoshi, T. Baba, A. Ono, *Jpn. J. Appl. Phys.*, 38, L1268（1999）
13) I. Hatta, Y. Sasuga, R. Kato and A. Maesono, *Rev. Sci. Instrum*, 56（8），1643-1647；Y.

Gu, X. Tang, Y. Xu and I. Hatta, *Jpn. J. Appl. Phys.*, **32**, L1365 (1993)
14) A. Rosencwaig, A. Garsho, *J. Appl. Phys.*, **47**, 1, 64-69 (1976)
15) M. J. Adams, G. F. Kirkbright, *Analyst*, **102**, 678-682 (1977)
16) T. Hashimoto, Y. Matsui, A. Hagiwara, A. Miyamoto, *Thermochim Acta*, 1990 163 317; T. Tsuji, T. Hashimoto, J. Therm. Anal., 1993 40 721；高分子の熱拡散率・比熱。熱伝導率データハンドブック，ユーテス (1994)
17) J. Morikawa, J. Tan, and T. Hashimoto, *Polymer*, **36**, 4439-4443 (1995)
18) J. Morikawa and T. Hashimoto, *Jpn. J. Appl. Phys.*, **37**, L1484-L1487 (1998)
19) T. Hashimoto, J. Morikawa, *Jpn. J. Appl. Phys.*, **42**, L706 (2003)
20) A.Yamamoto, J. Morikawa and T. Hashimoto, 21st International Conference of Thermoelectronics, IEEE, pp. 357-360 (2002)
21) J. Morikawa, T. Hashimoto, R. LiVoti, QIRT Congress, Padva (2006)

第3章　熱伝導率測定装置の進歩

遠藤　聡[*1], 笈川直美[*2], 池内賢朗[*3]

1　熱伝導率・熱拡散率評価法の概要

近年，放熱シートや基板，ダイボンディングやモールド材として用いられる樹脂材料の伝熱性能の評価は製品の性能や寿命に関わる非常に重要な要素になっている。それらの目的や材料に応じた評価計測方法を選択する事が重要である。

熱伝導率が低い高分子試料，熱伝導率が高いダイヤモンドや金属試料，熱伝導率の異方性が大きいグラファイトのような試料では，それぞれ厚さに応じて適切な熱物性評価方法が存在する。熱物性評価方法の違いにより，測定可能な物理量（熱伝導率，熱拡散率）は異なる。測定で熱拡散率 $\alpha\, \mathrm{m^2 s^{-1}}$ が得られた場合，比熱容量 $C\, \mathrm{J\, m^{-3} K^{-1}}$ と密度 $\rho\, \mathrm{kg\, m^{-3}}$ が既知であれば下記の式から熱伝導率 $\lambda\, \mathrm{W\, m^{-1} K^{-1}}$ を求めることができる。

$$\lambda = C\rho\alpha \tag{1}$$

当社で販売しているバルク・フィルム試料の熱伝導率・熱拡散率評価装置の一覧を表1に示す。面間方向の熱伝導率・熱拡散率測定装置は，定常法（平板比較法）[1] に基づく GH-1，フラッシュ法[2~6] に基づく TC-9000，温度波熱分析法[7,8] に基づく FTC-1 がある。面内方向の熱拡散率測定装置は，光交流法[9] に基づく Laser PIT がある。各装置で測定可能な試料厚さと熱伝導率の関係を図1に示す。面間方向の測定装置については，低熱伝導率の試料の厚さが薄くても評価可能な傾向がある。一般的な高分子材料（熱伝導率 $0.3\, \mathrm{W\, m^{-1} K^{-1}}$，熱拡散率 $2\times 10^{-7}\, \mathrm{m^2 s^{-1}}$）では，測定可能な試料の厚さは，定常法 GH-1 では厚さ $300\,\mu\mathrm{m}$ 以上，フラッシュ法装置 TC-9000 では厚さ $70\,\mu\mathrm{m}$ 以上，温度波熱分析法装置 FTC-1 では厚さ $10\,\mu\mathrm{m}$ 以上である。光交流法装置 Laser PIT では，厚さ方向の影響を無視できる条件（$300\,\mu\mathrm{m}$）以下の試料で測定可能である。

近年のニーズ拡大に応えるため，基板上に成膜された薄膜の熱伝導率評価装置として，La-

[*1]　Satoshi Endo　アルバック理工㈱　研究開発部　課長
[*2]　Naomi Oikawa　アルバック理工㈱　研究開発部　分析サービス室　係長
[*3]　Satoaki Ikeuchi　アルバック理工㈱　規格生産部　課員

高熱伝導性コンポジット材料

表1 バルク・フィルム試料の熱伝導率・熱拡散率評価装置

装置名	GH-1	TC-9000	FTC-1	Laser-PIT
測定方法	定常法 (平板比較法)	フラッシュ法	温度波熱分析法	光交流法
評価量	熱伝導率	熱拡散率 比熱容量	熱拡散率	熱拡散率
測定方向	面間	面間	面間	面内
測定試料の代表的サイズ	①角50×厚1.5～12 mm ②角50×厚1.5～12 mm ③角25×厚1.5～8 mm ④角25×厚1.5～8 mm	幅10 mm×長12 mm×厚10～300 μm	φ10×厚1～3 mm	幅2.5～5 mm×長30 mm×厚3～500 μm
測定規格	ASTM E 1530	ISO 22007-4 ISO 18755 JIS R 1611 JIS H 7801 など	ISO 22007-3	なし

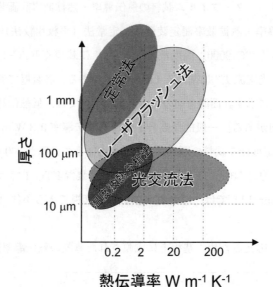

図1 各測定機種における厚さと熱伝導率の関係

第3章　熱伝導率測定装置の進歩

表2　Laser PIT と TCN-2ω の薄膜評価法の違い

装置名	Laser PIT	TCN-2ω
測定方向	面内	面間
推奨薄膜	高熱伝導率薄膜	低熱伝導率薄膜 （絶縁膜が理想）
推奨薄膜の厚さ	100 nm 以上 （50 W m^{-1}K^{-1} 以上） 500 nm 以上 （10 W m^{-1}K^{-1} 以上）	20 nm 以上 （1 W m^{-1}K^{-1} 以下） 200 nm 以上 （10 W m^{-1}K^{-1} 以下）
推奨基板	低熱伝導率基板 （例：ガラス基板，PI 基板）	高熱伝導率基板 表面鏡面研磨状態 （例：Si 基板）
基板のサイズ	当社推奨ガラス基板を用い示差法で測定する場合[11] 幅 2.5×長 20×厚 0.03 mm （半面に薄膜成膜）	幅 10－20×長 10－20×厚 0.5－1 mm

ser PIT を改良[10]し，また周期加熱サーモリフレクタンス法（2ω法）[11]に基づく装置 TCN-2ω を商品化した。これら装置の比較を表2に示す。Laser PIT は，低熱伝導率基板上の高熱伝導率薄膜の評価に有効であり，一方 TCN-2ω は，高熱伝導率基板上の低熱伝導率薄膜の評価に有効である。高分子の評価例として，Laser PIT では高分子フィルム基板上の金属膜[12]の熱伝導率が，TCN-2ω では Si 基板上の有機膜[13]の熱伝導率が報告されている。今後，TCN-2ω を利用した有機薄膜の評価が増えることが期待される。

　この他に耐火物・粉体・流体の熱伝導率の評価装置として熱線法[14,15]に基づく TC-1000，熱伝導性分布を持つ試料の熱伝導率分布評価装置としてサーマルプローブ法[16,17]に基づく STPM-1000 を販売している。STPM-1000 は既存装置で測定に向かない試料の評価が期待できる。本稿では，第2節にフラッシュ法と応用展開について，第3節に光交流法について紹介する。

2　フラッシュ法とその応用展開

2.1　フラッシュ法（厚さ方向の熱拡散率評価）

　フラッシュ法は，金属・セラミックの熱拡散率評価において最も一般的な方法で，ISO 規格[2,3]・JIS 規格[4,5]に採用されている。2008 年にはプラスチックの熱伝導率・熱拡散率評価として温

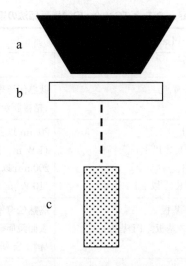

図2 フラッシュ法の模式図
a：光照射，b：試料，c：放射温度計

度波熱分析法とともに ISO 規格[2,7] に採用された。

　フラッシュ法は，試料表面に光を用いて瞬時加熱を行い，試料裏面の温度上昇の時間依存性を計測することにより熱拡散率を評価する方法である。フラッシュ法の模式図を図2に示す。試料表面に一様に瞬時加熱 a を行い，試料裏面の中心部の温度を検出する。熱拡散率の評価には温度変化を高速に検出する必要があるので，試料裏面の温度検出には InSb 素子を用いた放射温度計 c が用いられるケースが多い。測定前に試料 b の両面は黒化処理を行う。この処理の目的は試料表面の光の吸収効率を高め，裏面の温度検出を安定して行うためである。透明な試料の場合，透過光を防ぐ役割も兼ねる。

　均質性試料の裏面温度上昇の時間依存性を示した式は Parker らによって確立されている[6]。測定結果から装置定数と熱損失の寄与を取り除いた上で，解析方法としてハーフタイム法，カーブフィッティング法，対数法などで行われる。ハーフタイム法は光を照射したときの時刻を基準とし，試料裏面の温度上昇がその最大値の半分となるまでにかかる時間 $t_{1/2}$ を算出し，熱拡散率 α を評価する方法である。Parker の理論式に基づいて得られたハーフタイム法の解析式を下記に示す。

$$\alpha = 0.1388 \frac{d^2}{t_{1/2}} \tag{2}$$

d は試料の厚さである。

　フラッシュ法での加熱は一瞬ではあるが，有限時間幅を持つ。この加熱時間幅から測定限界が導かれる。TC-9000 では，加熱時間の補正値が 1 ms 程度である。試料のハーフタイム

第3章 熱伝導率測定装置の進歩

が3 ms以上である場合，熱拡散率評価が可能である。例えば，高分子フィルム（熱拡散率 $2\times10^{-7}\,\mathrm{m^2 s^{-1}}$）では，厚さが0.06 mm以上が可能であり，金属（熱拡散率 $2\times10^{-5}\,\mathrm{m^2 s^{-1}}$）では，厚さが0.7 mm以上が可能である。

フラッシュ法は簡便かつ短時間に測定できるため，多層材料[18〜20]・傾斜機能材料[21]など多様な材料の評価方法としても進められている。多層材料内の未知層の熱拡散率を得るために必要な物理量は，既知層の熱物性と厚さおよび未知層の体積比熱容量と厚さである。測定結果から未知層の熱拡散率を評価するために，様々な方法が報告されている。1つの方法は，実測の試料裏面温度上昇の時間依存性と多層モデルに基づいて計算された裏面温度上昇の時間依存性[18,19]から計算する方法である。他には実測の試料裏面温度上昇の時間依存性から面積熱拡散時間を計算し，多層モデルに基づき計算した面積熱拡散時間[20]と比較する方法である。これらの方法で共通することは，未知層の寄与が多層材の寄与と比べて小さくなりすぎると評価が難しくなることである。実際には，多層材のハーフタイムが未知層単独のハーフタイムと比べて10倍以上大きくなると評価が難しくなる。

2.2 応用展開（面内方向の熱拡散率評価）

フラッシュ法は，面間方向の熱拡散率を評価する方法として進化してきた。熱拡散率が非常に大きな薄い試料は上述のように加熱時間幅に基づく測定限界のため測定できない場合が出てきた。このような試料の熱拡散率測定をすることを目的として，面内方向の熱拡散率評価（2次元法）が開発された[22]。

2次元法の模式図を図3に示す。2次元法は，試料表面の一部に光を用いて瞬時加熱を行

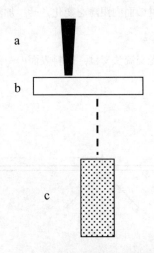

図3　2次元法の模式図
a：光照射，b：試料，c：放射温度計

い，試料裏面の温度を検出する。温度検出位置は試料表面の照射位置とそこから面内方向で距離 x 離れた場所で行う。試料の厚さが薄く，距離 x が離れているならば，厚さ方向の寄与は無視できるので，面内方向の評価ができる。

2次元法は，面間方向のフラッシュ法と比べ試料の熱損失と熱拡散率が測定結果に敏感に影響する。未知試料の熱拡散率を評価する場合，厚さと熱拡散率が同程度の標準試料を用いて比較法で測定を実施することを推奨する。実際にハーフタイム法を応用して計測する場合，熱拡散率既知の標準試料を用いて測定を実施して，ハーフタイム $t_{1/2}$，熱拡散率 α，距離 x から次式の定数 C を得る。

$$\alpha = C\frac{d^2}{t_{1/2}} \tag{3}$$

未知試料を用いてハーフタイムを計測し，標準試料評価で得られた定数 C を用いて熱拡散率を評価する。

2次元法を用いて複合材料に適用した例が報告されている[23]。標準試料を用いて簡便に熱拡散率を得ることができるので，基準試料との比較で熱拡散率の性能検査に応用されることが期待される。

3　光交流法による薄板の面内熱拡散率評価

光交流法は周期加熱法に基づき熱拡散率の評価を行う点で温度波熱分析法と同じである。温度波熱分析法では，加熱位置と測温位置の面間距離を一定にし，加熱周波数を変化させる。一方，光交流法では加熱位置と測温位置の面内距離を変化させ，加熱周波数を一定にする。この手法の違いが解析に影響を与えている。

光交流法の模式図を図4に示す。光交流法では，試料表面の一部に光を用いて周期加熱 a さ

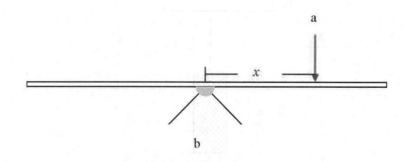

図4　光交流法の模式図
a：光照射位置，b：熱電対，x：面内方向の距離

第3章 熱伝導率測定装置の進歩

せる。試料裏面に温度検出のために中心部に熱電対 b を装着している。試料表面は光を吸収するために黒化処理を行っている。面内方向に1次元的に熱を伝えるために，試料形状は細長く（3 mm×30 mm），試料の厚さは薄いほうが望ましい（0.5 mm 未満）。

試料表面に帯状の光を周期的に加える。光加熱された場所が加熱位置となる。熱が温度波として試料内部に伝わる。試料裏面に到達した温度波を熱電対で検出する。計測された電圧からロックインアンプを用いて温度波の振幅 A と位相 θ を検出する。加熱位置と測温位置の面内方向の距離 x を変えて測定を実施することにより熱物性値を求める。光で周期加熱を行った場合，温度波の周波数は加熱周波数と同じである。式（4），式（5）を加熱周波数 f（Hz）を用いて記すと次式になる。

$$\ln(A) \propto -\sqrt{\frac{\pi f}{\alpha_A}} x \tag{4}$$

$$\theta \propto -\sqrt{\frac{\pi f}{\alpha_\theta}} x \tag{5}$$

温度波の振幅 A と位相 θ の双方から熱拡散率を評価することができる。

実際の測定では，真空中で測定を実施しても表面からの熱損失が存在する。熱損失の影響によって，温度波の振幅 A から計算される熱拡散率 α_A は小さく，位相 θ から計算される熱拡散率 α_θ は大きくなる。熱損失の影響を相殺する方法としてオングストローム法が提唱されている[24]。

$$\alpha = \sqrt{\alpha_A \alpha_\theta} \tag{6}$$

実際の測定では加熱は試料表面で検出は試料裏面であるため，試料の厚さの寄与を無視できる条件で評価しなければいけない。加熱位置と測温位置の面内距離が1 mm 以上で測定を行うならば，等方性試料では厚さが 0.3 mm 未満が望ましい。面内方向の熱拡散率が厚さ方向の熱拡散率よりも 100 倍以上の試料では厚さが 0.03 mm 未満であることが望ましい。図5に光交流法装置 Laser PIT での測定結果を示す。a）は 0.1 mm の厚さの銅を 10 Hz での測定結果，b）は 0.05 mm SiO$_2$ ガラスを 0.5 Hz での測定結果である。銅の熱拡散率は $1.2\times10^{-4}\,\mathrm{m^2\,s^{-1}}$，SiO$_2$ ガラスの熱拡散率は $8.0\times10^{-7}\,\mathrm{m^2\,s^{-1}}$ であった。加熱周波数は試料の熱拡散率の大きさに依存する。解析距離と熱拡散長が同程度になる加熱周波数で測定を行うことが望ましい。近年，カーボン系試料のような厚さ方向と面内方向で熱拡散率が 100 倍以上異なる試料が開発されている。今後，このような試料の熱拡散率評価に光交流法が適用されることが期待される。

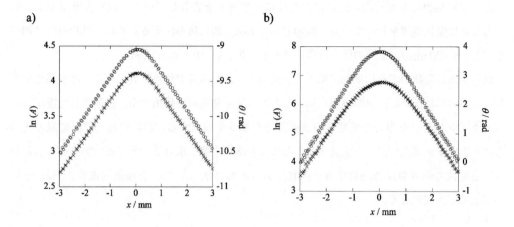

図5 光交流法の測定例
○：ln(A)，×：θ/rad　a) 銅，b) SiO$_2$ ガラス

4　まとめ

フラッシュ法，光交流法，温度波熱分析法などは試料の面内，面間の熱伝播を選択的に評価できる手法であるので，異方性や均質性の評価への応用も可能である。一方，従来の定常法や熱線法なども，積層複合材の熱や力学的ストレス下のマクロ的評価や，溶融状態における高熱伝導セラミックスやフィラーの混和率の評価など，目的に応じた展開をする事ができる。

今後，樹脂ベースの高機能材料の熱伝導性評価はより重要度の大きな評価要素となるので，既成の評価方法に留まらず，製造工程や使用環境を考慮した評価法の対応が求められる。

文　献

1) ASTM E 1530 Standard Test Method for Evaluating the Resistance to Thermal Transmission of Materials by the Guarded Heat Flow Meter Technique
2) ISO 18755 Fine ceramics (advanced ceramics, advanced technical ceramics) —— Determination of thermal diffusivity of monolithic ceramics by laser flash method
3) ISO 22007-4 Plastics——Determination of thermal conductivity and thermal diffusivity —— Part 4 : Laser flash method
4) JIS R 1611 ファインセラミックスのレーザフラッシュ法による熱拡散率・比熱容量・熱

第3章 熱伝導率測定装置の進歩

伝導率試験方法

5) JIS H 7801 金属のレーザフラッシュ法による熱拡散率の測定方法
6) W. J. Parker, R. J. Jenkins, C. P. Butler and G. L. Abbott, *J. Appl. Phys.*, **32**, 1679 (1961)
7) ISO 22007-3 Plastics――Determination of thermal conductivity and thermal diffusivity――Part 3 : Temperature wave analysis method
8) T. Hashimoto and J. Morikawa, Netsu Bussei, 15, 113 (2001)
9) R. Kato, A. Maezono, R. P. Tye and I. Hatta, *Int. J. Thermophys.*, **20**, 977 (1999)
10) R. Kato and I. Hatta, *Int. J. Thermophys.*, **22**, 617 (2001)
11) R. Kato and I. Hatta, Proc. 27 th Jpn. Symp. On Thermophys. Prop., J141 (2006)
12) F. Takahashi, R. Kato and I. Hatta, Proc. 26 th Jpn. Symp. On Thermophys. Prop., A310 (2005)
13) S. Ikeuchi and K. Shimada, Proc. 29 th Jpn. Symp. Thermophys. Prop., Tokyo, B311 (2008)
14) JIS R2251 耐火物の熱伝導率の試験方法
15) The Japan Society of Thermophysical Properties, Thermophysical Properties Handbook, Yokendo, p.706 (2008)
16) S. Ikeuchi, K. Shimada, Y. Takasaki, Y. Ishii and A. Yamamoto, Proc. 29 th Jpn. Symp. Thermophys. Prop., Tokyo, B304 (2008)
17) A. Yamamoto, H. Obara and T. Chikyow, Abstract of the 42nd Jpn. Conf. Calorimetry and Thermal Analysis, Kyoto, J114 (2006)
18) T. Y. R. Lee, Ph. D. Thesis. Purdue Univ. Lafayette. Indiana (1977)
19) N. Araki, A. Makino, T. Ishiguro and J. Mihara, Transactions of the Japan Society of Mechanical Engineers, Series B, 57, 4235 (1991)
20) T. Baba, *Jpn. J. Appl. Phys.*, **48**, 05EB04 (2009)
21) A. Ohtani, T. Yoshida, Y. Hujisawa, D. W. Tang and N. Araki, Proc. 23rd Jpn. Symp. Thermophys. Prop., Tokyo, C231 (2002)
22) T. Azumi, Proc. 9 th Jpn. Symp. Thermophys. Prop., Nagaoka, A209 (1988)
23) Y. Agari, Proc. 29 th Jpn. Symp. Thermophys. Prop., Tokyo, A305 (2008)
24) A. J. Angstrom, *Ann. Phys. Lpz.*, **114**, 513 (1861)

第4章　複合系高分子材料の熱伝導率向上技術

上利泰幸*

1　高熱伝導性高分子材料への期待

　高分子の熱伝導率は金属やセラミックに比べ，一般的に非常に低い（図1；0.15～0.3 W/m·K）。そのため元来，高分子は気体を複合し，断熱材として種々の分野で利用されてきたが，20年ぐらい前から，エレクトロニクス分野を中心に放熱性を向上させるため，成形性に優れる高分子材料の高熱伝導化が望まれるようになった。しかし，高分子自身の高熱伝導化には限界があった[1,2]。そのため，高熱伝導性フィラーを複合することによって，高分子材料を高熱伝導化することが行われている。すなわち，金属やセラミックとの合せ面や電子部品の取り付け部の接触熱抵抗を低く抑えるために，複合高分子材料を用い，熱伝導性グリースや熱伝導性接着剤，熱伝導シートなどの開発が行われた。導熱グリースは熱交換器などの金属部品の繋ぎ目に用い熱伝導を助け，熱伝導性接着剤は冷却フィンと本体の金属を繋ぐ接着に用いられ，また熱伝導性導熱シートはパワートランジスタと基板との間に挟み，放熱を促進する分野に利用されてきた。最近ではノート型パソコンや携帯電話のように，さらに高集積化し高出力になっている基板を，ますます小型化する機器に搭載され，放熱性の問題がさらにクローズアップされるようになってきた。

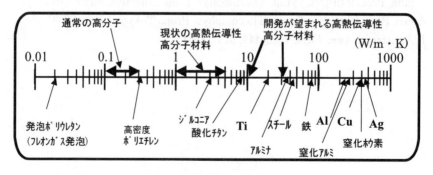

図1　各種材料の熱伝導率

＊　Yasuyuki Agari　（地独）大阪市立工業研究所　環境技術研究部　高機能樹脂研究室　主幹・室長

第4章 複合系高分子材料の熱伝導率向上技術

そのため，25年以上前から種々の高熱伝導化の検討が行われてきた。

上述したように，高分子の熱伝導率は金属やセラミックに比べ，一般的に非常に低い。しかし，ポリエチレンなどを延伸したときには，配向方向には炭素同士の共有結合が数多く存在するので，大きく増大することが知られている。その効果は延伸が進むにしたがい大きくなり，高い熱伝導率を得ることができる。また，同様にベンゼン環構造が配向方向に並びやすい液晶高分子の熱伝導率も比較的大きいことも報告されている。また，液晶構造の配向方向だけでなく，すべての方向で熱伝導率が向上するエポキシ樹脂などの研究も報告されている[3～5]。この樹脂はガラス並みの熱伝導率を示し，さらなる高熱伝導化が大きく期待されている。また，熱は電子を伝播体として移動することも知られている。そのため，電気伝導性の大きな銅や銀などは熱伝導率も非常に大きい。例えば，ポリアセチレンも高い熱伝導率（7.5 W/m·K）をもつと報告されている。しかし，研究はあまり進んでいない。

このように，高分子自身の高熱伝導化の研究も少しずつ行われるようになってきた。しかし，価格面の問題もあり，実用化されているのは複合高分子材料が多い。そこで，高熱伝導性高分子材料の設計を行うための基盤技術として，熱伝導率への複合化による影響因子を検討した結果や熱伝導率予測式，新しい複合化の概念，将来的展望をここで述べる。

2 高分子材料の複合化による熱伝導率に及ぼす影響

2.1 粒子分散複合材料の有効熱伝導率に与える影響と予測式[6～18]

複合高分子材料の熱伝導率に与える影響因子は次の8つである。
① 高分子と充填材の熱伝導率
② 複合高分子材料中に占める充填材の容積率
③ 充填材の形状およびサイズの効果
④ 近接充填材間の温度分布の影響
⑤ 充填材の分散状態
⑥ 高分子と充填材の界面の効果
⑦ 充填材の配向度
⑧ 充填材間の界面の効果

これらの因子の影響の詳細について次項で示す。また，これらの因子を加味して種々の予測モデルが提案されている。それを加味された影響因子の種類で分類し，表1に示す。

また，複合高分子材料の熱伝導率の予測式は，Maxwellによって早くも1873年に提示されている。ここでは加味された影響因子によって，種々の予測式を分類した（表1）。初期では

高熱伝導性コンポジット材料

表1 粒子分散複合材料の熱伝導率の予想モデル

考慮した影響因子	モデルの種類	仮定した粒子形状	予想モデル名
①,②,③,④	熱流法則	球	Maxwell, Meridith, Bruggeman, Kerner
①,②,③,④	合成抵抗	球	Jefferson, Cheng, Chlew
①,②,③,④	熱流法則	楕円体, 円柱	Fricke, Brehens, Jhonson
①,②,③,④	熱流法則	直方体, 他	Yamada, Hamilton
①,②,③,④	合成抵抗	直方体, 他	Russel, Tsao
①,②,③,④,⑥	熱流法則	球	Hasselman
①,②,③,⑤,⑥	合成抵抗	———	Agari
①,②,③,⑤	熱流法則	———	Ota
①,②,③,⑦	熱流法則	楕円体	Choy

充填粒子と高分子の熱伝導率，充填粒子の容量分率だけで熱伝導率を予測していた（Maxwell の式[13]など）が，充填粒子の形状の因子も採り入れられるようになった（Frick の式[16]など）。また，充填粒子と高分子の熱伝導率の比が大きくなるにつれて比較的高充填領域（20容量％以上）で実験値と一致しない場合もあった。そのため，近接粒子間の温度分布を考慮して種々の式（Bruggeman の式）も考案された。しかし，それらの式で説明できる分散系も多いが，特に充填粒子と高分子の熱伝導率の比が大きかったり，より高充填量である場合，同様な充填粒子や高分子を用いても熱伝導率が異なる場合がある。すなわちこれは，測定上の問題もあるが①〜④の因子だけでは複合高分子材料の熱伝導率を説明できないためと考えられる。そこで⑥の因子まで考慮した Hasselman の式[17]や⑦の因子まで考慮した Choy の式[18]，⑤の因子を画像解析の結果から取込んだ太田の式[19]がある。我々も①〜⑥まで因子を電気伝導率におけるパーコレーション濃度と関連させ，考慮した式を提案している[11]。ただ，⑤〜⑧の因子を組み込んだ予測式の研究はまだまだ少なく今後，より一層発展することが望まれる。

2.2 熱伝導率に与える影響

2.2.1 粒子径や粒子の形状

複合高分子材料中の粒子の大きさは，定義から考えると，熱伝導率に影響を与えないと考えられる。実際，粒子径が粒体（数μm以上）であるときは，熱伝導率は粒子径の影響を受けない（図2）。しかし，粒子径が粉体領域粉体（数μm以下）に分類されるとき，熱伝導率は粒子径が小さくなるに従い，大きくなる（図3）[9]。これは，粉体領域の場合，粒子が二次凝集し

第4章　複合系高分子材料の熱伝導率向上技術

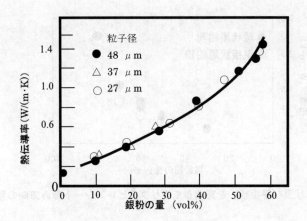

図2　各種の粒子径の銀粉を充填したエポキシ樹脂の熱伝導率

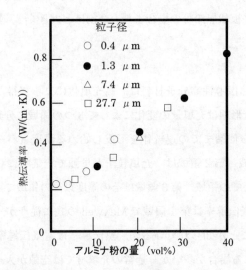

図3　各種の粒子径のアルミナ粉を充填したエポキシ樹脂の熱伝導率

やすくなり，粒子の連続体が形成しやすくなり分散状態が変化するため熱伝導率が大きくなると考えられる。この効果は分散状態の違いとして熱伝導率に影響を与えると考えられる。例えば，分散粒子である Al_2O_3 の粒子径が $1\mu m$ 以下になると，粒子の連続体を形成しやすくなり，熱伝導率が大きくなっている。また，粒子形状も熱伝導率に大きく影響を与える。特に，ファイバー状の充填粒子を用いた場合（カーボンファイバー複合ポリエチレン），ファイバー径に対するファイバー長の割合（L/D）が大きくなるに従い熱伝導率が大きく増大した[19]。

また，充填材の熱伝導率に異方性があり，形状の効果と相乗的に作用する場合も多い。例えば，黒鉛粉は板状であり，板面と平行方向の熱伝導率は面と垂直な方向に比べて，数倍以上で

高熱伝導性コンポジット材料

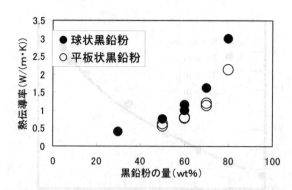

図4 黒鉛粉（球状及び平板状）を充填したポリプロピレンシート厚み方向の熱伝導率

あることが知られている。そのため，配向の影響を強く受け，球状黒鉛粉を用いたときのシート厚み方向の熱伝導率は平板状黒鉛粉の場合よりも2割ほど大きく[20]，異方性を防ぐ分野での利用が期待される（図4）。

2.2.2 充填量[21]

実用的に利用される高熱伝導性高分子材料は，高充填化によって得た場合がほとんどである。複合高分子材料の複合形態は充填量の変化によって3つの領域に分類される。第1領域は充填粒子が試料の一端から他端までの連続体を形成し始める濃度（パーコレーション濃度，10〜25容量％）までの領域，第2領域は，充填粒子が単独で空気中に存在したとき空気に占める割合に相当する濃度までの領域，第3領域はその濃度以後の領域で，充填粒子のパッキング性と深くかかわる。電気伝導率は第1領域でMaxwellの式に従うが，第2領域になると，予測値より大きく外れることが知られているが，熱伝導率は電気伝導率ほど顕著に増大しない。そのため，高充填される場合が多いが，通常の充填材では空隙が大きいので充填量が増大しても熱伝導率が向上しない（図5の白丸と点線）。そこで，大粒子と小粒子を8対2で混合してシリカ粉やアルミナ粉を用いると85容量％まで高充填できる能力を持ち（図6），さらに高熱伝導率を得ることができた（図5の黒丸と実線）。

実用的なエポキシ樹脂では，電気絶縁性でかつ高熱伝導性である材料が求められ，アルミナ粉（Al_2O_3），窒化アルミ（AlN），窒化ホウ素などによる高充填化が行われている。最近では潮解しやすい欠点を改良した酸化マグネシウム（MgO）も用いられている。それらの熱伝導率を表2に示す。

また図6で示したように高熱伝導率を得るには高充填化が必要なため，球状粒子を用いたり，粒子径の異なる充填材を混合し粒度分布を工夫することが行われている。まず，低熱膨張化の効果も兼ねてシリカ粒子を充填し，高熱伝導化をはかっていたが，アルミナ粒子を充填し

第4章 複合系高分子材料の熱伝導率向上技術

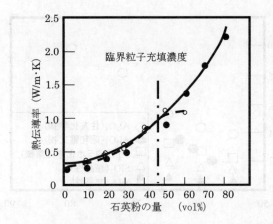

図5 種々の石英粉を複合したポリエチレンの熱伝導率

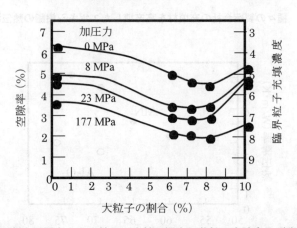

図6 種々の割合で混合した大粒子／小粒子混合石英粉の空隙率及び臨界充填濃度

表2 電気絶縁性で高熱伝導性な複合樹脂を得るために使用される充填材

材料	熱伝導率（W/(m·K)）	材料	熱伝導率（W/(m·K)）
非晶性シリカ（SiO_2）	1.4	窒化アルミ（AlN）	180
結晶性シリカ（SiO_2）	6.2	窒化ホウ素(BN；面方向)	150 – 200
アルミナ（Al_2O_3）	36	(BN；厚み方向)	1.5 – 3
酸化マグネシウム（MgO）	60		

た系が最も一般的である。最近では，耐水性を高めた酸化マグネシウムや，さらに結晶性を改善し高熱伝導化したアルミナも開発され，5 W/(m·K) 以上の熱伝導率を得ている場合もある（図7)[22]。さらに，窒化ホウ素粉や窒化アルミ粉についても複合化方法を工夫しているが，そのエポキシ樹脂の例を図8に示す[23]。

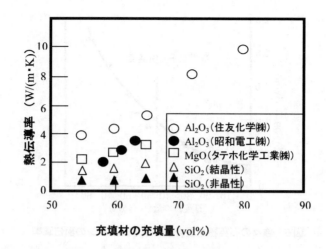

図7　種々の製造会社の充填材を高充填したエポキシ樹脂の熱伝導率

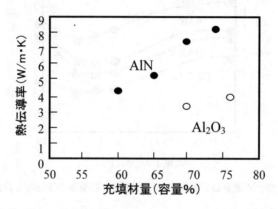

図8　種々の充填材を高充填したエポキシ樹脂の熱伝導率

2.2.3　粒子の分散状態

　粒子の分散状態は試料の作り方や充填粒子や高分子の性質によって大きく変動する。巨視的に見て異方性がなく，ランダムに粒子が分散している場合でも，試料の作り方や連続媒体の性質の違いによって粒子が種々の近距離秩序を持ち，異なった分散状態を示すことがある。そのため，理論計算では分散粒子のパーコレーション濃度が30容量％付近であるにもかかわらず，電気伝導率測定から求めた，種々の粒子分散複合材料系におけるパーコレーション濃度は5容量％から30容量％まで多種多様の値を示すことが知られている。この分散状態の違いが有効熱伝導率にも影響を与える。一方，通常の理論式では均一にまたは完全に分散した状態の熱伝導率であると仮定し分散状態についての影響因子を用意していない。そのため，同様な複合系であるのに大きく熱伝導率が異なる場合が多く，例えば，同一の組成の黒鉛（18容量％）

第4章　複合系高分子材料の熱伝導率向上技術

複合ポリエチレンであるのに，分散状態が変化し，パーコレーション濃度が元の値の1/3になると，熱伝導率は約2倍となった（図9）[24]。また，これらの電気伝導率を調べると，CVF値（第2充填領域が始まる充填粒子の濃度（電気伝導率の対数値 VS 充填粒子の容量分率の関係におけるS字カーブの変曲点））も大きく変動し，熱伝導率が大きいものほど，小さかった。このことから，充填粒子の連続体が形成されやすいほど熱伝導率が大きくなったと考えられた。

さらに，特に充填粒子が連続体を形成しやすいより効果的な構造であるハニカム類似構造を持つ場合，通常分散系よりも非常に大きな熱伝導率を持つことがわかった。特に，50 vol%においてハニカム類似構造の熱伝導率は，通常分散構造の熱伝導率の2倍以上であった（図10）。すなわち，充填粒子の連続体形成が高熱伝導率を得る重要な因子であることが確認できた。

また，分散状態に関する特性係数（C_f）を含む我々の予測式（1）を用いて種々報告されている複合高分子材料の熱伝導率（λ）の適用性を調べた[11]。

$$\log(\lambda/(C_1 \cdot \lambda_1)) = V \cdot C_f \cdot \log(\lambda_2/(C_1 \cdot \lambda_1)) \tag{1}$$

$$A = C_f \cdot \log(\lambda_2/(C_1 \cdot \lambda_1)) \tag{2}$$

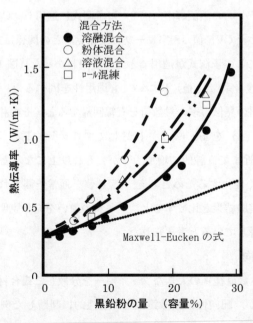

図9　種々の方法で黒鉛粉を充填したポリエチレンの熱伝導率

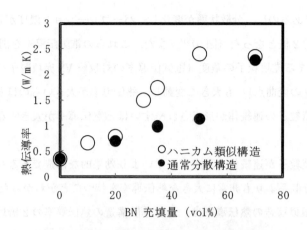

図10 ハニカム類似構造及び通常分散構造を持つ
窒化ホウ素（BN）／エポキシ樹脂複合材料の熱伝導率

$$C_f = \log(1/CVF) \tag{3}$$

λ_1：高分子の熱伝導率，λ_2：充填粒子の熱伝導率，V：充填粒子の容量分率，C_f：特性係数

複合高分子材料の熱伝導率の対数値を充填粒子の容量分率にプロットすると良い直線関係にあり，多くの系の熱伝導率に式（1）が適用できることがわかった。また，種々の方法で作製した黒鉛粉複合ポリエチレンの熱伝導率（図9）に予測式に適用し，C_f値を求め，電気伝導率と充填量の関係から求めたCVF値（S字カーブの変曲点）との関係は式（3）で予想した関係にあり，種々の分散系にこの予測式が適用できることがわかった（図11）。さらに，世界中の研究者が報告している複合系（21種）についても適用性を調べるため，分散粒子の容量分率に対して複合高分子材料の熱伝導率の対数値を直線回帰すると，その相関係数はほぼ1であった。しかし，その傾き（A）を$\log(\lambda_2/\lambda_1)$に対してプロットすると（図12），$\log(\lambda_2/\lambda_1)$の増加とともにAは2付近まで直線的に増加するが，それ以上になると大きくばらついた。そこで，分散状態が大きく変化するためと考え，CVF値を通常予測される値（0.1〜0.4）で変化させて予測値を得て実験結果と比較すると，データの違いを充分説明でき，分散状態の違いが大きく熱伝導率に影響していると考えられた。

2.2.4 分散粒子の配向

楕円体や，L/D（長さ／直径）の大きなファイバーを分散した複合材料の熱伝導率に研究は古くから行われてきたが，配向性は顕微鏡観察で定性的に判断した例が多く，定量的に配向性を調べて熱伝導率との相関性を調べた研究は少ない。ファイバーがランダムに配向した複合

第4章　複合系高分子材料の熱伝導率向上技術

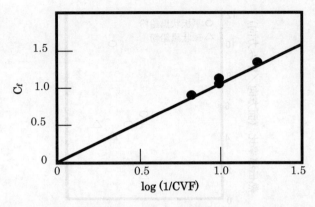

図11　各種の方法における熱伝導率（図9）の予測式の C_f 値 VS CVF 値との関係

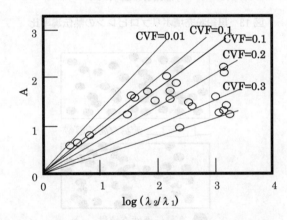

図12　A値 VS（充填材の熱伝導率／高分子の熱伝導率）

材料の熱伝導率は，ファイバー長の増大によって確実に大きくなる。しかし，ファイバーが熱流方向と垂直に配向した複合材料の熱伝導率はファイバー長の増大の効果を全く受けなかった[23]。したがって，熱伝導率にファイバーの配向性が強く影響を与えるものと考えられる。また，黒鉛粉を充填した PP 板の厚み方向の熱伝導率に比べ，面方向の熱伝導率は非常に大きく，その比を調べると，平板状黒鉛粉を用いた場合に大きく異方性が現れることがわかった（図13）[20]。

2.2.5　分散粒子と連続媒体の界面抵抗

複合材料中の分散粒子と連続媒体の界面抵抗が熱伝導率に与える影響について検討された研究はほとんどない。すなわち，界面の改良のためにカップリング剤を添加しても熱伝導率が向上したという報告はない。これは，高分子自身の熱伝導率が非常に小さいので，界面抵抗はその中に埋没したためと考えられる。

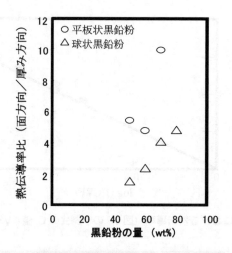

図 13　黒鉛粉充填ポリプロピレンの熱伝導率比

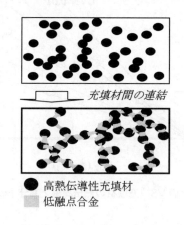

図 14　充填材間の繋ぎの強化による複合材料の高熱伝導化の概念

2.2.6　充填材間の抵抗

　高熱伝導性充填材を複合した高分子材料では，熱伝導は主に，充填材を通って起こると考えられるが，充填材同士の繋ぎをより強くすることを目的とした研究はこれまであまり行われてこなかった。そこで，低融点合金を用い，充填材を繋ぎ高熱伝導化を目指した（図14）。まず，従来の熱伝導性高分子材料の多くで用いられた形態，すなわち高熱伝導性のフィラーとして，窒化ホウ素，黒鉛，銅（Cu），アルミ（Al）を用い，PPSに高充填して熱伝導率を測定したが，最高でも 2.6 W/m·K であった。また，そのときの充填量は 50 容量％であり，高粘度で射出成形に適さないと考えられる。しかし，1.5 W/m·K の組成Aに低融点合金を複合化すると，熱伝導率が 13.9 W/m·K と高くなり，さらに低融点合金，熱伝導性充填材を増量すると，熱伝導率が 28.5 W/m·K とさらに飛躍的に高くなることがわかった。また，この複合高

第4章　複合系高分子材料の熱伝導率向上技術

分子材料は熱伝導性の充填材料を少なくできるため，たやすく射出成形をすることができる。このように，低融点合金がネットワーク構造をとり熱伝導の経路を築き，高熱伝導率を得ることができることがわかった[26]。

2.3 熱伝導率の異なる多種類の充填材を複合化したときの熱伝導率[25]

高熱伝導性高分子材料を設計するときには，高熱伝導性だけでなく強度や耐久性など他の物性とのバランスを考えなければ実用化できない。そのため，高熱伝導性充填材以外に，成形性の向上を期待したAl_2O_3粉や，強度を期待したガラス繊維を用いる場合も多い。しかし，他の物性の向上のために添加した充填材も高分子より充分大きな熱伝導率を持っているため，必要な熱伝導率を持つ複合高分子材料を設計することが難しい場合が多い。

そこで多種類の粉体を充填した複合高分子材料の熱伝導率の予想式（4）を紹介する[26]。

$$(\lambda/(C1\cdot\lambda_1)) = (\lambda_2/(C1\cdot\lambda_1))^{(C2\cdot V2)} + (\lambda_3/(C1\cdot\lambda_1))^{(C3\cdot V3)} + (\lambda_4/(C1\cdot\lambda_1))^{(C4\cdot V4)} + \cdots \quad (4)$$

$$1 = V1 + V2 + V3 + V4 + \cdots$$

　　λ：複合高分子材料の熱伝導率
　　λ_1：高分子の熱伝導率
　　V_1：高分子の容積分率
　　λ_2：充填材1の熱伝導率　　　　V_2：充填材1の容積分率
　　λ_3：充填材2の熱伝導率　　　　V_3：充填材2の容積分率
　　λ_4：充填材3の熱伝導率　　　　V_4：充填材3の容積分率
　　────………

この式では C1，C2，C3 などをそれぞれの充填材だけを複合した高分子材料の熱伝導率から算出して用いる。

ここで，種々の混合比の混合粉（銅粉と黒鉛粉）を複合したポリエチレンの熱伝導率を予測した値は，実験値とよく一致していた。また，黒鉛粉－銅粉－アルミナ粉（1：1：1）の混合粉を複合したポリエチレンの熱伝導率でも実験値は予想直線上にあることがわかる（図15）。すなわち，式（4）によって，多種類の粉体を充填した複合高分子材料の熱伝導率を予想できる。

3　応用分野と将来性

高熱伝導性高分子材料が適用可能と予想される分野は，ヒートシンク材，筐体，電材関係，

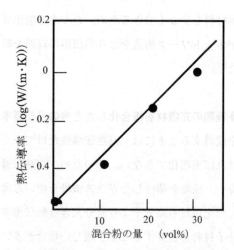

図15 銅粉(Cu)と黒鉛粉(C)とアルミナ粉を同じ割合(1:1:1)で混合した混合粉を複合したポリエチレンの熱伝導率

電装部品関係,建材,熱交換部品等と,分野・用途も多枝にわたっており市場ニーズがある(図16)。高熱伝導性高分子材料は,導電性タイプだけでなく電気絶縁性タイプも,広い利用分野が期待される。用いる高分子はスーパーエンプラである PPS から, PBT などのエンプラ,汎用高分子材料へと進んでいく。一方,熱硬化性高分子の分野でもエポキシ樹脂を中心

図16 高熱伝導性樹脂の利用が期待される分野

第4章　複合系高分子材料の熱伝導率向上技術

に，さらに高い熱伝導性を持つ材料の開発が期待されている。

　今後，高集積化と小型化がさらに進むことによって，電子機器に用いられる高分子材料の放熱性だけでなく，ハイブリッド車や燃料電池車などのようにこれからモータの放熱性が問題となる自動車分野でも，ますます高熱伝導性高分子材料への期待が高まっていくと考えられる。

　しかし，急激に発展してきた高熱伝導性高分子材料への期待に，高熱伝導化の技術は答えられていないのが現状である。そのため，さらにブレークスルーする方法が求められている。これからの開発のキーワードとしては，10 W/(m·K) 以上の高熱伝導率と電気絶縁性を併せ持つ高分子材料と考えられる。ここでは，電気絶縁性充填材のさらなる高熱伝導化と複合構造の工夫が求められているが，まだまだ進んでいない。今後も，エレクトロニクスや自動車分野のニーズに引っ張られ，ますます高分子材料の高熱伝導化の技術が発展していくと期待される。

文　　献

1) 上利泰幸, 高分子, **35**, 889 (2006)
2) 上利泰幸, 材料の科学と工学, **42**, 308 (2005)
3) T.Kato et al., *J.Polym. Sci., Part B, Polym. Phys.*, **43**, 3591 (2005)
4) M. Harada et al., *J. Polm. Sci. Part B, Polym. Phys.*, **41**, 1739 (2003)
5) 赤塚正樹, 竹澤由高, *Polym. Prepr., Jpn.*, **51**, 535 (2002)
6) D.E.Kline et al., "Thermal Characterization Technique", P. E. Slade, Jr., L. T. Jenkins ed., Mercel Dekker, Inc. (1970)
7) D. M. Bigg, *Polym. Eng. Sci.*, **19**, 1188 (1979)
8) 山田悦郎, 熱物性, **3**, 78 (1989)
9) 金成克彦ほか, 熱物性, **3**, 106 (1989)
10) 太田弘道ほか, 日本金属会報, **29**, 155 (1990)
11) Y. Agari et al., *J.Appl.Polym.Sci.*, **49**, 1625 (1993)
12) A. E. Powers, AES-Report KAPL-2145 (1961)
13) A. Eucken, *Forsch. Gebiete Ingenieur.*, B-3 (1932)
14) F. A. Johnson, *Atomic Energy Research Establishment R/R*, **1**, 2578 (1958)
15) E. Yamada et al., *Warme-und Stoffubertragung*, **13**, 27 (1980)
16) H. Fricke, *Phys. Rev.*, **24**, 575 (1924)
17) B. R. Powell, Jr. et al., *J. Am. Ceram. Soc.*, **63**, 581 (1980)
18) C. L. Choy, *J. Polym. Sci. Part B, Polym. Phys.*, **32**, 1389 (1994)
19) Y. Agari, *J. Appl. Polym. Sci.*, **43**, 1117 (1991)
20) 上利泰幸ほか, コンバーテック, No.406, 73 (2007)

21) Y. Agari *et al.*, *J. Appl. Polym. Sci.*, **40**, 929 (1990)
22) 田崎裕人 編, "フィラー大辞典, 各種フィラーの構造・スペック・機能【データ集】", 技術情報協会 (2008)
23) M. Ohashi *et al.*, *J. Am. Ceram. Soc.*, **88**, 2615 (2005)
24) Y. Agari *et al.*, *J. Appl. Polym. Sci.*, **49**, 1625 (1993)
25) Y. Agari *et al.*, *J. Appl. Polym. Sci.*, **52**, 1223 (1994)
26) 上利泰幸ほか, 日経エレクトロニクス, 12月16日号, 127 (2002)

【第2編　素材自身の高熱伝導化技術】

第5章　樹脂の高熱伝導化技術

1　絶縁エポキシ樹脂のランダム自己配列型高次構造制御による高熱伝導化

竹澤由高*

1.1　はじめに

近年，電気，電子機器の小型化，高集積化に伴い，実装部品の発熱や使用環境の高温化が顕著となり，絶縁構成部品の放熱性の向上に対する要求がとりわけ電流密度の高いハイブリッド車インバータなどの自動車部品関係，高輝度発光ダイオード（LED）照明関係で高くなっている[1,2]。図1に示すように，絶縁材として広く用いられているエポキシ樹脂の熱伝導率は一般に金属やセラミックスに比べて1～3桁低いため，電気，電子機器における熱放散のボトルネックになっている。エポキシ樹脂はその成形加工性の良さ，軽量，安価なことから，現在では絶縁構成材料として欠くことのできない存在である。従って，エポキシ樹脂のような絶縁樹脂材料の熱伝導率を高めることが，次世代の機器の高性能化，コンパクト化の鍵を握っているといえる。

ここでは，近年開発された高次構造を制御することで等方的に熱伝導率を高めた自己配列型のメソゲン含有エポキシ樹脂の材料設計の考え方[3,4]を中心に解説する。

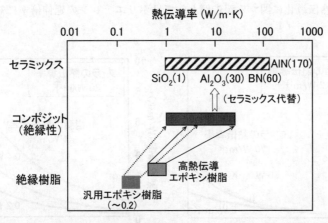

図1　絶縁材料の熱伝導率と高熱伝導エポキシ樹脂の位置付け

---

*　Yoshitaka Takezawa　日立化成工業㈱　筑波総合研究所　主管研究員

1．2　樹脂自身の高熱伝導化の必要性と高熱伝導樹脂の材料設計の考え方
1．2．1　樹脂自身の高熱伝導化の必要性

　一般に使われている樹脂の熱伝導率は0.2 W/m・K程度であり，機器の放熱に必要な数W/m・K以上にするためには樹脂単独で達成することは困難である。そこで高熱伝導性を得るために広く一般に用いられている手法は，球（丸み）状のセラミックス系フィラーを樹脂中に均一に分散，高充填するコンポジット化である[2]。これは，熱伝導の問題を伝熱路（パーコレーション）の確保で解決する方法として最も重要で実用的な技術である。熱伝導性フィラーとしては，アルミナ（Al_2O_3：熱伝導率30 W/m・K），窒化ホウ素（BN：熱伝導率60 W/m・K），窒化アルミニウム（AlN：熱伝導率170 W/m・K）等が代表的であり，粒径や形状，分布等が様々に検討されており，加工性，価格，要求物性値のバランスを考慮して選定されている。フィラーの高充填による方法では，粘度が著しく増大して製造工程における作業性（注入性，混練性）が悪くなることや，接着シートとして用いる場合にはBステージ（半硬化）状態のプリプレグ，あるいは硬化後の材料が硬く脆くなりやすい，ボイドが入り絶縁信頼性が低下する等の問題が起こる。そのため，フィラーの添加量が制限される場合が多く，一般的にはフィラーを高充填しても5 W/m・K程度が限界となっている。また，図2 (a) に金成の経験式[5]に基づいた熱伝導率の予測結果を示したが，より高い熱伝導率のフィラーを用いても，それに応じて熱伝導率が飛躍的に高まることはなく，わずかな増大に留まることがわかる。これは界面に存在する樹脂の熱抵抗が想像以上に大きいためであり，図2 (b) に示すように樹脂を高熱伝導化した方がはるかに効果的である。

　樹脂自身の高熱伝導化に関する報告例としてはポリエチレンの延伸倍率に対する熱伝導率

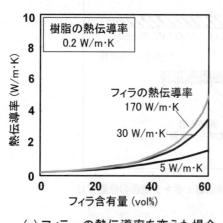

(a) フィラーの熱伝導率を変えた場合　　(b) 樹脂の熱伝導率を変えた場合

図2　コンポジット材料の熱伝導率のフィラー充填量依存性

第5章　樹脂の高熱伝導化技術

の方向依存性[6~8]，結晶化度（密度）依存性[9]などの研究事例があるのみだった。それによると30倍近くの延伸倍率でもポリエチレンの熱伝導率は15 W/m·K程度であったが，近年，金属並みの100 W/m·Kを超える熱伝導率を超延伸ナノファイバーを作製することで達成したとMIT（Massachusetts Institute of Technology）より報告されている[10]。いずれにしても延伸方向と垂直の方向には熱伝導率は低下し，無配向の材料よりも低い熱伝導率となる。また，結晶化度（密度）を変化させたときの熱伝導率の増加は数倍程度に留まり，1 W/m·K未満であることが知られている。さらに，ラビング[11]，磁場等の強制外場を与えた異方性材料としての高熱伝導材料[12~14]も報告されてきている。このような異方性を有する材料は，分子が並んだ方向には5～数十 W/m·Kと高い熱伝導率を示すが，それと垂直の方向の熱伝導率は等方性の無配向材料よりも低く，さらに接着性が弱い，分子が並んだ方向に割けやすい（強度が低い）等，用途が限定されることが多い。

エポキシ樹脂のような絶縁性と接着性を要求される材料では，異方性が小さい方が使いやすい場合が多いと考えられる。そこで，高次構造を制御することで等方的に熱伝導率を高めた自己配列型のメソゲン含有エポキシ樹脂のコンセプトを以下で説明する。

1.2.2　高熱伝導樹脂の材料設計の考え方

一般に熱伝導に有利な自由電子を持つ金属とは違い，自由電子を持たない絶縁材料では，熱伝導はフォノン（音子）による伝導が支配する[15]。その熱伝導率 λ はDebyeの式 (1) で表される。

$$\lambda = (1/3) C_v \cdot \nu \cdot l \tag{1}$$

なお，C_v は単位体積あたりの熱容量，ν はフォノンの速度，l はフォノンの平均自由行程である。ここで，同じ絶縁体でありながら熱伝導率が150倍も異なるアルミナ（熱伝導率：約30 W/m·K）とエポキシ樹脂（熱伝導率：約0.2 W/m·K）の違いについて考える。この二つの材料は絶縁体であるため，前述のようにフォノンを媒体として熱が伝わる。両者の単位体積あたりの熱容量，フォノンの速度，および式 (1) から算出したフォノンの平均自由行程を比較してみると，単位体積あたりの熱容量，フォノンの速度は高々数倍程度の差であることから，アルミナのフォノンの平均自由行程がエポキシ樹脂よりも2桁程度大きいといえる。一般的な絶縁体で比較しても，「単位体積あたりの熱容量」および「フォノンの速度」の値がオーダーで変わることはなく，「フォノンの平均自由行程」が絶縁体の熱伝導率の大小を決める最も大きな因子となっている。従って，熱伝導率を高めるにはフォノンの平均自由行程を大きくする工夫が必要だといえる。フォノンの平均自由行程は，フォノンが散乱することにより短くなる。フォノンが起こす散乱には，フォノン同士の衝突による動的な散乱と，材料の幾何学構

造による静的な散乱とがある。動的な散乱は分子および格子振動の非調和性，静的な散乱は材料中の欠陥，非晶部，結晶との境界などが原因で起きる。通常の樹脂は非晶で欠陥も多く，分子や格子振動の非調和性も大きいため，一般的に熱伝導率が低い。もし樹脂を単結晶化できれば熱伝導率は飛躍的に高められると考えられるが，現実的には難しい。

厳密には現象論と理論とを簡単な分子設計に結びつけることはできないが，これらのフォノンの散乱が樹脂の内部構造の不均一性に大きく関係していることに着目して，樹脂内部にフォノンの散乱を抑制できる秩序性を有するナノレベルの高次構造を界面制御して形成させることができれば，配向や延伸等の物理的処理を施さずとも高熱伝導化できると考えられる。

上記を解決する具体的な材料設計の考え方は，以下の通りである。

① マクロ的にはランダムに分子が並んだ等方性のアモルファス（非晶）構造であること（電場，磁場，ラビング等による配向，熱延伸等の外部高次構造制御を行わない）

　→熱伝導率（または機械的強度）に異方性がない特性が得られる。結果として成形性が損なわれない。

② ミクロ的には周期的に分子が並んだ秩序性の高い結晶性構造であること（分子が並びやすい構造を基本構造として導入する）

　→熱伝導率が高い。さらに分子レベルでのパッキングがよくなり線膨張率，吸水率等の物理的特性が向上する。

③ アモルファス構造と結晶性構造が明瞭に相分離しておらず，界面が存在しないこと（結晶構造の核との間が化学結合で結ばれている）

　→フォノン散乱を抑制できる。

以上がナノ高次構造制御による高熱伝導化の基本となる考え方である。

このようなナノレベルの高次構造制御には，ビフェニル基のような自己配列しやすい構造であるメソゲン骨格を分子内に有するエポキシ樹脂等が効果的であり，図3に示すような高次構造を容易に形成させることができる。図3ではメソゲンの自己配列によってミクロ的には異方性で秩序性の高い多数の結晶的構造を有し，その構造体をマクロ的にはランダムな状態のまま熱硬化反応させ固定安定化した状態を模式的に示してある。なお，結晶的構造のドメインはそれぞれ独立して存在するのでなく，互いに共有結合性の化学結合で結ばれているためにその界面がブレンドポリマーと異なり不明瞭となっているために，界面でのフォノン散乱を低減できる。この明瞭な界面を持たないということがフォノンの散乱を抑制して高熱伝導化するために極めて重要であり，結晶化度が高いブレンドポリマーと本質的に異なる点である。

第5章　樹脂の高熱伝導化技術

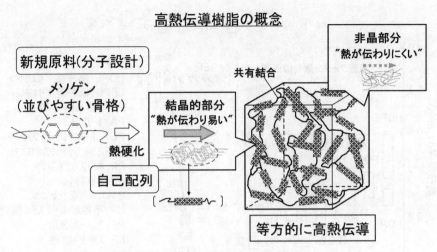

図3　高次構造制御による樹脂自身の高熱伝導化コンセプト

1．3　高次構造を制御した高熱伝導エポキシ樹脂の開発

　メソゲン骨格の中で最も簡単な構造のモノメソゲン型のビフェニル基を有するエポキシ樹脂誘導体を用いると，その自己配列によって硬化物の熱伝導率を最大で1.7倍程度まで高めることができる。さらに高い熱伝導率を達成するためには，より大きなドメインとなる秩序性をもった高次構造を形成させる必要がある。ただし，大きなメソゲン骨格を分子内に導入すると融点が上昇し，コンポジット材料として使いにくくなるため，構造の最適化が重要である。融点をあまり上昇させずに大きなメソゲン骨格のような振る舞いをする一つの構造として，例えばフェニルベンゾエート基を分子内に二つ配置し，その間を柔らかいアルキル鎖でつないだツインメソゲン（TM）型エポキシ樹脂[16]を用いると硬化剤の種類や硬化温度の条件によって非常に高度な配列構造であるスメクチック液晶型構造を樹脂内部に形成できる。図4に示すようにTM型エポキシ樹脂は汎用エポキシ樹脂やビフェニル型エポキシ樹脂に比べ大幅に熱伝導率が高く，さらに二つのメソゲン間のアルキル鎖長nを8，6，4と短くするに従い，n = 4のときの熱伝導率が0.96 W/m・Kと，従来の汎用エポキシ樹脂の熱伝導率0.19 W/m・Kよりも5倍も高い熱伝導率を示すことが報告されている[3,4]。

　熱伝導率が0.4 W/m・K程度以上のエポキシ樹脂は硬化後いずれも乳白色で不透明となる。このことから高熱伝導エポキシ樹脂には波長のオーダー以上の屈折率異方性散乱体（秩序性を有する結晶的構造：ドメイン）が存在していることがわかる。これらを直接観察する目的で，メゾスコピックレベル，並びにナノレベルでの高次構造観察が原子間力顕微鏡（AFM），透過型電子顕微鏡（TEM）の両方を用いて行われている。

　図5にはAFMの表面硬さ像を観察した結果と熱伝導率の関係を示す。ドメインサイズが大

高熱伝導性コンポジット材料

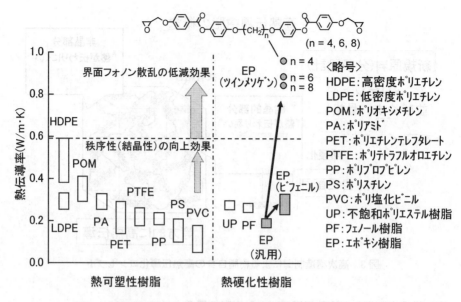

図4　各種樹脂材料の熱伝導率[17]と高熱伝導エポキシ樹脂の比較

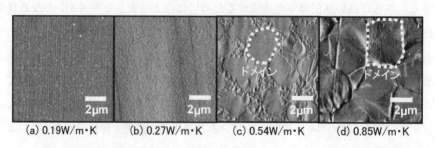

図5　原子間力顕微鏡 (AFM) 観察によるドメインサイズと熱伝導率の関係

きいほど熱伝導率が増大していることがわかる。図5 (b) の樹脂ではAFM画像としてはドメインと考えられる構造は確認されていないが，偏光顕微鏡を用いた直交ニコル下での観察においてネマチック構造と考えられる干渉像が確認されていることから，可視光を散乱しないナノオーダーの小さなドメインの存在によって熱伝導率が向上していると考えられている。

さらに，図6には4種の樹脂の中で熱伝導率が最も高い図5 (d) の樹脂についてのTEM画像を示す。

TEM画像より明瞭な格子構造が確認され，約4nm周期の規則的な層構造も観察されている。これは，微小角X線回折によって見積もられているスメクチック液晶型構造の面間隔4.1 nmとほぼ一致し，ドメイン部分にはスメクチック液晶型構造が形成されていることが裏

第5章　樹脂の高熱伝導化技術

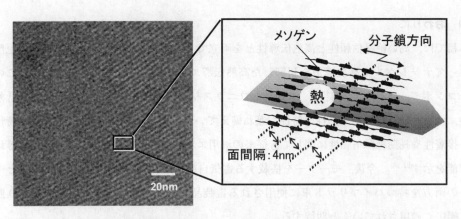

図6　透過型電子顕微鏡（TEM）によるナノレベルでの高次構造直接観察

付けられている。さらに，電子線回折パターンを視野内でスキャンした結果，図7に示すように結晶的構造部と考えられる一方向性のパターンとアモルファス部と考えられるハローパターンだけでなく，その間に中間的なパターンも観察されている[18]。これは結晶的構造とアモルファスの境界が共有結合性の化学結合で結ばれているためと考えられている。また，秩序構造の方位も様々な向きを示していることから，図7に示すようにドメイン内の秩序構造はそれぞれランダムな配向を示し，マクロ的な視点で見れば等方的になっていることが裏付けられている。

以上のように，高次構造を制御することで熱伝導率を高めた自己配列型のメソゲン含有エポキシ樹脂が開発され，その高次構造解析結果が詳細に報告されている。

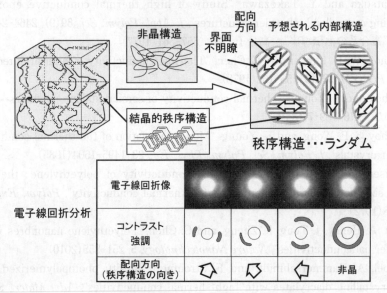

図7　電子線回折パターンのスキャン時の変化

1.4 おわりに

本稿では，高い絶縁信頼性と高熱伝導性とを両立できる新材料として開発された，自己配列によってナノレベルで高次構造を制御した高熱伝導エポキシ樹脂について解説した。この樹脂をコンポジット化した材料は，エレクトロニクス材料への応用には必須特性である低熱膨張性，低吸水性，高い高温弾性率特性も兼ね備えていることが特徴である[19,20]。これら特性の他，接着性や長期絶縁信頼性に関しても従来の汎用エポキシ樹脂コンポジット材料と同等以上の性能を示す[21,22]。今後，モーターを搭載する電気自動車，燃料電池自動車，エンジンとモーターの両方を持つハイブリッド車に使用される電装品，モーター，並びに家電品，LED照明等に幅広く適用されていくと期待する。

文　献

1) 電気学会，世界を動かすパワー半導体―IGBTがなければ電車も自動車も動かない，オーム社 (2009)
2) 技術情報協会編，電子機器・部品用放熱材料の高熱伝導化および熱伝導性の測定・評価技術 (2003)
3) 赤塚正樹，竹澤由高，C. Farren，"放熱性の優れた高次構造制御エポキシ樹脂の開発"，電気学会論文誌 A, **123**(7), 687-692 (2003)
4) M. Akatsuka and Y. Takezawa, "Study of high thermal conductive epoxy resins containing controlled high-order structures", *J. Appl. Polym. Sci.*, **89**(9), 2464-2467 (2003)
5) 金成，"複合系の熱伝導率"，高分子，**26**, 557-561 (1977)
6) C. L. Choy, W. H. Luk, and F. C. Chen, "Thermal conductivity of high oriented polyethylene", *POLYMER*, **19**, 155-162 (1978)
7) C. L. Choy and K. Young, "Thermal conductivity of semicrystalline polymers—a model", *POLYMER*, **18**, 769-776 (1977)
8) C. L. Choy, S. P. Wong, and K. Young, "Model calculation of the thermal conductivity of polymer crystals", *J. Polym. Sci. Polym. Phys. Ed.*, **23**, 1495-1504 (1985)
9) D. Hansen and G. A. Bernier, "Thermal conductivity of polyethylene: the effect of crystal size, density and orientation on the thermal conductivity", *Polym. Eng. Sci.*, **12**, 204-208 (1972)
10) S. Shen, A. Henry, J. Tong, R. Zheng, and G. Chen, "Polyethylene nanofibres with very high thermal conductivities", *Nature Nanotechnology*, **5**, 251-255 (2010)
11) K. Geibel, A. Hammerschmidt, and F. Strohmer, "In situ photopolymerized, oriented liquid-crystalline diacrylates with hight hermal conductivities", *Adv. Mater.*, **5**, 107-109

第5章 樹脂の高熱伝導化技術

(1993)
12) 青木, 石垣, 下山, 木村, 飛田, 山登, 木村, "磁場配向液晶高分子の異方特性", 高分子学会予稿集, **52**(3), 591(2003)
13) 青木, 下山, 木村, 飛田, "熱液晶性高分子の磁場配向による高性能化", 高分子学会予稿集, **54**(2), 3716-3717(2005)
14) 原田美由紀, 安藤純一朗, 越智光一, "ターフェニル型液晶性エポキシ樹脂の磁場配向挙動", 第59回ネットワークポリマー講演討論会講演要旨集, 105-108(2009)
15) 宇野良清ほか共訳, キッテル固体物理学入門（上）, 第6版, 丸善 (1988)
16) A. Shiota and C. K. Ober, "Synthesis and curing of novel LC twin epoxy monomers for liquid crystal thermosets", *J. Polym. Sci. Part A : Polym. Chem.*, **34**, 1291-1303(1996)
17) J. A. Dean, Lange's Handbook of Chemistry, 15 th ed, New York, NY, USA, McGraw Hill(1999)
18) 高橋裕之, 竹澤由高, 宮岡秀治, 村木孝仁, "熱硬化性樹脂の熱伝導パラメータと高次構造形成の効果", 第59回ネットワークポリマー講演討論会講演要旨集, 73-76(2009)
19) 宮崎靖夫, 福島敬二, 片桐純一, 西山智雄, 高橋裕之, 竹澤由高, "高次構造制御エポキシ樹脂を用いた高熱伝導コンポジット", ネットワークポリマー, **29**(4), 216-221(2008)
20) K. Fukushima, H. Takahashi, Y. Takezawa, T. Kawahira, M. Itoh, and J. Kanai, "High Thermal Conductive Resin Composites with Controlled Nanostructures for Electric Devices", IEEJ Trans. FM(電気学会論文誌 A), **126**(11), 1167-1172(2006)
21) 山仲浩之, 伊藤 玄, 川平哲也, 高橋義人, 金井 淳, 福島敬二, 竹澤由高, "大電流用高放熱積層板の開発", 新神戸テクニカルレポート, No. 17(2007-2), 27-34(2007)
22) 片桐純一, 松永俊博, 尾畑功治, 竹澤由高, "高熱伝導成形材の開発と放熱特性", 電気学会論文誌 A, **130**(3), 285-290(2010)

2 エポキシ樹脂の異方配向制御による高熱伝導化

原田美由紀*

2.1 はじめに

　エポキシ樹脂は代表的なネットワークポリマーの一つとして知られており，重合反応によって形成されるネットワークの構造が，硬化物性に非常に大きな影響を及ぼす[1〜3]。開発当初は，接着剤や塗料などとしての利用が多かったが，近年では電子部品関連用途において用いられることが非常に多くなってきた。これらの分野では，要求性能が多様化しており，様々な物性の向上についての取り組みがなされている。これまで行われてきた研究は，主に既存樹脂の変性によって欠点を補うことに重点が置かれてきたが，これらの手法では抜本的な解決は達成されないため，エポキシ樹脂の骨格構造から見直すという取り組みが必要である。この考え方に基づいて行われているのが，ネットワークの立体構造自体を精密にコントロールするという手法である。これによって，ネットワークポリマーのさらなる高性能化や，これまでには見られなかった新しい機能の発現が期待できると考えられる。

　このような試みの一つとして，液晶性エポキシ樹脂を用いたネットワークポリマーの配列制御に関する研究が行われている。液晶性エポキシ樹脂はそれ自身が規則的に配列するという性質を有しており，この手法を利用することでネットワークの構造制御が可能であるため[4〜14]，得られるポリマーが優れた熱的・力学的特性を示すことが報告されている。これらの研究の中で，特に本節では，マクロオーダーで異方性を有するネットワークポリマーの高熱伝導化についての報告を紹介することとする。

2.2 構造制御に用いられるメソゲン基と液晶性エポキシ樹脂の特徴

　液晶を形成する最小の化学構造単位はメソゲン基であり，分子内にこの構造を持つものをメソゲン骨格エポキシ樹脂という。また，特にモノマー状態で液晶領域を示すものを液晶性エポキシ樹脂と区別している（表1）。骨格構造にもよるが，表中に示す融点・透明点の間でメソゲン基が配列した構造，例えばスメクチック液晶（S），ネマチック液晶（N）などの中間相を示す。これは共役構造を持ち，立体的には平板状であるメソゲン基同士が，$\pi-\pi$ スタッキングすることによって生じる規則的構造であると考えられている。また，これらの液晶性エポキシ樹脂はモノマー状態だけでなく，ネットワーク形成後の硬化物としても様々な相形態を取り得ることが知られており，硬化条件が相構造を大きく左右する。図1に，2種の硬化温度で反応させた液晶性エポキシ樹脂の反応過程における偏光顕微鏡観察写真を示す。190℃ 硬化系では

---

　*　Miyuki Harada　関西大学　化学生命工学部　准教授

第5章 樹脂の高熱伝導化技術

表1 液晶性エポキシ樹脂の構造と転移温度

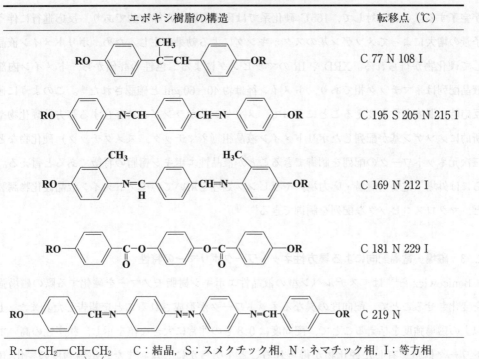

R：—CH₂—CH—CH₂　C：結晶，S：スメクチック相，N：ネマチック相，I：等方相
　　　　　＼O／

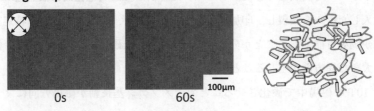

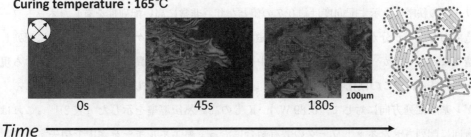

図1 液晶性エポキシ樹脂の硬化反応過程の偏光顕微鏡観察

樹脂・硬化剤が完全に溶融して等方性液体となった後（0s），等方相のまま反応が進行し硬化が完了する。これに対して，165℃硬化系では硬化初期のみ等方的であり，反応進行に伴う分子量の増大によってメソゲン基のスタッキングによる効果が生じるため，ポリドメイン液晶として硬化物が得られる。XRDやIRのマッピングによる二色性の評価から，ドメイン内部の液晶配列はネマチック相であり，ドメイン径は約40〜60μmと確認された[14]。このように硬化反応時の温度条件を変えることによって，メソゲン基がランダムに存在する等方性硬化物や局所的にメソゲン基が配列したポリドメイン液晶相（ネマチック，スメクチック）硬化物など，三次元ネットワークの配列を制御できることが液晶性エポキシ樹脂の特徴であると言える。さらには外場（電場・磁場・応力場）やラビング処理を用いてのモノドメイン液晶硬化物調製など，マクロスコピックな配列を制御できる[15〜20]。

2.3 磁場・電場配向による異方性ネットワークポリマーの特性

Benicewiczら[15]は，スチルベン型の液晶性エポキシ樹脂モノマーを硬化する際の磁場強度を変化させることで，配向度の異なるネットワークが形成されることを報告した。また，12T以上の磁場強度を与えることで，配向度は0.8もの非常に大きな値を示し，秩序性の高いネットワーク構造を有した硬化物が得られることを明らかにした。また，磁場強度の変化（0〜18T）によって配向度の異なる硬化物を調製し，熱膨張率がネットワークの配列方向には減少するのに対し，直交方向には増加することを示した。

筆者らもまた，液晶性エポキシ樹脂を電場や磁場中で硬化反応させることにより高度に配列したネットワークポリマーを調製してきた。ラビング処理済みの透明電極間に液晶性エポキシ樹脂モノマーを封入したセルを調製し，印加電圧を9Vとすると，ネットワークを特定方向に配列させた硬化物が調製可能であることが分かった[19]。得られた硬化物の力学特性を評価したところ，弾性率に大きな異方性が生じることが明らかとなった。

また，筆者らは10Tの磁場中で硬化させることで，メソゲン基長軸が磁場方向にマクロに配列したスメクチック液晶の異方性ネットワークを形成できることを報告している[10,17]。ネットワークの秩序性を示す配向度は約0.7の値となり，非常に高い配列性を有したネットワーク構造であることが分かった（図2）。この磁場配向硬化物はメソゲン基が磁場方向に配列した構造となっているが，これはメソゲン基中に含まれる芳香環の異方性磁化率に起因する現象である。さらに，この硬化物の熱伝導率をレーザーフラッシュ法によって評価したところ，メソゲン基の配列方向に対して，0.89 W/m・Kもの高い熱伝導率を示した（表2）[10]。これは，一方向に配列させたネットワークの共有結合に沿って熱エネルギーを途中で損失することなく伝えようとする試みである。しかしながら，配列に対して直交方向では0.32 W/m・Kと

第5章　樹脂の高熱伝導化技術

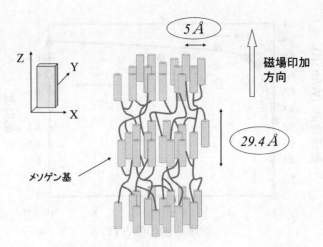

図2　磁場印加条件下で硬化させたネットワークの模式図

表2　ポリドメイン及びモノドメイン硬化物の熱伝導性

	ポリドメイン	モノドメイン	
		//	⊥
熱拡散率（$\times 10^{-5}$ cm^2/s）	256	545	193
密度（g/cm^3）	1.26	1.26[a]	1.26[a]
比熱（J/g・k）	1.34	1.29	1.30
熱伝導率（W/m・K）	0.43	0.89	0.32

a) The density was measured for the bulk of the cured DGETAM/DDE.

なった。このように熱伝導率においても大きな異方性が生じるものの，ポリドメイン硬化系の0.43 W/m・K に比べると特定方向には非常に高い熱伝導率を付与することが可能である。また一般に，高分子材料の熱伝導率が 0.2～0.7 W/m・K[21] と言われていることを考慮すれば，これらは非常に優れた熱伝導特性を有していると言える。

しかしながら，10T という強力な磁場での硬化は実用性の面で大きな問題点が残るため，より低磁場中での硬化についても検討している。その結果，図3に示すように約 0.7T 以上の磁場下において硬化反応を行うことで，10T 硬化系とほぼ同程度の配向度を示すネットワークポリマーが得られることが確認された。これに伴って，硬化物の熱伝導率も改善できることが見出された。

これらのことから，エポキシ樹脂のように電気絶縁性でありながら，熱伝導性にも優れた高機能材料の開発が達成されたと言える。

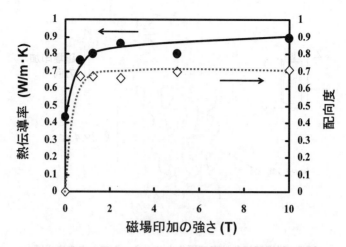

図3 磁場印加条件の変化に伴う硬化物の熱伝導率と配向度

2.4 化学的安定性に優れたターフェニル型エポキシ樹脂の開発

これまで筆者らが取り扱ってきたエポキシ樹脂中にはメソゲン基内にシッフ塩基が含まれるため，化学的安定性の面で問題があった。そこでターフェニル骨格をメソゲン基として導入した新規液晶性エポキシ樹脂の合成を行った[22]。図4にメチル分岐を有するターフェニル型エポキシ樹脂のDSC測定結果と偏光顕微鏡観察写真を示す。その結果，178℃，205℃，227℃に3つの吸熱ピークが確認され，エポキシモノマー自身に液晶性発現の可能性が示された。図中の各温度で偏光顕微鏡観察したところ，178℃から205℃の間ではフォーカルコニック模様が，205℃から227℃の間ではシュリーレン模様がそれぞれ確認された。このことから，このエポキシ樹脂はそれぞれの温度範囲でスメクチックA相，ネマチック相を発現する液晶性エポキシ樹脂であることが示された。

このエポキシ樹脂を用い，異なる温度で硬化することによって，配列性の異なる等方相，ネマチック相，スメクチック相のポリドメイン硬化物が得られ，磁場印加を併用することによって配向度0.8程度のネマチック相，スメクチック相モノドメイン硬化物を調製可能であることが確認された。これらの熱伝導性について検討したところ，熱伝導率は全体的に若干低い値を示したものの，シッフ塩基を含むテレフタリリデン型系と同様の挙動を示すことが確認された（表3）。特に，より高度に規則構造を形成したスメクチック相硬化物で，硬化物の密度及び熱拡散率が高い値を示した結果，高熱伝導性材料となった。また，これらの硬化物はエポキシ樹脂の欠点として挙げられる強靱性の面でも非常に優れた物性を示すことから，実用的にも有望な材料である。

第5章　樹脂の高熱伝導化技術

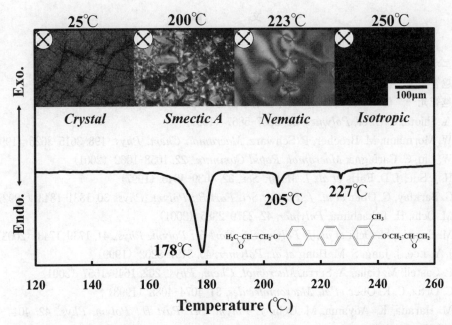

図4　メチル分岐を有するターフェニル型エポキシ樹脂のDSCと偏光顕微鏡観察結果

表3　ターフェニル型エポキシ樹脂硬化物の熱伝導率

測定方向	ポリドメイン			モノドメイン（Magnetic field：1T）	
	Isotropic phase	Nematic phase	Smectic phase	Nematic phase	Smectic phase
熱拡散率（$\times 10^{-5}$ cm^2/s）	184	215	201	397	464
密度（g/cm^3）	1.12	1.15	1.20	1.17	1.22
比熱（J/g・k）	1.13	1.12	1.19	1.19	1.20
熱伝導率（W/m・K）	0.23	0.28	0.29	0.55	0.68

2.5　おわりに

　これまでに報告されているメソゲン骨格エポキシ樹脂と外場の利用によって得られるネットワークポリマーの立体構造の観点から，熱伝導性との相関について紹介した。メソゲン基の自己組織化能を利用し，無秩序ネットワークに配列構造を導入することによって，他の骨格を有するエポキシ樹脂とは全く異なる新規な機能を付与できるようになりつつある。このように，ネットワークポリマーの立体構造を任意にコントロールしようとする研究は，非常に重要であるとともに興味深いものになると考えられる。

文　献

1) エポキシ樹脂技術協会，総説エポキシ樹脂　基礎編 I・II（2003）
2) 越智光一，岩越真佐夫ほか，日本接着学会誌，**10**，10-17（1974）
3) 越智光一，佐々木勝美ほか，日本接着学会誌，**13**，410-415（1977）
4) A. Shiota, C. Ober, *Polymer*, **38**, 5857-5867（1997）
5) W. Mormann, M. Brocher, P. Schwarz, *Macromol. Chem. Phys.*, **198**, 3615-3626（1997）
6) W. Liu, C. Carfagna, *Macromol. Rapid Commun.*, **22**, 1058-1062（2001）
7) H. J. Sue, J. D. Earls et al., *J. Mater. Sci.*, **32**, 4039-4046（1997）
8) G. Barklay, C. Ober et al., *J. Polym. Sci. Part B : Polym. Phys.*, **30**, 1831-1843（1992）
9) M. Ochi, H. Takashima, *Polymer*, **42**, 2379-2385（2001）
10) M. Harada, M. Ochi et al., *J. Polym. Sci. Part B : Polym. Phys.*, **41**, 1739-1743（2003）
11) J. Y. Lee, J. Jang, S. M. Hong et al., *Polymer*, **40**, 3197-3202（1999）
12) P. Castell, M. Galia, A. Serra, *Macromol. Chem. Phys.*, **202**, 1649-1657（2001）
13) C. Ortiz, C. K. Ober et al., *Macromolecules*, **31**, 4074-4088（1998）
14) M. Harada, K. Aoyama, M. Ochi, *J. Polym. Sci. Part B : Polym. Phys.*, **42**, 4044-4052（2004）
15) B. C. Benicewicz, M. E. Smith et al., *Macromolecules*, **31**, 4730-4738（1998）
16) D. Ribera, A. Mantecon, A. Serra, *J. Polym. Sci. Part A : Polym. Chem.*, **40**, 3916-3926（2002）
17) M. Harada, M. Ochi et al., *J. Polym. Sci. Part B : Polym. Phys.*, **42**, 758-76（2004）
18) T. Kato, M. Ochi et al., *J. Polym. Sci. Part B : Polym. Phys.*, **43**, 3591-3599（2005）
19) 原田美由紀，倉谷英敏，越智光一，ネットワークポリマー，**26**, 91-97（2005）
20) M. Harada, N. Akamatsu, M. Ochi, M. Tobita, *J. Polym. Sci., PartB ; Polym. Phys.*, **44**, 1406-1412（2006）
21) Dean, J. A. Lange's Handbook of Chemistry, 15th ed., McGraw-Hill : New York（1999）
22) 原田美由紀，安藤純一朗，越智光一，第18回ポリマー材料フォーラム予稿集，115（2009）

3 強磁場による高分子の異方配向制御と高熱伝導化

木村　亨*

3.1 はじめに

近年，電子機器の小型軽量化に伴い高分子材料を用いた機能部品が多く採用されるようになってきた。一方で電子機器の性能向上は著しく，装置内部に高性能な半導体素子を用いることで発熱密度が増大し，熱対策が課題となっており，発生した熱を放散する材料が求められている。ところが高分子材料は一般的に熱伝導率が低く，発生した熱を冷却部等に効率よく伝えることができない。そこで筆者らは，分子鎖方向の熱伝導性が良好な高分子を強力な磁場で配向させ，配向方向の熱伝導性が高い高分子成形品を提案している。本稿では，こうした磁場配向技術を利用した高分子材料の配向のメカニズム，次いで熱液晶性高分子や特定の有機高分子溶液を強磁場下で配向制御した成形体の熱伝導特性について報告する。

3.2 詳細内容

3.2.1 磁場配向のメカニズムと熱伝導性複合材

世の中に存在する様々な材料は外部からの磁場の影響を受けて磁化し，その挙動の違いにより，強磁性体，弱磁性体に大きく分類される。強磁性体は身近にある通常の磁石の影響を受けるが，弱磁性体（常磁性体，反磁性体）は磁化率の絶対値が小さく，その程度の磁力では挙動の変化は見られない。ところが，近年超電導技術の発達に伴って10 T（テスラ）級の強磁場が簡便に利用できるようになり，磁化率が小さな有機・無機の反磁性体や常磁性体の強磁場における挙動（配向，配列，結晶成長，浮上，分離等）が活発に研究されている[1~6]。なかでも各種繊維やセラミックスなどの反磁性体を液状高分子マトリックス中に分散させ，強磁場により一定方向に配向させた複合材は，機械的，電気的，熱的等の様々な特性について興味深い結果が得られている[6~14]。

弱磁性体の中でも，アルミニウムや白金などは常磁性体であり，多くの有機高分子，炭素，セラミックス，銅等の金属は反磁性体に属する。常磁性体が磁場と同じ方向に磁化されるのに対し，反磁性体は印加された磁場に対して反発する方向に磁化する性質を持つ。これは外部磁場を打ち消すように誘起された電子の運動に起因する。したがって，反磁性体の磁化率は符号が負でかつ絶対値が非常に小さいことが特徴である。このような反磁性体の多くは，結晶構造等に依存する磁化率の異方性が存在し，強磁場下で生じる微小エネルギーの差（反発する力の差）を利用して任意の方向に配向制御することが可能である。

＊ Tohru Kimura　ポリマテック㈱　R&Dセンター　研究部　部長

高熱伝導性コンポジット材料

高分子繊維を例にあげて説明する。高分子繊維は，その分子鎖が繊維軸方向に配向している場合が多く，繊維軸方向とその垂直方向で磁化率が異なる。この高分子繊維に強磁場を印加すると，磁化率の差により回転トルクが発生し，特定の方向に繊維が配向する。分散液中で異方性磁化率の小さい高分子繊維を配向させるには，分散液の粘度や熱運動に抗するだけのエネルギーを必要とするため，非常に強い磁場を印加する。

筆者らはこの技術を利用して繊維を配向させた異方性複合材を報告している[7~9]。例えば，液状の不飽和ポリエステルに高分子繊維であるポリベンゾオキサゾール（PBO）繊維を4重量部配合し，10テスラ程度の磁場を印加した後，液状樹脂を固化させると，内部の繊維が磁場印加方向に配向した異方性複合材が得られる。この複合材の繊維配向方向の熱伝導率は1 W/m·K を越えており，同じ配合量の無磁場で作製した複合材と比較して約5倍の値となった。

3.2.2 熱液晶性高分子の磁場配向

熱液晶性高分子は，加熱溶融させた液晶状態から冷却固化の過程において強磁場を印加させると，芳香環が磁力線と平行になるように磁場配向するため，芳香環を含む高分子主鎖が磁場と平行に配向することが知られている[3~4]。従来から機械的特性の評価は行われていたが，著者らは配向と熱特性の関係を調査した。図1に示す加熱プレス装置を組み込んだ超電導マグネットを使用して，図2に示す構造の熱液晶性芳香族ポリエステルを従来では検討されてこなかった厚み方向に配向させたシートを作製しその特性を評価した。シート状試料を加熱溶融しながら厚み方向に10Tの強磁場を印加した後に冷却固化した試料の断面を観察すると，厚み方向に高分子がフィブリル状に磁場配向している形態が観察された[15]。

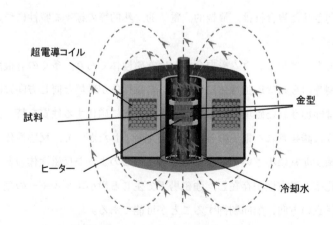

図1 超電導マグネットによる磁場配向高分子の調製

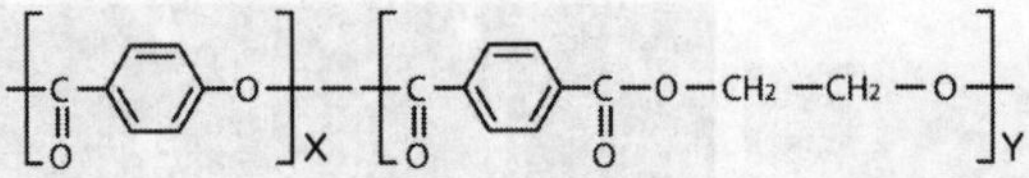

第5章　樹脂の高熱伝導化技術

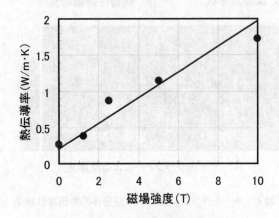

図2　サーモトロピック液晶性高分子の分子構造

図3　サーモトロピック液晶性高分子シートの
印加磁場強度と熱伝導率の関係

　図2に示される熱液晶性芳香族ポリエステルは，剛直なp-オキシベンゾエート成分とエチレンテレフタレート成分からなるが，エチレンテレフタレート成分が多い方が比較的に低い溶融温度で磁場配向制御が可能なこと，さらには低磁場でも配向し易いことが判明している。一方で，熱伝導性の観点から評価すると剛直成分であるp-オキシベンゾエート成分が多くなるほど熱伝導率は上昇した。熱液晶性芳香族ポリエステルから得られる磁場配向試料について，図3に示されるように印加磁場強度と印加磁場方向の熱伝導率の関係は，印加磁場強度が高くなると分子鎖の配向度が向上するため，印加磁場強度に比例して熱伝導率は向上した。

　さらに実用化への指針を得ることを狙いとして熱液晶性ポリエステルを用いた様々な形状を作製するため，磁場内で射出成形できる装置を設計・製作した。強磁場内で，強い磁性を持つ鋼材を使用した可動装置を組み込むことは困難である。したがって，従来の射出成形装置のノズル，シリンダー等は，そのまま適用できないため独自の設計とした。

　磁場内射出成形装置を用いて図4（a）に示すようなカップ状の成形体を作製した。図4（b）に示すように，冷却用銅板の上に載せたカップ状成形体の中心に約2.5Wの熱量をもつヒーターを取り付けた。図4（c）は，そのヒーターの温度状態をサーモグラフィーで測定した結果である。図4（c）の左側は試料の垂直方向に磁場を印加した成形体であり，右側は磁場を印加しない成形体である。この結果からも分かるように磁場を印加して作製した成形体は

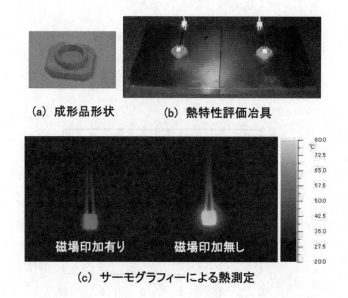

(a) 成形品形状　　(b) 熱特性評価冶具

(c) サーモグラフィーによる熱測定

図4　サーモグラフィーによる成形体の熱伝導性評価

熱を効率良く冷却用の銅板に伝えるため，このヒーターの温度は磁場を印加しない成形体上のヒーターと比較して顕著に低くなっている．

3.2.3 高分子溶液系の磁場配向

高分子溶液からキャストフィルムを成形する際に強磁場を印加させて，任意の一方向に分子鎖が配列することにより熱的，力学的，光学的性質が向上できれば，磁場配向材料の応用範囲は大きく広がる．高分子溶液系において芳香族ポリアミドや芳香族ポリイミドのように，溶媒に溶解させるとある濃度においてライオトロピック液晶性を示すものがあり，この液晶状態に磁場を印加させることで磁場配向が可能となる[16]．

直接重縮合法によって得られた剛直な構造を有するポリベンゾオキサゾール（PBO）を溶媒に溶解させた溶液を調製し，強磁場による分子鎖配向制御の可能性を調査した．この結果，ライオトロピック液晶性を示し，かつ強磁場下で分子鎖配向制御が可能なPBOの分子量および溶液濃度の条件を見出した．調製した溶液のキャスト膜を超電導マグネットのボア内に静置し，強磁場を印加させた．このキャスト膜を磁場から取り出して，溶剤を取り除いた後，乾燥させて磁場配向フィルムを作製した．10テスラの磁場を印加し作製したフィルムの断面の走査型電子顕微鏡写真を図5に，X線回折像を図6に示す．また，印加磁場と熱伝導率の関係を図7に示す．

フィルム断面の観察結果から磁場印加方向に高分子鎖がフィブリル状に磁場配向している形態が観察された．また，X線回折像より，赤道方向に明瞭な回折パターンが得られ，その回折

第 5 章　樹脂の高熱伝導化技術

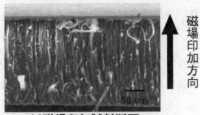
(a)磁場印加試料断面

(b)無磁場試料断面

図 5　フィルム断面の SEM 画像

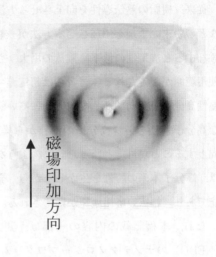

図 6　磁場印加により調製した
　　　フィルムの広角 X 線回折像

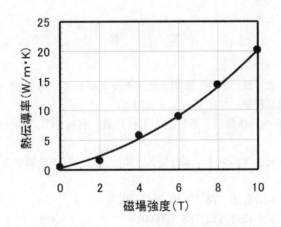

図 7　磁場配向フィルムの磁場印加強度と熱伝導率の関係

パターンから配向度を計算すると，0.90 と高い値であった。磁場配向フィルムの熱伝導率（厚み方向）は，最大 20 W/m·K となり，ステンレス並みの熱伝導率を有することが分かった。一方，面内方向の熱伝導率は，磁場配向していないフィルムの厚み方向の熱伝導率とほぼ同じ値となっている。

3.3 おわりに

　従来，樹脂の熱伝導性を向上させる方法として，熱伝導性の高いセラミックスや金属，黒鉛などの粉末充填剤を添加させる方法が一般的であった．しかしながら，これらの粉末充填剤を添加すると加工性の低下，重量の増大，さらには導電材料を加えると電気絶縁性が失われその使用範囲が限定される．著者らは超電導マグネットの強磁場を利用し，磁気異方性を有する液晶性高分子を配向させ，配向方向に高い熱伝導率を持つ高分子成形品を創出した．また，剛直な高分子構造を持つ高分子の溶液から異方性フィルムを調製することで，さらに熱伝導性を向上することが可能となった．このような高分子の分子鎖を配向した高分子成形品・フィルムは，高分子本来の特性を生かしながら，発熱する半導体デバイス等の熱対策部材として使用可能であり，幅広い応用展開が期待される．

　なお，本稿記載の内容の一部は，独立行政法人新エネルギー・産業技術総合開発機構（NEDO）のナノテクノロジープログラム・精密高分子技術プロジェクト（2001～2007年度）により実施された．

文　献

1) 北澤宏一，池添泰弘，植竹宏住，廣田憲之，セラミックス，**35**, No.7, 507（2000）
2) 北澤宏一監修，磁気科学，アイピーシー（2002）
3) 織田文彦，野沢清一，林昌宏，志賀勇，木村昌敏，梶村皓二，高分子論文集，**46**, No.2, 101（1989）
4) Svetlana Kossikhina, 伊藤栄子，木村恒久，川原正言，日本金属学会誌，**61**, No.12, 1311（1997）
5) 飛田雅之，日本ゴム協会誌，**76**, No.10, 364（2003）
6) 飛田雅之，成形加工，**15**, No.12, 788（2003）
7) 舘田伸哉，下山直之，飛田雅之，第8回ポリマー材料フォーラム，207（1999）
8) 香取将哉，下山直之，舘田伸哉，飛田雅之，成形加工'01, 325（2001）
9) 青木恒，木村亨，飛田雅之，*Polymer Preprint, Japan*, **51**, 3753（2002）
10) 下山直之，福原奈津子，小沢元樹，木村亨，飛田雅之，成形加工'02, 349（2003）
11) T. Kimura, H. Ago, M. Tobita, S. Ohshima, K. Kyotani and M. Yumura, *Adv.Mater*, **14**, 1380（2002）
12) 舘田伸哉，飛田雅之，山登正文，木村恒久，*Polymer Preprint, Japan*, **49**, 4270（2000）
13) 原田茂久，齋藤文雄，下山直之，木村亨，飛田雅之，日本トライボロジー学会トライボロジー会議予稿集（仙台2002-10），377（2002）

第 5 章　樹脂の高熱伝導化技術

14) 下山直之，齋藤文雄，木村亨，飛田雅之，原田茂久，第 11 回ポリマー材料フォーラム，137（2002）
15) 青木恒，石垣司，下山直之，木村亨，飛田雅之，山登正文，木村恒久，*Polymer Preprints, Japan*, **52**, No.3, 591（2003）
16) 齋藤文雄，木村亨，飛田雅之，長谷川匡俊，*Polymer Preprints, Japan*, **52**, No.11, 2647（2003）

4 ポリイミド系樹脂の高熱伝導化材料設計技術

依藤大輔[*1]，安藤慎治[*2]

4.1 はじめに

　近年の半導体デバイスの高速・高集積化にともない，電子機器からの発熱量と発熱密度は増加の一途をたどっている。そのため，電子産業分野やパワーエレクトロニクス分野において，金属製の放熱部品間の接着に用いられる高分子系放熱材料（放熱シート）の熱伝導性を飛躍的に向上させることが急務となっている。一方，ポリイミド（PI）は優れた機械的強度・耐熱性・絶縁性などを有するスーパーエンプラの一種であり，半導体デバイス内の絶縁膜や表面保護（バッファーコート）膜に広く使われていることから，今後その熱伝導性向上が強く求められると予測される。一般に有機系の高分子物質は加工性に優れた良絶縁体であるため，金属やセラミックスに比して熱伝導性が1～3桁低い（0.1～0.5 W/(m·K)）。熱振動による物質の熱伝達の立場から考えると，PIのような非晶性あるいは半結晶性高分子では，フォノンの平均自由行程に異方性は存在しないものの，分子鎖方向と分子鎖間方向に平均フォノン速度の異方性が存在するため，非晶性高分子の一軸延伸により熱伝導率に大きな異方性が生じることが報告されている[1～3]。しかしながら，熱伝導率が低くしかも異なる高分子間での熱伝導率の変化幅が小さいため，高分子の熱伝導性と分子構造の関係に関しては，これまでほとんど研究対象とされてこなかった。そこで，本稿の前半（4.2項）では，放熱シートや層間絶縁膜において重要性の高い高分子フィルムの膜厚方向への熱伝導性に着目して，PI膜の膜厚方向の熱伝導性と分子構造・高次構造との関係性について解説し，また後半（4.3項）では，PIに高熱伝導性微粒子を添加した有機／無機ハイブリッド材料の高熱伝導化について解説する。

　従来より金属やセラミックスからなる高熱伝導性微粒子をフィラーとして高分子中に充填する複合（コンポジット）材料の開発が行われてきたが，フィラーを単純に高分子中に均一分散させるだけではその高い熱伝導率を反映した高熱伝導化は難しく，またフィラーの高充填化は他の諸物性（接着性・流動性・加工性・絶縁性・平坦性など）の顕著な低下を招くことから，少ないフィラー添加量で既存材料の熱伝導性を超える新たな材料設計指針が求められている。その一例として，筆者らが検討している少量の無機フィラー添加で膜厚方向の熱伝導率を効率的に向上させる新たな有機／無機ハイブリッド材料の分子設計とその物性評価について説明する。

[*1] Daisuke Yorifuji 東京工業大学 理工学研究科 物質科学専攻 博士課程
　　　　　　　　　　（現：ポリプラスチック㈱）
[*2] Shinji Ando 東京工業大学 理工学研究科 物質科学専攻 教授

第 5 章　樹脂の高熱伝導化技術

4.2　ポリイミドの高熱伝導化
4.2.1　ポリイミドの分子構造・高次構造と熱拡散率の関係

　ポリイミド（PI）は，酸二無水物とジアミンを出発原料として開環重付加によって得られる溶媒可溶性のポリアミド酸（PAA）を，加熱または化学的に脱水閉環することで合成される。したがって，PIの繰り返し単位は，図1（a）に示すように酸二無水物（R_1）とジアミン部（R_2）からなる構造を有しており，PI膜は前駆体であるPAA溶液を基板上にスピンコートし，乾燥・熱処理によって得ることができる。著者らは，図1（a）に示す7種の酸二無水物と10種のジアミンを用いて計21種のPI膜（膜厚：15～39 μm）を調製し，交流温度波分析（TWA）法により膜厚方向の熱拡散率（$D_\perp$）を測定した。以後，PIの構造をR_1-R_2と表記する（例えば，R_1としてBPDA，R_2としてODAを用いて作製したPIをBPDA-ODAと表記する）。なお，PI膜の熱拡散率は，交流温度波測定器（ai-Phase-mobile 1）を用いて測定した[4,5]。

　21種のPIの$D_\perp$を測定した結果，分子構造の違いにより$8.9\sim18.3\times10^{-8}\,\mathrm{m^2/s}$と2倍以上の差が観測された（熱伝導率に換算すると約$0.14\sim0.28\,\mathrm{W/(m\cdot K)}$）[10]。スピンコート法による製膜では，回転時の延伸張力により分子鎖が面内に配向しやすいが，PI膜中における分子鎖の配向度は，PIの分子構造の剛直性／直線性に応じて大きく異なる。

　そこで，PI膜の分子構造・高次構造を以下の3つの要素に基づいて評価した。すなわち，①分子鎖（主鎖）の配向の程度，②分子構造の剛直性／直線性，③分子鎖の凝集状態である。

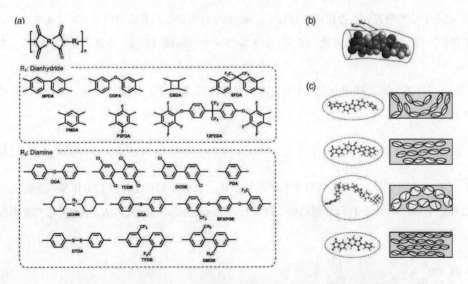

図1　(a) ポリイミド（PI）の分子構造，(b) V_{int}とV_{vdw}の関係，
　　　(c) PI繰返し単位の最適化構造（左）と膜内での分子鎖配向状態（右）

著者らは①-③をそれぞれ，①実測の面内／面外複屈折（Δn），②密度汎関数法（DFT）を用いて算出した単位体積当たりの分極率異方性（$\Delta \alpha / V_{vdw}$），③実測の屈折率とDFT法を組み合わせて算出したパッキング係数（K_p）によって定量的な評価を試みた[6]。

PI膜の面内方向屈折率（$n_\parallel$）及び面外方向屈折率（$n_\perp$）は，Metricon社製のプリズムカプラー（PC-2010）を用いて波長：1324 nmにて測定し，下式(1)(2)を用いて面内/面外複屈折（Δn）と平均屈折率（n_{av}）を算出した。

$$\Delta n = n_\parallel - n_\perp \tag{1}$$

$$n_{av} = \frac{2n_\parallel + n_\perp}{3} \tag{2}$$

分極率は，DFT法（B3LYP/6-311G（d）基底）で構造最適化したPI繰り返し単位のモデル化合物における分極率テンソル（α_{XX}, α_{YY}, α_{ZZ}）を同じくDFT法（B3LYP/6-311++G（d, p）基底）により算出した。添字のxxはイミド環平面に平行な方向，yyはイミド環平面に垂直な方向，zzはPIの主鎖に平行な方向を表わす。このとき，式(3)，(4)を用いて，分極率の異方性$\Delta \alpha$と平均の分極率α_{av}を算出した。

$$\Delta \alpha = \alpha_{ZZ} - \frac{\alpha_{XX} + \alpha_{YY}}{2} \tag{3}$$

$$\alpha_{av} = \frac{\alpha_{XX} + \alpha_{YY} + \alpha_{ZZ}}{3} \tag{4}$$

また，DFT法で最適化した構造に対して，Bondi[7]の報告した各原子のファンデルワールス半径を用い，Slonimskiiらの方法[8]でファンデルワールス体積（V_{vdw}）を算出して$\Delta \alpha / V_{vdw}$を求めた。

一方，分子鎖の凝集状態を表わすパッキング係数K_pは，V_{int}とV_{vdw}を用いて次のように定義される。

$$K_p = \frac{V_{vdw}}{V_{int}} \tag{5}$$

図1（b）に示すように，V_{int}は分子容であり，V_{vdw}に分子間の空隙（自由体積）を加えたものに対応する。K_pはわれわれが以前，提案したLorentz-Lorenz式にK_pを導入して変形した式[9]，

$$\Phi_{av} \equiv \frac{n_{av}^2 - 1}{n_{av}^2 + 2} = \frac{4\pi}{3} \frac{K_p}{V_{vdw}} \alpha_{av} \tag{6}$$

を用いて，n_{av}の実測値とα_{av}/V_{vdw}の計算値から算出した。以下，上記により定量的に評価し

第 5 章　樹脂の高熱伝導化技術

た構造情報（各 PI の実測値，計算値は文献 6）参照）と $D_\perp$ との関係性について検討を行う。

特徴的な分子構造・高次構造を有する 4 種の PI を図 1（c）に示す。図の左側に示した PI の繰返し単位構造を囲む楕円（点線）は分子構造の直線性が高いほど，すなわち $\Delta\alpha/V_{vdw}$ が大きいほど細長く描かれている。一方，図の右側に示した PI 膜の断面の模式図において，楕円がつなぎ合わせされたものは分子鎖を表わし，Δn が小さいほど分子鎖配向が等方的となる。$D_\perp$ の測定値と PI の分子構造の関係を詳細に検討した結果，① BPDA-ODA のように，剛直な BPDA 部のため繰返し単位の直線性が高く，しかも屈曲しつつ分子内回転が可能なエーテル（-O-）基を含む ODA 部により分子鎖全体の配向状態がほぼ等方的な PI が高い $D_\perp$ 値（18.3×10^{-8}m^2/s）を示すことが明らかとなった。一方，剛直な分子構造のみで構成され，屈曲部を主鎖構造に含まないことから分子鎖が面内方向に強く配向する② BPDA-DMDB や，主鎖に多数の屈曲部を有し分子構造が高い柔軟性を有する③ 12FEDA-DCHM は小さな $D_\perp$ 値（② 10.3×10^{-8}m^2/s, ③ 8.9×10^{-8}m^2/s）を示した。これらの事実は，厚さ数十 μm の膜厚方向の熱伝導性においても，熱エネルギーが共有結合の原子間振動に基づき分子鎖方向に伝わりやすいという従来の知見が妥当であることを示している。一方，分子鎖が面内に強く配向するものの K_p 値が高く分子鎖が稠密に凝集する④ BPDA-PDA は，同等の面内配向度を有する②に比して大きな $D_\perp$ 値（16.5×10^{-8}m^2/s）を示した。このことから $D_\perp$ の支配的な要因は，まず第一に分子鎖の面外（膜厚）方向への配向の寄与であるが，分子鎖間の凝集状態も $D_\perp$ の増減に重要な要因であることが明らかとなった。

4.2.2　膜厚方向熱拡散率の予測理論の構築

本項では，前項で得た知見をもとに $D_\perp$ 値と PI 膜の分子構造・高次構造を結びつける新たな評価式を提案する。具体的には，屈折率と分極率との関係性を示した Lorentz-Lorenz の式（6）に屈折率の異方性を考慮した Vuks の式[10]に基づき，次式で示す Vuks パラメータ $\Phi_\perp$ を定義した。

$$\Phi_\perp \equiv \frac{n_\perp^2-1}{n_{av}^2+2}=\frac{4\pi}{3}K_p\frac{\overline{\alpha_\perp}}{V_{vdw}} \tag{7}$$

式（6）の Φ_{av} と比較すると，$\Phi_\perp$ は左辺の分子の平均屈折率 n_{av} を膜厚方向の屈折率 $n_\perp$ に置き換えている点に特徴がある。$\overline{\alpha_\perp}/V_{vdw}$ は面外方向における分子鎖全体としての巨視的な単位体積あたりの分極率である。このパラメータは，BPDA-ODA のように面外方向を向く PI 主鎖の分率が高いほど大きな値を示し，一方，BPDA-DMDB のように分子鎖が面内に強く配向するほど小さな値を示す。実測の n_{av} を用いて算出した Φ_{av} 値に比べ（図 2（a）），n_{av} と $n_\perp$ を用いて算出した評価パラメータの $\Phi_\perp$ 値は，$D_\perp$ に対して強い正の相関を示した（図 2（b））。また，図 2 において白抜き印（〇）で示した分子構造中に硫黄（S）原子を有する PI 群は，そ

れらの大きな $Φ_⊥$ 値にもかかわらず小さな $D_⊥$ 値を示した。この結果は，格子振動による平均フォノン速度が重元素（硫黄）の導入により低下するとのこれまでの知見とも符合している[11]。以上から，剛直かつ直線的な主鎖構造を有し，かつPI膜内では等方的な分子鎖配向を示し，加えて稠密な凝集状態を形成するPIほど高い $D_⊥$ 値を示す事実が明らかとなり，また，$D_⊥$ の評価パラメータとしての $Φ_⊥$ の有用性が示された。

さらに，K_p や $\overline{a}_⊥/V_{vdw}$ はPI膜中の分子鎖の高次構造を反映したパラメータであり，PIだけではなく他の高分子にも適用が可能な概念であることから，他の代表的な非晶性の高分子膜，すなわちPET（polyethyleneterephthalate），PMMA（polymethylmethacrylate），PS（polystyrene），PES（polyethersulfone），PC（polycarbonate）に対しても，$D_⊥$ と $Φ_⊥$ の関係性を検討した。なお，各々の高分子膜の $D_⊥$ 値はこれまでに報告された実測値を用い[12,13]，また $Φ_⊥$ も過去に報告された実測の屈折率から算出した[14～17]。なお，PESは屈折率が報告されていないため，新たに測定を行った。上記の非晶性高分子の $D_⊥$ 値，屈折率，複屈折，および算出した $Φ_⊥$ を表1に示す。PI膜と同様，$D_⊥$ が高いほど $Φ_⊥$ も上昇する傾向を示した。ここで，スルホニル基（$-SO_2-$）を主鎖に有するPESの $D_⊥$ 値が $Φ_⊥$ から予測される値よりも小さいのは，図2(b)における含硫黄PIと同様，重原子効果による熱伝導速度の低下が原因と考えられる。5種の非晶性高分子膜の $D_⊥$ と $Φ_⊥$ の関係を，PI膜のプロットとともに図3に示す。PI膜の場合と異なり，非晶性の汎用高分子膜においては $D_⊥$ と屈折率の測定試料が同一でないにもかかわらず，$D_⊥$ と $Φ_⊥$ が比較的良い相関を示すことから，われわれが提案した評価パラメータ $Φ_⊥$ は，PI膜だけではなく他の非晶性高分子膜にも適用可能と考えられる。

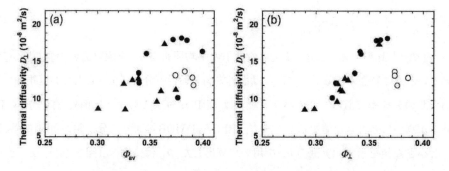

図2　(a) $Φ_{av}$ と $D_⊥$ の関係および (b) $Φ_⊥$ と $D_⊥$ の関係：(●) 酸二無水物がBPDAのPI，(▲) 酸二無水物がBPDA以外のPI，(○) ジアミンに硫黄(S)原子を含むPI

第5章 樹脂の高熱伝導化技術

表1 非晶性高分子の膜厚方向熱拡散率（$D_\perp$），面内方向屈折率（$n_\parallel$），面外方向屈折率（$n_\perp$），平均屈折率（n_{av}），複屈折（Δn），Vuks パラメータ（$\Phi_\perp$）

非晶性高分子[a]	$D_\perp$	$n_\parallel$	$n_\perp$	n_{av}	Δn	$\Phi_\perp$	文献
PET	6.2	1.6506	1.5033	1.6015	0.1473	0.2760	13, 15
PMMA	10.8	1.4869	1.4869	1.4869	0.0000	0.2876	12, 14
PS	11.5	1.5844	1.5852	1.5847	−0.0008	0.3354	12, 14
PES	14.2	1.6395	1.6331	1.6373	0.0064	0.3561	12
PC	17.3	−	−	1.5875	0.0001	0.3363	12, 16, 17

[a]PET, polyethyleneterephthalate；PMMA, polymethylmethacrylate；PS, polystyrene；PES, polyethersulfone；PC, polycarbonate.

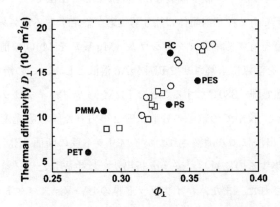

図3 非晶性高分子における$\Phi_\perp$と$D_\perp$の関係

4.3 ポリイミド／無機ナノ粒子ハイブリッド膜の高熱伝導化

　本項では，ポリイミド（PI）膜における膜厚方向の熱伝導率を"高熱伝導性微粒子とのハイブリッド化"により向上させた3種の材料設計とその物性評価について解説する．これらは，①透明性を維持しながらPI膜の熱伝導性向上を目指して作製した"*in situ* 析出法"による可溶性PIと酸化マグネシウム（MgO）ナノ粒子のハイブリッド膜（4.3.1項），②2種のPIからなる非相溶系のPI/PIブレンドにおいて"*in situ* 析出法"により析出させた銀ナノ粒子が一方の相に偏析することで，粒子を高分子中に均一分散させた系と比べて効率的な熱伝導性の向上を示したPIブレンドと銀ナノ粒子のハイブリッド膜（4.3.2項），③ ②の分子設計指針をもとに，銀ナノ粒子に換えて新規に合成した高結晶性酸化亜鉛（ZnO）ナノ粒子を熱伝導性フィラーとして用いることで，高い熱伝導率を実現したPIブレンドとZnOナノ粒子のハイブリッド膜（4.3.3項）である．

4.3.1 *In situ* 析出法による可溶性ポリイミド／MgO ナノ粒子ハイブリッド膜の創製と特性解析

ハイブリッド化において，微粒子をマトリックスに直接混練する"直接分散法"では微粒子の持つ高い表面エネルギーにより微粒子が凝集しやすいため，凝集した微粒子による光の散乱が生じ，ハイブリッド膜は不透明となる。一方，微粒子の前駆体をマトリックス中で反応させ，*in situ* で微粒子を析出させる"*in situ* 析出法"[18,19]では，微粒子の凝集を生じることなくナノオーダーの粒子が均一に分散したハイブリッド膜を調製することができる。筆者らは，高い透明性を保持したまま PI 膜の熱伝導率を向上することを目的として，*in situ* 析出法により可溶性 PI（図4，熱分解開始温度450℃以上）中に酸化マグネシウム（MgO）ナノ粒子を均一分散させたハイブリッド膜を調製した[19]。*in situ* 析出法では，マトリックスポリマーの熱分解開始温度以下でナノ粒子前駆体の熱分解反応が終結する必要があるため，比較的低温（330℃）の熱分解温度を有する酢酸マグネシウム（MgAc）を MgO の前駆体として選定し，MgAc 及び可溶性 PI を溶媒に溶解させて PI/MgAc 溶液とした。この溶液を Si 基板上にスピンコートし，製膜・熱処理（380℃）することで PI/MgO ナノハイブリッド膜を得た。

PI/MgO ハイブリッド膜中での粒子の分散状態と得られた膜の吸光度を図5に示す。直接分散法及び *in situ* 析出法により調製されたハイブリッド膜の断面 SEM 像から，直接分散法では粒子が膜中で凝集するのに対し，*in situ* 析出法では生成したナノ粒子が分離しかつ均一に分散することが示された。また，ハイブリッド膜の UV-Vis スペクトルより，*in situ* 析出法で調製した膜では直接分散法の膜に比べ，可視波長領域で高い透明性が示された。これは凝集した二次粒子による光散乱が抑制されたためである。

膜厚方向の熱拡散率（$D_\perp$），密度，比熱の実測値から算出した PI/MgO ハイブリッド膜の熱伝導率の測定結果を，Bruggeman の熱伝導評価式[20]に基づいて算出した計算値（点線）とともに図6に示す。ハイブリッド膜の熱伝導率は MgO 濃度の増加に沿って線形に増加しており，その増加率は Bruggeman の式による予測値と良い一致を示している。また，*in situ* 析出法によるハイブリッド膜の熱伝導率は，MgO 濃度が同程度の場合に直接分散法による試料と同程度の値を示した。以上の事実から，高熱伝導粒子を *in situ* 析出法によりポリイミドとハイブリッド化することで，ナノ粒子が均一分散し，高い透明性と熱伝導性をともに示す材料が

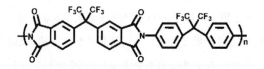

図4 マトリックスとして使用した可溶性 PI の分子構造

第5章 樹脂の高熱伝導化技術

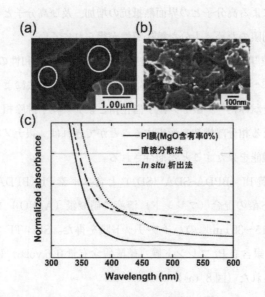

図5 (a) 直接分散法及び (b) in situ 析出法で調製したハイブリッド膜の断面 SEM 像, (c) ハイブリッド膜の UV-Vis スペクトル

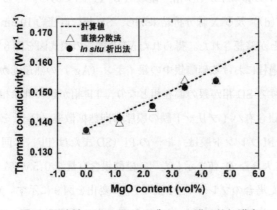

図6 可溶性 PI/MgO ハイブリッド膜の熱伝導率

得られることが示された。

4.3.2 ポリイミドブレンド／Ag ナノ粒子ハイブリッド膜の高熱伝導化

溶融混合等の方法により μm サイズの無機粒子（おもに金属酸化物）をポリマー中に分散させた有機／無機ハイブリッド材料では，Maxwell[21] や Bruggemen[20] らの熱伝導評価式で予測されるように，熱伝導臨界パーコレーション濃度以上で生じる粒子同士の連なりによる"熱伝導経路（パス）"形成のためには多量の粒子充填が必要であり，膜（フィルム）の柔軟性及び接着性に問題が生じやすい。また，nm サイズの粒子を高分子中に均一分散させた系では，粒

高熱伝導性コンポジット材料

子の比表面積の増大による高分子との界面熱抵抗の増加，及び高分子と粒子との相互作用増大による粒子充填量の制限のため，十分な熱伝導性が得られにくい。

そこで筆者らは，膜厚方向への熱伝導性向上を目的として，親和性の異なる2種のPIからなる非相溶系PIブレンド中で，4.3.1項で解説した *in situ* 析出法により銀ナノ粒子を一方の相に偏析させることを試みた[22]。銀ナノ粒子偏在相と銀ナノ粒子排除相（非偏在相）の両相がともに膜厚方向に連なる相分離構造を形成することができれば，銀ナノ粒子の偏在相が面外方向への熱伝導パスの機能を果たすことが期待される。

図7に示した含硫黄PI（BPDA-SDA（SD））と含フッ素PI（BPDA-TFDB（TF））の前駆体であるポリアミド酸の混合（ブレンド）溶液に硝酸銀（AgNO$_3$）を溶解し，製膜・加熱イミド化することで15〜35μm厚のハイブリッド膜を得た。SD：TF：硝酸銀＝70：30：20（モル比）で調製した銀含有PIブレンド膜（硝酸銀含有量0.6 vol%）において，表面に明確な相分離構造が観測された（図8（a））。

図8（b）に示すPIブレンド膜の断面SEM像から，約30μmオーダで2相が膜厚方向に連続的に連なる"垂直型ダブルパーコレーション（VDP）"相分離構造が形成されていることが明らかとなった。図中の領域IがSD相，領域IIがTF相である。さらに各相における断面TEM像（図8（c），（d））及びX線分析結果から，SD相に直径約10 nmの銀ナノ粒子が選択的に析出していることが確認された。得られたVDP構造の模式図を図8（e）に示す。銀ナノ粒子は製膜中の加熱過程における硝酸銀中の銀イオン（Ag$^+$）の熱還元から生成し，Ag$^+$と親和性の高い硫黄を有するSD相が銀の偏在相となり，TF相が銀の排除相となったと考えられる。また，作製した銀含有ハイブリッド膜の膜厚方向熱拡散率（$D_\perp$）を測定した結果，VDP相分離構造を有するPIブレンド膜は，単一のPI（SDまたはTF）に同量の硝酸銀を添加した単一PI膜に比して大きな$D_\perp$値を示した[22]。硝酸銀含有量を0.5 vol%に固定し，SDとTFの組成比を変化させた場合のブレンドPI膜の$D_\perp$の変化を図9に示す。VDP相分離構造を有する（C）SD：TF＝50：50（モル比）は，海島型の相分離構造を有する（A）30：70，（B）60：40に比べ大きな$D_\perp$値（19.4×10^{-8}m^2/s）を示した。この結果は，VDP相分離構造において銀ナノ粒子が選択的に析出したSD相が膜厚方向への"熱伝導経路（熱伝導パス）"として効果的に機能することで，少量の無機微粒子添加により$D_\perp$を効率的に向上させる新たな材料設計指針として有効であることを示している。

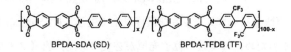

図7　含硫黄PI（SD）と含フッ素PI（TF）の分子構造

第5章 樹脂の高熱伝導化技術

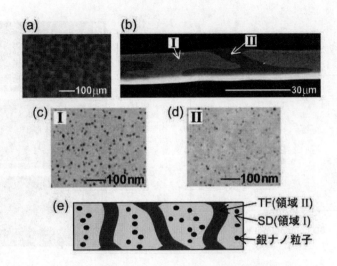

図8 ポリイミドブレンド／銀ナノ粒子ハイブリッド膜の相分離構造評価
（SD：TF：硝酸銀＝70：30：20）
(a) 光学顕微鏡による膜表面像（50x）。(b) 断面SEM像。(c) 領域Iおよび
(d) 領域IIの断面TEM像。(e) 垂直型ダブルパーコレーション（VDP）構造の模式図。

4.3.3 ポリイミドブレンド／ZnOナノ構造体ハイブリッド膜の高熱伝導化

4.3.2項で示したVDP構造を有するPIブレンド膜のさらなる高熱伝導化のため，4.3.2項と同じPIブレンド系（SD/TF）に，銀ナノ粒子にかえて高結晶性の酸化亜鉛（ZnO）ナノ微粒子を熱伝導性フィラーとして用いた。銀は高い電気伝導性を有するため，層間絶縁膜など電気絶縁性が必要な用途の場合には銀の添加量が限られる点で不利である。さらに，ハイブリッド材料の熱伝導性においては，粒径の大きな粒子を用いた方が高分子とフィラーとの界面の比率が減ることから有利である[23,24]。そこで筆者らは，酢酸亜鉛二水和物（$Zn(CH_3COO)_2 \cdot 2H_2O$）の還流により約500 nmオーダの直径を有する六角錐型のZnOナノ構造体（ZnO-NP，図10）を合成し，PIブレンドの組成比をモル比でSD：TF＝50：0に固定してZnO-NPを最大27 vol%まで添加したZnO-NP含有PIブレンド膜を作製した[25]。

図11に示したZnO含有量10 vol%のPIブレンド膜の断面SEM像（図11 (a)：膜全体（白色部がZnO），(b)：(a) 中のZnO偏在相の拡大図）および光学顕微鏡による斜視像（図11 (c)）から明確なVDP相分離構造の形成が確認された。また，ZnO偏在相の断面SEM像および成分分析の結果から，ZnO-NPが含フッ素PIであるTF相に偏在していることが明らかとなった[25]。図11 (d) に得られたVDP構造の模式図を示す。この結果は，4.3.2項のAgナノ粒子の場合とは偏在相が異なっている（図8 (e)）ことから，無機粒子と高分子との親和性によって偏在相が決まると考えられる。図12 (a) にPIブレンド膜および含フッ素PI（TF）

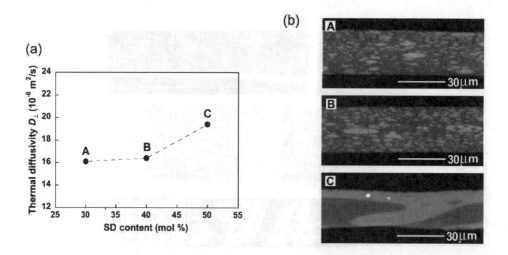

図9 ポリイミドブレンド／銀ナノ粒子ハイブリッド膜の膜厚方向熱拡散率と相分離構造の関係
(a) PI ブレンドの組成比と熱拡散率の関係。(b) 各組成比におけるハイブリッド膜の断面 SEM 像。

図10 六角錐型 ZnO ナノ構造体（ZnO-NP）の SEM 像

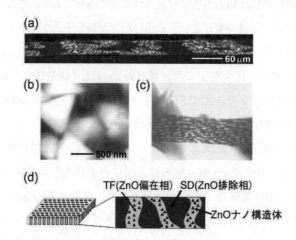

図11 ポリイミドブレンド／ZnO ナノ構造体ハイブリッド膜の相分離構造評価（ZnO 含有量 10 vol%）
(a) 断面 SEM 像。(b) ZnO 偏在相の SEM 像。(c) 光学顕微鏡による膜表面斜視像（50x）。
(d) 垂直型ダブルパーコレーション（VDP）構造の模式図。

第5章 樹脂の高熱伝導化技術

に ZnO-NP を均一分散させた単一 PI 膜の $D_\perp$ と ZnO 含有量の関係を示す。図12(b)には, ZnO 含有量 10 vol%, 23 vol%, 27 vol% における各ハイブリッド膜の断面 SEM 像を示した。VDP 構造を有する PI ブレンド膜が単一 PI 膜に比して顕著に大きな $D_\perp$ 値を示すことが明確に示されている。PI ブレンド膜では, 単一 PI 膜と同量の ZnO 添加量でありながら, ZnO 偏在相に ZnO-NP が濃縮している(図12(c))。加えて, PI ブレンド膜の製膜条件を変え VDP 構造を故意に崩したハイブリッド膜との比較から, VDP 構造の膜厚方向への熱伝導性に対する優位性が明らかとなった。

膜厚方向の熱拡散率($D_\perp$), 密度, 比熱の実測値から算出した, VDP 構造を形成した ZnO 含有 PI ブレンド膜の熱伝導率の測定結果(●)を, Bruggeman の熱伝導評価式に基づいて完全なシリンダー型相分離構造を形成した TF 相中に ZnO-NP が全て偏析したと仮定して算

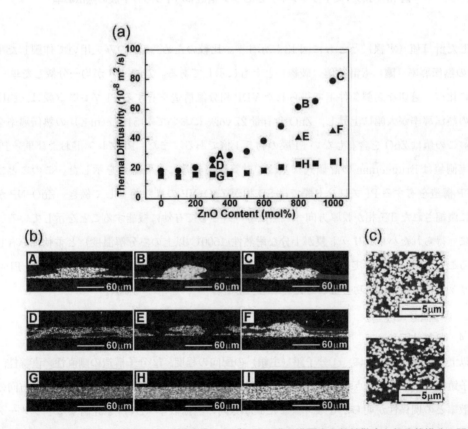

図12 ポリイミドブレンド／ZnO ナノ構造体ハイブリッド膜の膜厚方向熱拡散率と相分離構造の関係
(a) ZnO 含有量と熱拡散率の関係:(●)VDP 構造を形成した PI ブレンド膜,(■)単一 PI 膜,(▲)VDP 構造が崩れた PI ブレンド膜。(b) 各組成比におけるハイブリッド膜の断面 SEM 像: ZnO 含有量 10 vol%(A, D, G), 23 vol%(B, E, H), 27 vol%(C, F, I)。(c) 断面 SEM 像における ZnO 偏在相の拡大図:C(上)及び I(下)。

高熱伝導性コンポジット材料

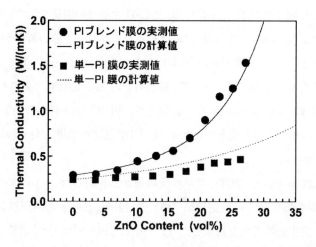

図13 ポリイミドブレンド／ZnOナノ構造体ハイブリッド膜の熱伝導率

出した計算値（実線）とともに図13に示す[26]。比較のため，TFのみを用いて作製した単一PIの熱伝導率（■）も計算値（破線）とともに示してある。ZnO-NPが均一分散した単一PI膜に比べ，適切な調製条件下で得られたVDP相分離構造を有するPIブレンド膜は，膜厚方向の熱伝導率が大幅に上昇し，ZnO含有量27 vol%において1.54 W/(m·K)の熱伝導率を得た。この値はZnOを含有しないPI膜の約5.1倍である。また，PIブレンドおよび単一PI膜の実測値はBruggemanの評価式に基づく計算値と非常に良い一致を示した。このことは，VDP構造を有するPIブレンド膜ではSD相がZnO-NPの排除相として働き，ZnO-NPが高度に濃縮されたTF相が膜厚方向への熱伝導パスとして有効に機能することを示している。さらに，得られたハイブリッド膜が十分な耐熱性（500℃以上の熱分解温度）と柔軟性を有していることから，現在，実用化されている放熱材料に匹敵する高熱伝導性を有する新規PIハイブリッド膜の開発に成功したと考えている。

4.4 おわりに

以上，解説したように，①分子鎖（主鎖）の配向の程度，②分子構造の剛直性／直線性，③分子鎖の凝集状態の観点からポリイミド（PI）膜における分子構造・高次構造と膜厚方向の熱拡散率との関係性が明らかとなり，また膜厚方向の熱拡散率（$D_\perp$）を評価するパラメータとしてVuksパラメータ（$\varPhi_\perp$）の有用性を示すことができた。さらに少量の無機ナノ微粒子の添加により，熱伝導率を効率的に向上させる無機ナノ粒子／PIハイブリッド膜の新しい分子設計指針を提案し，その有効性を実証した。これらの研究から得られた知見は，新たな高分子系の高熱伝導性材料の設計と開発に道を拓くものと考えている。

第 5 章　樹脂の高熱伝導化技術

文　献

1) C. L. Choy, *Polymer*, **18**, 984 (1977)
2) K. Kurabayashi, *Int. J. Thermophys.*, **22**, 277 (2001)
3) K. Kurabayashi and K. E. Goodson, *J. Appl. Phys.*, **86**, 1925 (1999)
4) T. Hashimoto *et al.*, *Therm. Acta*, **304/305**, 151 (1997)
5) J. Morikawa *et al.*, *Polymer*, **36**, 4439 (1995)
6) D. Yorifuji *et al.*, *Macromolecule*s, **43**, 7583 (2010)
7) A. Bondi, *J. Phys. Chem.*, **68**, 441 (1964)
8) G. Slonimskii *et al.*, *Polym. Sci. USSR*, **12**, 556 (2010)
9) Y. Terui *et al.*, *J. Polym. Sci. B*, **42**, 2354 (2004)
10) M. F. Vuks, *Opt. Spectrosc.*, **20**, 361 (1964)
11) M. Pietralla, *J. Comp. Aid. Mat. Design*, **3**, 273 (1996)
12) M. Rides *et al.*, *Polymer Testing*, **28**, 480 (2009)
13) P. Korpiun *et al.*, *Coll. Polym. Sci.*, **261**, 312 (1983)
14) S. Agan *et al.*, *Appl. Phys. A*, **80**, 341 (2005)
15) S. J. Bai *et al.*, *J. Polym. Sci. B*, **30**, 1507 (1992)
16) A. Uchiyama *et al.*, *Kobunshi Ronbunshu*, **60**, 38 (2003)
17) M. S. Wu, *J. Appl. Polym. Sci.*, **32**, 3263 (1986)
18) T. Sawada *et al.*, *Chem. Mater.*, **10**, 3368 (1998)
19) K. Murakami *et al.*, *J. Photopolym. Sci. Technol.*, **23**, 501 (2010)
20) D. A. G. Bruggeman, *Ann. Phys.*, **24**, 645 (1936)
21) J. C. Maxwell, "*Electricity and Magnetism*", Clarendon Press, Oxford, UK (1873)
22) D. Yorifuji *et al.*, *Macromol. Chem. Phys.*, **211**, 2118 (2010)
23) W. Zhou *et al.*, *J. Appl. Polym. Sci.*, **104**, 1312 (2007)
24) A. Devpura *et al.*, *Micro. Thermophys. Eng.*, **5**, 177 (2001)
25) 依藤大輔ほか，日本熱物性シンポジウム予稿集，**30**，118 (2009)
26) 依藤大輔ほか，高分子学会予稿集，**59**，969 (2009)

5 重合性液晶材料（PLC）を利用した分子配向制御による高熱伝導化

加藤　孝*

5.1 はじめに

　一般的に液晶は，液体と結晶の中間に発現し，液体の流動性と結晶の秩序性を併せ持つ特性を示す。そして自己組織化能を有し，ラビング，電場，磁場，配向剤といった外場により分子を配向させることが可能である。例えば，水平に配向したホモジニアス配向，垂直に配向したホメオトロピック配向，水平から垂直へ方向が変化するハイブリッド配向，らせん状にねじれたツイスト配向などがある（図1）。このような配向制御ができることは液晶の大きな特徴である。電場と分子配向のスイッチングを利用し，光のON-OFFを制御することで，現在，テレビ，パソコンモニター，携帯電話をはじめとする様々な液晶ディスプレイ（LCD）において液晶は広く利用され，生活の利便性の向上に寄与している。

　一方で，LCD以外にも液晶の配向制御を利用した様々な検討が行われている。その中でも重合性液晶材料（PLC）は液晶の特異的な分子配向の固定化が可能で，接着剤やLCD用光学フィルムなどへの応用も検討されている[1~5]。PLCの利点は，LCDに使用されているような低分子液晶と同様に扱うこともでき，配向制御法などLCD技術も利用できることである。

　パソコンをはじめとする電気・電子機器の高性能・高機能化は部材の発熱量を増大させ，いかに放熱させるかが重要な課題となっている。主要部材である高分子の熱伝導性は金属，無機物と比較し極めて低い。そこで，高分子の高熱伝導化には汎用高分子に金属や無機物のフィラーを混合することが主流である。一方，高分子単体での高熱伝導化も検討されており，高分子ネットワーク中に液晶骨格を導入し，一軸に分子配向させることで配向方向に高い熱伝導性を発現することが報告されている[6~8]。高分子単体での高熱伝導化は絶縁性や透明性にも優れることから，光学系材料をはじめ，放熱材料の応用分野を広げるものと期待されている。本項では，LCDの汎用技術であるラビング法を利用した，PLCを配向制御することで作製した

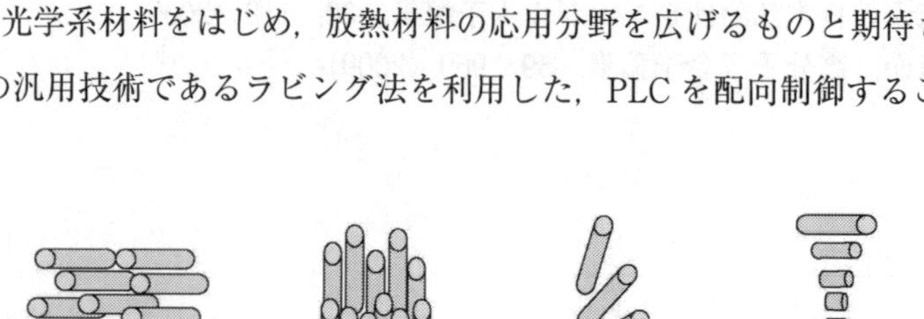

　　ホモジニアス配向　　ホメオトロピック配向　　ハイブリッド配向　　ツイスト配向

図1　液晶分子の主な配向形態

＊　Takashi Kato　チッソ㈱　液晶事業部

第5章　樹脂の高熱伝導化技術

フィルムによる，分子配向制御やネットワーク構造と熱伝導性との関係について紹介する。

5.2 分子配向制御と熱伝導の関係

ホモジニアス（一軸）配向ポリマーは，配向方向（分子長軸方向）において，高熱伝導性を発現し，直交方向（分子短軸方向）とでは大きく熱伝導性に差が生じることが知られている。しかしながら，配向方向を0°，直交方向を90°とした場合，その間の0～90°方向については充分な知見が得られておらず，応用展開を考慮した場合，このことは重要な知見となる。また，一軸配向成分を均一に分散させることができるツイスト配向は，面方向への高い熱伝導性の発現を期待できる。PLCのホモジニアス配向およびツイスト配向フィルムを用い，分子配向制御と熱伝導性との関係を紹介する。

5.2.1 ホモジニアス配向における分子配向と熱伝導の関係

アクリル系PLCの分野ではスタンダード的な位置づけであり，安定的に液晶相を発現するPLC1（図2）をラビングによりネマチック液晶状態で配向させ，光重合により200 μmのホモジニアス配向フィルムを作製した（図3）。熱伝導度は，レーザーフラッシュ法熱定数測定装置を用い，ハーフタイム法により得られた熱拡散率と，密度および比熱の積から算出している。尚，図4は配向方向と熱伝達方向との角度依存性の検討における，熱拡散率測定用サンプルの作製法である。

図5は0～90°方向における熱伝導度を示し，直交方向の90°での熱伝導度は0.21 W/m·Kと汎用ポリマーと同等の値を示した。配向方向である0°の熱伝導度は0.69 W/m·Kと直交方向の

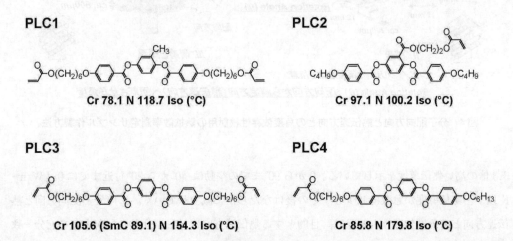

図2　重合性液晶材料（PLC）の例
（本項で用いるPLC）

高熱伝導性コンポジット材料

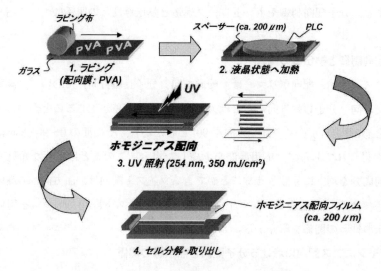

図3　ホモジニアス配向フィルムの作製方法

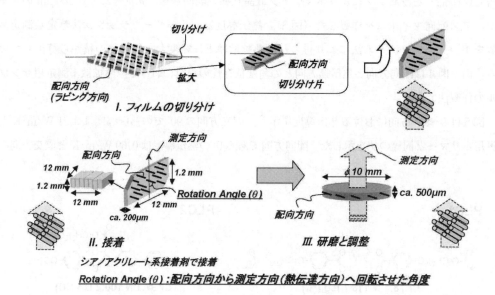

図4　分子配向方向と熱伝達方向との角度依存性検討用の熱拡散率測定サンプル作製方法

3.3倍の高い熱伝導度を示している。0から90°までの挙動は，0°から20°付近までに0.4 W/m・K以下へ熱伝導度が急激に減少し，その後はなだらかに減少していく。この分子配向方向と熱伝達方向との角度依存性の結果は，目的とする熱伝達方向に対し，分子の配向方向を充分一致させることが高熱伝導化を目指す上で重要な指針であることを示している。

第 5 章　樹脂の高熱伝導化技術

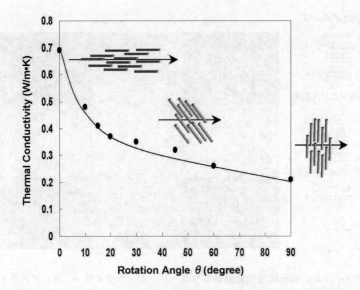

図 5　ホモジニアス配向フィルムにおける配向方向（長軸方向）と熱伝導度との関係
分子配向イメージ図中の矢印は測定方向（熱伝達方向）

5.2.2　ツイスト配向における分子配向と熱伝導の関係

　ツイスト配向制御は液晶の大きな特徴のひとつである。ツイスト配向フィルムは，ピッチにあわせたカイラルドーパントの添加と基板のラビング方向を調整することでホモジニアス配向フィルムと同様に作製することができる。配向状態は，偏光顕微鏡による光学組織観察写真（図 6），広角 X 線回折（WAXD）による回折パターン（図 7）により確認できる。

　90°-および 180°-ツイスト配向フィルムにおいて，先のホモジニアス配向と同様に配向方向に対する熱伝導度の角度依存性について図 8 に示す。90°-ツイスト配向フィルムでは一方のラビング方向を 0°とし，ねじれ方向の 0〜90°において 45°の 0.55 W/m・K を頂点として大きく膨らんだ山型となった。135°では 0.2 W/m・K と汎用ポリマー程度となった。また，180°-ツイスト配向フィルムでは汎用ポリマーの 2 倍以上の 0.45 W/m・K で一定の熱伝導度であることがわかる。これらの挙動は，熱伝達方向と一致する配向成分が熱伝達に大きく寄与し，この成分が分散することにより各方向へ高い熱伝導性を示していると考えられる。これは，面方向へ広がりを持たせた高い熱伝導性を可能にする新しい放熱のコンセプトであると言える。

5.3　ネットワーク構造と熱伝導の関係

　PLC を用いた熱伝導材料では重合前は液晶相発現領域や粘度調整など，重合後では機械的特性などが熱伝導性に加え要求される。LCD 用液晶材料では数多くの液晶性化合物を用途に応じブレンドしており，様々な要求特性を満たしている。液晶材料の場合，組成物にすること

高熱伝導性コンポジット材料

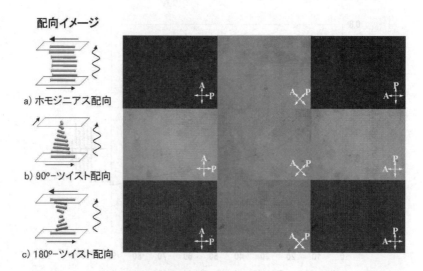

図6 配向フィルムの偏光顕微鏡組織観察写真（P：ポーラライザー，A：アナライザー）
　a）ホモジニアス配向，b）90°-ツイスト配向，c）180°-ツイスト配向，倍率：x200
　配向イメージ図中，直線矢印と波矢印は，それぞれラビングと透過光の方向を示す。

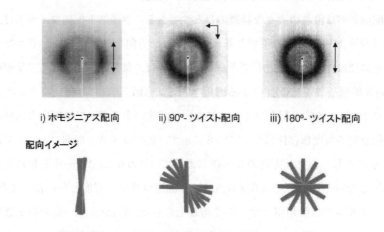

図7 配向フィルムの広角X線回折（WAXD）パターン
　ⅰ）ホモジニアス配向，ⅱ）90°-ツイスト配向，ⅲ）180°-ツイスト配向
　矢印はラビング方向を示す。

は，時にはトレードオフとなるような諸特性の関係を調整できる有益な方法である。

そこで，様々な要求に対応するため熱伝導に優位と考えられる主鎖型のみでなく，側鎖型ネットワークを形成する単官能PLCの利用も考慮に入れる必要がある。棒状液晶分子の短軸方向，もしくは長軸方向に1つ重合性基を有する2種類の異なった単官能PLCと，2官能PLCとの組成物から作製した，ホモジニアス配向フィルムを用いてネットワーク構造と熱伝

第5章　樹脂の高熱伝導化技術

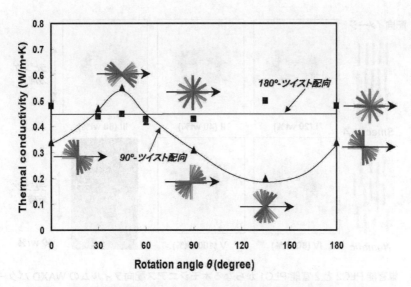

図8　ツイスト配向フィルムにおける分子配向方向と熱伝導度との関係
▲：90°-ツイスト配向，■：180°-ツイスト配向
分子配向イメージ図中の矢印は測定方向（熱伝達方向）

導性の関係を紹介する。

5.3.1　分子短軸方向に重合性基をもつ単官能PLCを利用した熱伝導性

分子短軸方向に重合性基を有し，長軸方向に重合性部位を持たない単官能PLC2（図2）と2官能PLC1からなる2成分系の組成物から，ホモジニアス配向フィルムを作製した。図9にWAXDのパターンと組織観察写真を示す。ただし，PLC2のみからなるフィルムは測定に耐えうる強度のフィルムとならなかった。いずれのフィルムも図中の写真同様に，均一な配向を示し，WAXDから，20，40 wt%では弱いながら小角にスポットが存在し，SmAの相構造の存在が示唆された。パターンから算出した各フィルムの配向度[9]は，若干のばらつきはあるが組成によらず，各フィルムとも0.7付近でほぼ一定である（図10）。

図11に示すように熱伝導度は，直交方向のいずれにおいても，0.2 W/m・K程度でほぼ一定である。一方，配向方向では2官能PLC1の割合が増加するに従い0.45 W/m・K付近から0.7 W/m・K付近へ直線的に上昇する。配向方向である長軸方向において，充分な架橋がなくても汎用ポリマー同等の直交方向での値と比較し，2倍以上の熱伝導度である。しかしながら，より高い熱伝導性を得るには熱伝達方向での架橋は重要な因子であり，熱伝導性以外の特性とのバランスを考慮し，単官能成分の混合系を利用する必要がある。

5.3.2　分子長軸方向に重合性基をもつ単官能PLCを利用した熱伝導性

分子長軸方向の片末端にのみ重合性基を有する単官能PLC4と2官能PLC3（図2）からな

高熱伝導性コンポジット材料

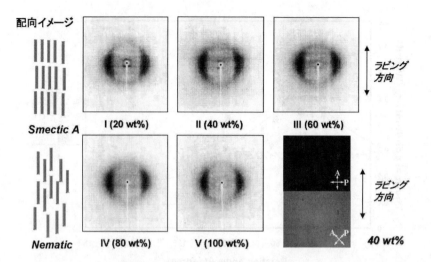

図9 単官能 PLC2 と 2 官能 PLC1 からなるホモジニアス配向フィルムの WAXD パターンおよび偏光顕微鏡組織観察写真（PLC1：40 wt% 含有）
（P：ポーラライザー，A：アナライザー），倍率：x40

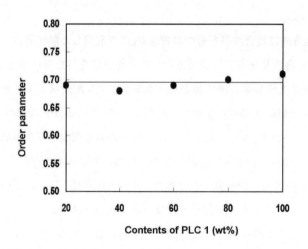

図10 単官能 PLC2 と 2 官能 PLC1 からなるホモジニアス配向フィルムの配向度
（WAXD パターンから算出）

る 2 成分系の組成物で，ホモジニアス配向フィルムを作製した。図 12 にフィルムの配向状態を表す WAXD パターンと組織観察写真を示す。先と同様に単官能 PLC4 のみからなるフィルムは測定に耐えうる強度のフィルムとならなかった。組織観察では均一な配向を確認でき，WAXD においてすべてのフィルムにおいて小角に対称的な 4 つのスポットが存在し，水平

第5章　樹脂の高熱伝導化技術

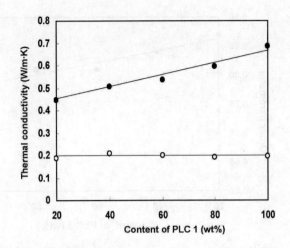

図11　単官能 PLC2 と 2 官能 PLC1 からなるホモジニアス配向フィルムの熱伝導度と PLC1 含有量との関係
●：配向方向，○：直交方向

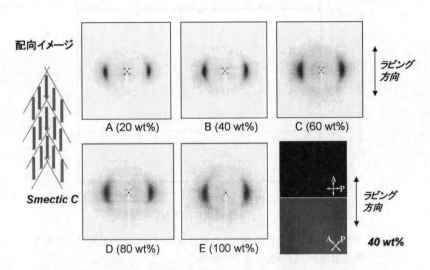

図12　単官能 PLC4 と 2 官能 PLC3 からなるホモジニアス配向フィルムの WAXD パターンおよび偏光顕微鏡組織観察写真（PLC3：40 wt% 含有）
（P：ポーラライザー，A：アナライザー），倍率：x40

方向から 50°，2 方向に傾いた層を形成する SmC 相の存在が示唆された。配向度は，単官能 PLC の割合が多いほど高く，0.8 から 0.9 と比較的高い（図13）。

図14 に示すように熱伝導度は，直交方向では 2 官能 PLC の割合に関係なく 0.18 W/m·K で一定である。配向方向では 2 官能 PLC の割合の増加（架橋の増加）に伴い，熱伝導度も増

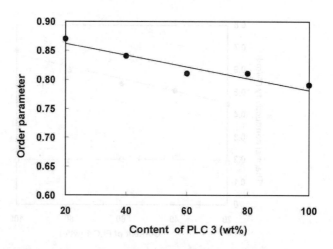

図13 単官能 PLC4 と2官能 PLC3 からなるホモジニアス配向フィルムの配向度
（WAXD パターンから算出）

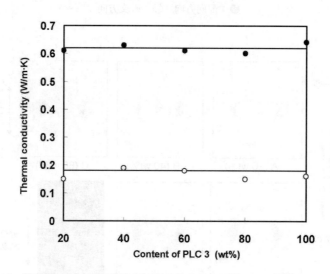

図14 単官能 PLC4 と2官能 PLC3 からなるホモジニアス配向フィルムの
熱伝導度と PLC3 含有量との関係
●：配向方向，○：直交方向

加すると予想されるが，この系では2官能 PLC の割合によらず，0.62 W/m・K 程度の一定の高い熱伝導度を示した。これは，配向方向での架橋状態に影響されずに高い熱伝達挙動が得られた結果である。

5．3．3 ネットワーク構造と熱伝導の関係

単官能 PLC の重合性基の導入位置が短軸，長軸方向の違いにおけるこの熱伝達挙動の違いをネットワーク構造との関係において比較する。図15に示すように5．3．1の2官能成分が

第5章 樹脂の高熱伝導化技術

多く，中央骨格が長軸方向でつながれている場合，高分子での熱伝達に重要な因子となる格子振動が架橋に沿って伝達する。これに対し，短軸方向単官能PLCが多い系でのフィルムでは，配向方向である長軸方向に架橋欠陥が多く，中央骨格の分子間相互作用による伝達を繰り返し，長軸方向でつながる分子まで複雑で長い経路を必要する。そのため，格子振動の伝達効率の低下を招き，それに伴い熱伝導度が低下しているものと考えられる。

一方，5.3.2の長軸方向に重合性基を有する単官能PLCが多い系でのフィルムの場合，架橋欠陥にともなう熱伝導度の低下が誘引されなかった。この系では，架橋欠陥が多数存在するものの，長軸方向の架橋は5.3.1の短軸方向単官能PLC系と比較し多く存在する。さらに高配向度でSm相を形成しているため，高配向および分子パッキングが強い分子間相互作用を引き起こし，架橋をもつ隣接分子に格子振動を効率的に伝え，架橋欠陥に伴う伝達ロスが補完されたと考えられる。この熱伝達挙動は，熱伝導性材料開発における，PLCの材料設計に重要な指針を与えている。

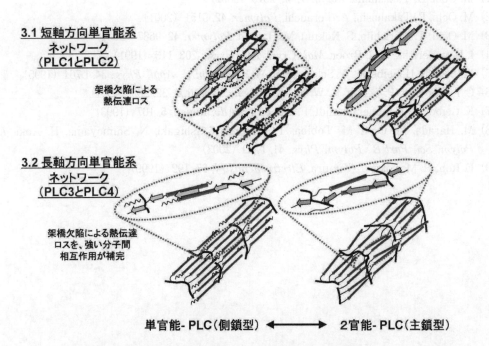

図15　単官能と2官能PLCからなるホモジニアス配向フィルムの
　　　ネットワーク構造の違いによる熱伝達イメージ

5.4 まとめ

　重合性液晶（PLC）を利用した熱伝導性において，液晶組成物，ラビング法といったLCDの汎用的技術を用いて，分子配向制御やネットワーク構造との関係について紹介した。ホモジニアス配向制御においては目的とする熱伝達方向と分子配向方向とのマッチングの重要性を示し，ツイスト配向制御により分子配向方向を均一に分散させることで従来の一軸方向から面方向へ新たな熱伝達の概念を提案した。ネットワーク構造との関係では，単官能PLCを含有した液晶組成物において，熱伝達に不利な架橋欠陥を補完させる可能性を示した。

　これらのことは，今後さらに精密な制御が必要になる材料設計の指針のひとつとして活用され，高分子材料の高熱伝導化に寄与できるものと期待する。

文　　献

1) M. Ochi, H. Takashima, *Polymer*, **42**, 2379（2001）
2) M. Ochi, R. Takahashi, A. Terauchi, *Polymer*, **42**, 5151（2001）
3) M. Ochi, T. Morishita, S. Kokufu, M. Harada, *Polymer*, **42**, 9687（2001）
4) I. Heynderickx, D. J. Broer, *Mol. Cryst. Liq. Cryst.*, **203**, 113（1991）
5) M. Schadt, H. Seiberle, A. Schuster, S. M. Kelly, *Jpn. J. Appl. Phys.*, **34**, L764（1995）
6) C. L. Choy, W. P. Leung, K. W. Kwok, *Polym. Commun.*, **32**, 285（1991）
7) K. Geibel, A. Hammerschmidt, F. Strohmer, *Adv. Mater.*, **5**, 107（1993）
8) M. Harada, M. Ochi, M. Tobiba, T. Kimura, T. Ishigaki, N. Shimoyama, H. Aoki, *J. Polym. Sci. Part B : Polym. Phys.*, **41**, 1739（2003）
9) E. Itoh, H. Morioka, T. Kimura, *Electrochemistry*, **67**, 192（1999）

第6章　フィラーの高熱伝導化技術

1　窒化ホウ素フィラーの評価とその応用 ―高熱伝導率フィラー／樹脂複合材の開発―

渡利広司[*1]，佐藤公泰[*2]

1.1　はじめに

近年，情報の大量伝送，電子機器の小型化，照明機器の高性能化等の急速な進展に伴い，デバイスからの発熱量は増大の一途をたどっており，放熱が重要な課題となっている。樹脂は，材料コストの観点，成形・加工の容易性から回路用基板材料，電子部品の封止材や電気絶縁材料として広く利用されてきた。一方で，樹脂の熱伝導率の向上のために，シリカ（SiO_2）やアルミナ（Al_2O_3）等の酸化物フィラーが添加されている[1]。現在，樹脂の更なる高熱伝導率化のために窒化物系フィラーに注目が集まっている[1~4]。本節では，窒化物フィラーの中でも幅広く利用されている窒化ホウ素（BN）に着目し，これまでのフィラーに関する研究開発について解説する。また，BNフィラー／樹脂複合材の高熱伝導率化に向けた最近の研究開発動向についても報告する。

1.2　BNの特徴

BNは窒素とホウ素の化合物で自然界に存在しない物質である。代表的な結晶構造を図1に示す[5]。(a)は常圧相の六方晶系（hexagonal）BNであり，小さな丸がホウ素原子，大きな丸が窒素原子を表す。六角形の網目層が二層周期で積層し（c軸方向），六角網目層間はファンデルワールス結合をしている。この物質は，h-BNと呼ばれている。一方，(b)は高圧相の立方晶系（cubic）BNである。この物質は高温及び高圧下で作製される。ここで紹介した以外に，六角形の網目層が三層周期で積層している菱面体晶BN（r-BN），六角形の網目層が無秩序な積層構造を取る乱層構造BN（t-BN）等がある。本節では，フィラーとして広く利用されているh-BNを中心に解説する。

表1にBN及び他の窒化物，さらには酸化物の特性を示す。ただし，ここで示す特性はフィラーとしての特性ではなく，原料粉末を高温焼成することにより得られるセラミックスの一般

[*1]　Koji Watari　㈱産業技術総合研究所　イノベーション推進本部　総括企画主幹
[*2]　Kimiyasu Sato　㈱産業技術総合研究所　先進製造プロセス研究部門　研究員

高熱伝導性コンポジット材料

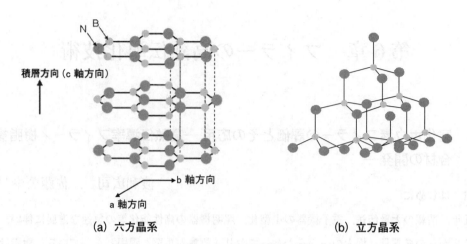

(a) 六方晶系　　　　　　　　　　(b) 立方晶系

図1　BNの結晶構造

表1　各種セラミックスの特性

	窒化ホウ素	窒化アルミニウム	窒化ケイ素（β）	アルミナ	結晶シリカ
化学式	BN	AlN	Si_3N_4	Al_2O_3	SiO_2
密度，g/cm³	2.3	3.3	3.2	3.9	2.2
熱膨張率 (0-1000℃)	$4.0×10^{-6}$	$5.6×10^{-6}$	$3.5×10^{-6}$	$8.0×10^{-6}$	$14.0×10^{-6}$
理論熱伝導率，W/m℃	c軸方向：2 a,b軸方向：410	320	c軸方向：450 a,b軸方向：170	——	2
実測熱伝導率，W/m℃	10〜110	50〜270	10〜120	10〜30	0.5〜30
体積固有抵抗，Ω-cm	$>10^{14}$	$>10^{14}$	$>10^{14}$	$>10^{14}$	$>10^{14}$
誘電率（1 MHz, 20℃）	4.5	8.8	8	8.9	4
誘電損失（1 MHz, 20℃）	$5×10^{-4}$	$5×10^{-4}$	——	$2×10^{-4}$	$1×10^{-4}$
ヤング率（MPa, 20℃）	$52×10^3$	$330×10^3$	$310×10^3$	$350×10^3$	$310×10^3$
硬度　HV / HS	/ 20	12	15	20	10

第6章 フィラーの高熱伝導化技術

的な特性である。BNを含む窒化物は，熱膨張率，体積固有抵抗，誘電率，誘電損失とも同等の値を示す。一方密度はBNのそれが他の窒化物に比較して著しく小さい。

次に，理論熱伝導率を比較してみる。BNと窒化ケイ素（Si_3N_4）は結晶学的方位により熱伝導率が大きく異なる。h-BNのc軸方向，つまり基底面の垂直方向（積層方向）の理論熱伝導率は2 W/m℃，a，b軸方向の理論熱伝導率は410 W/m℃と報告されている[6]。Si_3N_4（β型）の理論熱伝導率はc軸方向で450 W/m℃，a，b軸方向で170 W/m℃に達する[7]。窒化アルミニウム（AlN）の場合は結晶構造の異方性が小さいため，熱伝導率のa，b，c軸方向の差異は少なく，c軸方向で320 W/m℃と報告されている[8]。

実測したセラミックスの熱伝導率は，BNの場合10〜110 W/m℃，AlNの場合50〜270 W/m℃，Si_3N_4の場合10〜120 W/m℃の値を示す。AlNではセラミックスの熱伝導率は理論熱伝導率の84%に達しているにもかかわらず，BN及びSi_3N_4の場合セラミックスの熱伝導率は理論熱伝導率の25%程度に止まっている。BN及びSi_3N_4セラミックスの熱伝導率は，今後の研究開発によって大きく改善される余地がある。

1.3 BNフィラーの製造方法

BN粉末の製造方法は数多く報告されているが，実用上価値の高い方法はコストの観点から2，3法に絞られる。表2に各種の製造方法の概要を示す[9,10]。h-BNの製造方法は，直接窒化法，反応法，還元窒化法，気相法に大別される。直接窒化法では，ホウ素と窒素の反応を利用する。ただし，原料のホウ素が高価であること，反応に1500℃以上の高温が必要であること等により，当該方法は広く利用されていない。反応法は，低コストのホウ酸（H_3BO_3）や酸化ホウ素（B_2O_3）を原料とし，アンモニア（NH_3）と反応させてh-BNを作製する。しかし，H_3BO_3は低温で溶融するために窒化反応速度が低下し，h-BNへの変換率は低い。そのため，NH_3と反応性が低い充填材（炭酸カルシウム（$CaCO_3$），リン酸カルシウム（$Ca_3(PO_4)_2$））とH_3BO_3を予め混合し，H_3BO_3を充填材の表面に薄膜もしくは層状に付着させ，NH_3との反応を加速させる"不活性充填材添加法"が開発されている。本法は反応後に充填材を除去する必要があるため，酸処理，再窒化処理等が必要とされ工程数が増えるが，大量生産に適した方法として実用化されている。

ホウ素化合物に炭素や，含炭素や含窒素化合物を添加し，還元・窒化反応によりh-BNを作製するのが還元窒化法である。炭素を還元剤として使用した場合，反応温度が高く，さらには残留炭素の除去が必要となる。一方，メラミン（$C_3H_6N_6$），尿素（CH_4N_2O），塩化アンモニウム（NH_4Cl），ジシアンジアミド（$H_2N-CNH-NH-CN$）等の含窒素や含炭素化合物を添加すると，残留炭素除去の負担が少なく，さらには高純度粉末も得やすい。また，反応温度の低下が

表2 h-BN の各種製造方法

製造方法	出発原料	主な化学反応	特徴
直接窒化法	B, N_2	$2B + N_2 \rightarrow 2BN$	・原料ホウ素が高価。 ・1500℃ 以上の高温が必要。
反応法	H_3BO_3, B_2O_3, NH_3	$B_2O_3 + 2NH_3 \rightarrow 2BN + 3H_2O$	・H_3BO_3 が溶融状態になり、窒化反応が低下。
反応法 (不活性充填材添加法)	H_3BO_3, B_2O_3, NH_3 充填材 ($CaCO_3$, $Ca_3(PO_4)_2$)	$B_2O_3 + 2NH_3 \rightarrow 2BN + 3H_2O$	・上記の方法の解決のため、NH_3 と反応性が低い充填材とホウ酸を混合。ホウ酸が充填材表面に付着。窒化反応後充填材を酸処理等で除去。
還元窒化法	H_3BO_3, B_2O_3, C, NH_3, N_2 等	$B_2O_3 + 3C + N_2 \rightarrow 2BN + 3CO$	・反応温度が高い。 ・残留炭素の除去が必要。
還元窒化法 (含窒素, 炭素化合物法)	H_3BO_3, B_2O_3, $C_3H_6N_6$, CH_4N_2O, NH_4Cl, $H_2N-CNH-NH-CN$ 等	$B_2O_3 + CH_4N_2O \rightarrow 2BN + CO + 2H_2$	・高純度粉末が得やすい。 ・経済性が高い。
気相法 (フッ化ホウ素法)	BF_3, NH_3	$BF_3 + NH_3 \rightarrow BN + 3HF$	・経済性が低い。
気相法 (塩化ホウ素法)	BCl_3, NH_3	$BCl_3 + 4NH_3 \rightarrow BN + 3NH_4Cl$	・減圧下で反応。 ・高純度。

起こり、経済性メリットが大きい。このため、還元窒化法で BN 粉末を作製する場合、含窒素や含炭素化合物を添加する場合が多い。

　高純度粉末の製造法の1つとして気相法があり、原料として三フッ化ホウ素（BF_3）、三塩化ホウ素（BCl_3）、NH_3 が使用される。安価であること、工程が容易であることから、BCl_3 が原料として優れている。また、BCl_3 を原料とした場合、減圧下の化学反応による高純度粉末の作製が可能となっている。

1. 4 BN フィラーの状況

　図2に市販 h-BN フィラーの外観、図3にその粒度分布を示す。図1 (a) に示す異方性の高い結晶構造のため、h-BN フィラーは平板状になるのが一般的である。フィラー A〜C の平均粒径は 4.5〜8 μm であるのに対し、フィラー D の粒径は 0.7 μm と小さく、粒子のアスペクト比（幅／厚さ）も極めて小さい。市販 h-BN の粒子径や形状の違いは、原料粉末の粒径、反応温度、触媒添加、粉砕等の条件による。フィラー D は、製造工程におけるプロセス温度や

第6章 フィラーの高熱伝導化技術

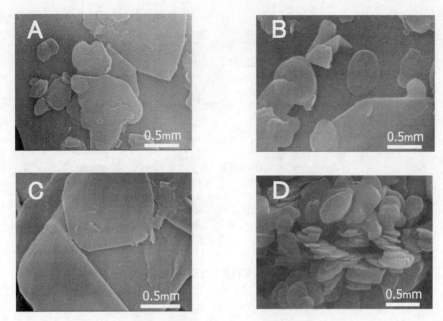

図2 市販 h-BN フィラーの粒子形状

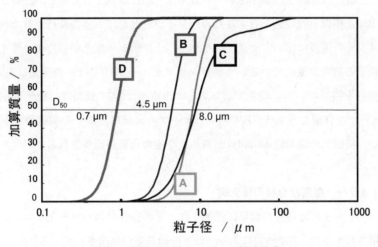

図3 市販 h-BN フィラーの粒度分布

結晶処理温度が低いため,微細な粒子になっていると考えられる。

　フィラー／樹脂複合材の熱伝導率へのフィラー形状の影響を少なくするためには,球状フィラーの利用が有効である。図4にスプレードライ法による球状 h-BN フィラーの作製プロセスを示す。スプレードライ法では,最初に粒子,溶媒と分散剤等を混合し,均一なスラリーを作製する。そのスラリーをノズルにより液滴化及び霧状化にし,その後同じチャンバー内で熱風

115

高熱伝導性コンポジット材料

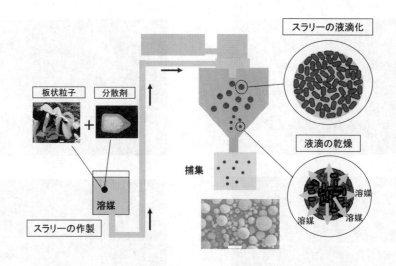

図4　スプレードライ法を利用した球状 BN フィラーの作製

に曝し，瞬間的に球状の乾燥物を得る。現在，粒径 30〜60 μm の h-BN 球状フィラーが販売されている[11]。最近は，粒子径が小さい（粒径 0.15 μm）球状 t-BN 粉末が開発されている。本粉末は h-BN と類似した特性を有するため，フィラーとして大きな期待が持たれている[12]。

　ナノテクノジーの進展に伴い，ナノファイバー，ナノチューブといったナノサイズの線状構造を有する粒子の研究が進んでいる。カーボンナノチューブ（CNT）の発見以来[13]，BN ナノチューブも注目を浴びている。現在では，アーク放電法，CNT 鋳型法，化学気相法等により BN ナノチューブを作製できる[14]。BN ナノチューブの大量生産やその製造コストについては課題があるが，樹脂との親和性等に利点があり，今後の発展が期待される。

1. 5　BN フィラー／樹脂複合材の研究例

　1960 年代より，h-BN は各種の樹脂に添加され，その複合材はパワートランジスタの絶縁放熱材等で使用されてきた。BN 添加により，以下の効果等が見出されている[15]。

　機械特性：樹脂の伸びの低下，圧縮ひずみの低下，衝撃強さの向上，硬さの向上

　電気特性：体積抵抗の向上，高周波特性の向上，耐電圧の向上，耐アーク性向上

　熱特性：熱伝導率の向上，熱膨張率の低下，耐熱温度の向上

　潤滑特性：摩擦係数の低下，耐摩耗性の向上，しゅう動面温度の低下

　その他：金型離型性の向上

　表 3 に 1988 年以降の BN フィラー／樹脂複合材の研究開発状況をまとめた。粒径の大きなフィラーを添加した場合熱伝導率は向上し，Ishida らは 32.5 W/m℃ の高熱伝導率を持つフィ

第6章 フィラーの高熱伝導化技術

表3 BNフィラー／樹脂複合材の研究開発状況

発表年	粒径/μm	充填量/%	樹脂	複合体の熱伝導率/W/m℃	特徴	参考文献
1988	不明	31	Epoxy resin	2.3		16)
1998	225	78.5	Polybenzoxazine	32.5	・BNフィラーの粒度配合 ・SEMによるBNと樹脂との高い接着性の確認	17)
2002	2.8	65	Epoxy resin	13.5(特定方向)		18)
2005	1	10	Epoxy resin	0.3		19)
2005	1	30	Epoxy resin	0.9		
2007	0.5	15	Polyethylene	0.4		20)
2007	0.5	25	Polyethylene	0.8		
2007	0.5	35	Polyethylene	1		
2008	0.7	70	Polyimide	7	・BN官能基の積極的利用 ・フィルムの作製	21, 22)
2009	20	80	Epoxy resin	36.2(特定方向)	・BNフィラーの配向	23, 24)
2010		5	PVA	0.5	・BNナノチューブの配向	25)

ラー／樹脂複合材開発を報告した[17]。電気化学工業はフィラーの形状に着目し，h-BNの板状粒子の配向により，36 W/m℃の熱伝導率を持つ複合材の開発に成功した[23,24]。産業技術総合研究所のグループはh-BNフィラー表面の官能基に着目した研究により，分散性の良いh-BNフィラーを探索した。このh-BNの添加により，熱伝導率7 W/m℃を示すフィラー／樹脂複合フィルム（厚さ約100 μm）を開発した[21,22]。また，物質・材料研究機構のグループはBNナノチューブの合成法を確立し，樹脂との複合化を図っている[25]。現在その熱伝導率は極めて低い（0.5 W/m℃）が，ナノチューブの特性向上により複合材の熱伝導率の向上が今後期待される。

1.6 フィラー／樹脂複合材のためのBNフィラーの評価

高熱伝導率を示すフィラー／樹脂複合材の作製には，フィラーの特性として以下のことが必要である。

① 高熱伝導率であること
② 成形性が良いこと

③ 良く分散すること
④ 樹脂との接着性及び結合性が高いこと

ここでは，①～④についての現状のBNフィラーを評価した。

1.6.1 フィラーの熱伝導性

近年，微小・局所領域の熱伝導率測定が可能な熱反射顕微鏡が開発され，50 μm以上の粒径を持つフィラーの熱伝導率測定に利用されている[2,26]。しかし，大半のフィラーの粒径は数μmであり，このオーダーに対しては熱反射顕微鏡の検出分解能が不十分である。従って，50 μm以下の粒径を持つフィラーの熱伝導率データはほとんど報告されていない。この問題の解決のため，簡易的な手法ながら産業技術総合研究所のグループは市販フィラーから成形体を作製し，その熱伝導率を測定した。熱伝導率への気孔率を考慮して，フィラーの熱伝導率を決定した。その結果，得られた熱伝導率はBNで12～46 W/m℃，AlNでは19 W/m℃，Si_3N_4では9 W/m℃であった[27]。得られた市販フィラーの熱伝導率は，理論熱伝導率及びセラミックスの熱伝導率（表1参照）に比較して一桁低かった。

AlNやSi_3N_4の場合，その熱伝導率に大きく影響するのが不純物元素に起因する結晶欠陥量である。特に，これらの窒化物の熱伝導率は酸素不純物量に左右される[28]。BNの熱伝導率を制御する不純物元素は明らかではないが，酸素はBNの窒素原子の位置に置換しやすい。AlNやSi_3N_4と同様にBNの熱伝導率は，酸素不純物量により影響されると推測される。今後は，フィラーの不純物酸素量と熱伝導率の関係を把握するとともに，BNフィラーの熱伝導率向上を目指した研究開発を進める必要がある。

h-BNの結晶構造は層状構造を取り，その熱伝導率は結晶方向により大きく異なる（表1参照）。図2に示したように，多くのフィラーはc面が著しく成長する。特に，フィラーC（図2参照）は顕著である。前述したようにフィラーの熱伝導率測定は困難であるが，フィラーCは他のフィラーに比較して結晶方向に対する熱伝導率の異方性は大きくなると推測される。

1.6.2 成形性

表3をもとに，BNフィラーを利用した場合の成形プロセスを模式的に図5にまとめた。h-BNフィラーは板状粒子であるため，加圧により配向する。その結果，粒子が高度に配向した材料（1及び2）が得られやすく，特定の方向で高い熱伝導率を得ることが可能となる。Hillsらは，粒径がほぼ等しい板状フィラー（BN，Al_2O_3，二ホウ化チタン（TiB_2），炭化ケイ素（SiC））を用意し，その成形性（成形密度）を調査した[18]。その結果，h-BNは他の板状フィラーに比較して高充填化が可能になることを報告した。この原因は，h-BNの緩い層状構造に由来する柔軟性により，複合材料への荷重負荷による粒子変形が起こり，粒子間の接触が良好になるためと述べている。

第6章　フィラーの高熱伝導化技術

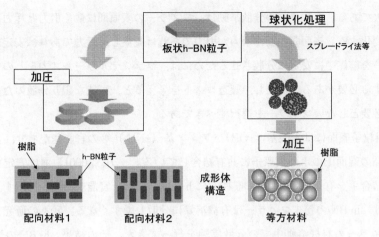

図5　BNフィラーを利用した場合の成形プロセス

　h-BNは黒鉛，二硫化モリブデン（MoS_2），二硫化タングステン（WS_2）とともに高い潤滑性を示す材料であり，これらの材料はせん断力が負荷されると容易に滑りが生じる。これらの材料の結晶構造の特徴は，六方晶系層状構造で面内では原子同士が共有結合しており，面間がファンデルワース結合性を示すことである。これまでに論じられている潤滑機構は，①粒内滑り説（せん断応力により結晶粒内で滑る），②粒間滑り説（せん断応力により粒子間が滑る），③カーリング説（表面の薄層を巻き取りながら転がる）等が提案されている。

　h-BNフィラーの特徴を生かして高熱伝導率を持つフィラー／樹脂複合材を得るには，図5に示す配向材料2の構造を取る必要がある。電気化学工業のグループはフィラーの高度な配向により，特定方向で36.2 W/m℃の高い熱伝導率を持つ材料を開発した[23,24]。この材料の生産には，粒子配向工程での成形法や加工法の検討，それに伴うコスト増大，異方熱膨張率の発生等に留意する必要がある。

　球状フィラーの場合，材料製造においてハンドリングは容易となる。また，フィラー／樹脂複合材の熱伝導率も成形方向によって大きな異方性を示さず，産業応用が進みやすい。そのため，スプレードライ法等により球状化粒子の製造が行われ，それがフィラーとして利用されている。図5の右側に球状化処理したBNフィラーを利用した一連の成形プロセスを示した。Ishidaらは粒径225 μmのBNフィラーを元にフィラーを粒度配合して樹脂との複合材を作製し，その熱伝導率は32.5 W/m℃に達することを報告した。これは，球状粒子の最密充填により高熱伝導ネットワークが形成したものと考察している[17]。

1.6.3　分散性

　有機溶媒中のBNフィラーの均一分散は，高熱伝導率を示すフィラー／樹脂複合材を作製す

高熱伝導性コンポジット材料

る上で不可欠である。フィラーの分散挙動は，フィラーの表面間に働く引力と斥力とのバランスに応じて変化する。表面間相互作用力が引力であれば凝集し，斥力であれば安定的に分散する。フィラーを溶媒中に安定に分散させるためには，ファンデルワールス力をしのぐ斥力を粒子間に導入する必要がある。ただし，製造コストを考えると，可能な限り分散のための特段の表面処理を必要としないフィラーを選択すべきである。

　h-BN の微粒子表面には水酸基（-OH），アミノ基（-NH_2）等の官能基があり，これらは主に h-BN 結晶の端面上のホウ素原子に共有結合している。一方，(0001)面は安定な面であるため，共有結合手を有していない[29,30]。図 6 に h-BN 結晶面と官能基の関係を示す。これらの官能基により，h-BN の粉末フィラーは有機溶媒に分散しやすくなる。我々の研究グループでは，各種フィラーの有機溶媒中での分散実験を行ってきた。その結果，h-BN の性状によるが，SiO_2 や Al_2O_3 の酸化物フィラーと同等の分散性を持つフィラーがあった。一方，AlN や Si_3N_4 の分散性は BN に比較して悪かった[31]。また，端面の官能基を利用して，カップリング剤によってフィラーとプラスチックを結合させることができる。カップリング剤を利用した h-BN フィラーの分散についての報告は少ないが[30,31]，この研究テーマは複合材内に h-BN の均一分散構造を得る上で重要な課題であると認識される。

　h-BN の合成では(0001)面が優先的に結晶成長し，粒子の端面の面積が相対的に減少する。そのため，粒径の増加とともに，h-BN フィラーの官能基の量は少なくなり，有機溶媒中での分散性が悪くなる。フィラー D（図 2 参照）は，他のフィラーに比較して微粒子で構成され，官能基量が多い[21,22]。図 7 に市販フィラー D の拡散反射赤外分光測定による赤外スペクトルを示す。図中に A で示した範囲内の吸収帯（下方に突出したピーク）は，ホウ素原子に共有結合した -OH 基の吸収帯である。また，B で示した範囲内にある吸収帯は，ホウ素原子に共有結合した -NH_2 基の吸収帯である。いずれの吸収帯も高温・減圧下で観測されており，-OH 基および -NH_2 基が安定に存在していることを示す[21]。本フィラーは充分な官能基を有し，さらには微粒子で構成されているため，有機溶媒中で極めて良好な分散性を示す[31]。そのため，本フィラーはワニス法を利用したフィルム（厚さ：100 μm 以下）の作製に適している。

図 6　h-BN の結晶面と官能基の関係

第6章 フィラーの高熱伝導化技術

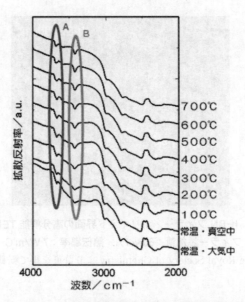

図7 フィラーDの加熱拡散反射赤外分光測定の結果

図8 開発したBNフィラー／樹脂フィルム（造花）の外観（a）とその微構造（b）
（フィラー添加量：50 vol%，熱伝導率：2.8 W/m℃，膜厚：約30 μm）

我々の最近の研究では，フィラーDを用いて膜厚約30 μmのBNフィラー／樹脂複合フィルムの開発に成功した。図8に開発したフィルムの外観とその内部構造を示す。開発したフィルムは以前報告したもの[21,22)]に比較して非常に高い屈曲性があり，その熱伝導率は2.8 W/m℃（光交流法で測定）であった。内部構造についてはBNフィラーが最密に充填し，気孔等は観察されず，緻密であった[33)]。

1.6.4 樹脂との接着性及び結合性

フィラー／樹脂複合材の熱伝導率を高めるためには，フィラー熱伝導率の向上以外にフィ

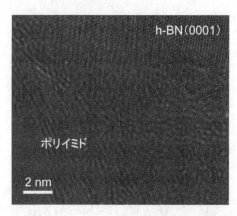

図9　h-BN フィラー／ポリイミド界面の高分解能 TEM 像
フィラー添加量：60 vol%，熱伝導率：7 W/m℃
（The Royal Society of Chemistry より許可を得て転載[22]）

ラーと樹脂の接着性及び結合性を向上させることである。これらは上記で述べたフィラー表面の官能基と有機溶媒や樹脂との親和性に起因する。図9に h-BN フィラー／ポリイミド界面の高分解能 TEM 像を示す[22]。この材料は，フィラー D（図2参照）と熱可塑性ポリイミドのワニスを混合し，その溶液を製膜した後，加熱によって得た。図9は，TEM 試料の薄片準備における界面の化学変化を防ぐために，試料の解砕後丹念に薄膜部分を TEM で探し，界面の高分解能像を撮影したものである。この時，電子線は h-BN（0001）面に対し，垂直方向から照射した。その結果，h-BN フィラー端面とポリイミドとの界面を観察できる。h-BN はポリイミドと強固に接着し，界面にはボイド等の欠陥が観察されなかった。一方，界面近傍には化学的相互作用により生じたと考えられる結晶構造の歪みが見られた。h-BN フィラーとポリイミドは結晶構造も違い，一般的には結合しにくい材料である。しかし，フィラー D は -OH 基および -NH$_2$ 基が安定に存在するため，これらの官能基とポリイミドとの化学反応により結合した。そのため，本材料は多量の BN フィラー（60 vol%）を含有するにもかかわらず，高い屈曲特性を示した[22]。以上のように，フィラー表面官能基の積極的な活用により，フィラー／樹脂複合材において機能発現が可能となる。

1.7　まとめと今後の展開

本章では，高熱伝導率を示すフィラー／樹脂複合材の開発のための h-BN フィラーについて解説した。BN を含め市販の窒化物系フィラーの熱伝導率は低く（理論熱伝導率の10分の1以下），今後は不純物量及び結晶欠陥量の低減を通じて高熱伝導率化を図る必要がある。フィラー形状はフィラー／樹脂複合材の成形プロセスに影響を及ぼすが，h-BN の場合成形性を大

第6章　フィラーの高熱伝導化技術

幅に向上させる。これは，h-BN の板状組織の効果以外に，物質自体に高い潤滑性を持つためである。最近の研究では，h-BN フィラーの配向により特定方向に高熱伝導率（30 W/m℃ 以上）を示す複合材が開発されている。一方で，複合材の熱伝導率異方性を抑制させるため，h-BN の球状フィラーが開発されている。

　h-BN は，他の窒化物系フィラーに比較して有機溶媒中での分散性が良い。これは，h-BN 表面に存在する -OH 基，-NH$_2$ 基等の官能基によると考えられる。これらの官能基は主として h-BN の端面上に存在する。また，BN フィラー上の官能基を積極的に活用することにより，フィラーと樹脂との融合化が進み，高熱伝導率を持つフィラー／樹脂複合フィルムが開発されている。

　以上のように，h-BN は各種フィラーのなかでも優れた特性を持つことから，高熱伝導率を持つフィラー／樹脂複合材の開発には不可欠である。今後，h-BN フィラーの更なる開発やその特性研究，フィラー／樹脂複合材のプロセス研究が進展することを期待したい。

謝辞

　フィラー／樹脂複合材の界面観察には，豊橋技術科学大学の中野裕美准教授に御協力を頂きました。成果をまとめる上で，粂正市氏はじめ産業技術総合研究所の同僚の方々に御協力を頂きました。関係者に厚く御礼申し上げます。

文　　　献

1) 李相起，堀部瞳，山田伊久子，粂正市，渡利広司，光石健之, *J. Soc. Inorganic Mater. Japan*, **14**, 429（2007）
2) S. Kume *et al.*, *J. Am. Ceram. Soc.*, **92**, S153（2009）
3) 大橋優喜ほか，セラミックス，**39**, 692（2004）
4) 渡利広司, 放熱・高熱伝導材料，部品の開発と特性および熱対策技術, p.30, 技術情報協会（2010）
5) 科学技術庁無機材質研究所編, 窒化ホウ素に関する研究, 無機材質研究所 第27号（1981）
6) E. Sichel *et al.*, *Phys. Rev.*, *B*, **13**, 4607（1976）
7) N. Hirosaki *et al.*, *Phys. Rev. B*, **65**, 134110（2002）
8) G. A. Slack *et al.*, *J. Phys. Chem. Solid*, **48**, 641（1987）
9) 石井正司, 窯業協会原料部会講演要旨集, p.16（1976）
10) ニューセラミックス粉体ハンドブック, p.239, サイエンスフォーラム（1983）
11) http://www.mizukin.co.jp/bn/powder-filler.html

12) http://www.fnc.co.jp/fe-bn/febn.html
13) S. Iijima, *Nature*, **423**, 56 (1991)
14) 桑原広明, 粉砕, **53**, 25 (2010)
15) 石井正司ほか, プラスチックマテリアル, 16 (1976)
16) P. Bujard, *Proceeding of the I-THERM1988, Los Angeles, May 11-13, IEEE*, p.41 (1988)
17) H. Ishida *et al.*, *Thermochimica Acta*, **320**, 177 (1998)
18) R. F. Hill *et al.*, *J. Am. Ceram. Soc.*, **85**, 851 (2002)
19) W. S. Lee *et al.*, *Diam. Relat. Mater.*, **14**, 1647 (2005)
20) W. Zhou *et al.*, *Mater. Res. Bull.*, **42**, 1863 (2007)
21) 産業技術総合研究所ホームページ
http://www.aist.go.jp/aist_j/press_release/pr2008/pr20081015/pr20081015.html
22) K. Sato *et al.*, *J. Mater. Chem.*, **20**, 2749 (2010)
23) 電気化学工業㈱プレス発表 http://www.denka.co.jp/file/topics/2009-1023-01.pdf
24) 宮田建治ほか, 第30回日本熱物性シンポジウム講演論文集, p.136 (2009)
25) T. Terao *et al.*, *J. Phy. Chem. C*, **114**, 4340 (2010)
26) 山田伊久子ほか, 粉体工学会誌, **46**, 20 (2009)
27) 渡利広司ほか, 熱伝導材率・熱拡散率の制御と測定評価法, p.3, サイエンス&テクノロジー (2009)
28) K. Watari, *J. Ceram. Soc. Japan*, **109**, S7 (2001)
29) 公開特許公報 2001-192500号
30) M. T. Huang *et al.*, *Surf. Interface Anal.*, **37**, 621 (2005)
31) 未発表データ
32) 花ケ崎裕洋ほか, 広島県立西部工業技術センター研究報告, **49**, 70 (2006)
33) 未発表データ

2 カーボンナノチューブの分散・ネットワーク構造形成技術とポリマーの高熱伝導化

真田和昭*

2.1 はじめに

近年,少量のフィラーで効果的にポリマーの熱伝導率を向上させる技術の開発が強く要望され,現在,材料内部に伝熱経路となるネットワーク構造を形成する手法が注目されている。カーボンナノチューブ(carbon nanotube, CNT)は,高アスペクト比(長さと直径の比)と非常に高い熱伝導率を有することから,ポリマーの高熱伝導化に有力なフィラーとして期待され,ポリマー中にCNTを分散してネットワーク構造形成を試みる研究が多数報告されている。ここでは,CNTの特徴(構造・形態,物性,合成方法,安全性)を述べるとともに,ポリマーに対するCNTの分散方法および表面処理方法に関する最近の研究開発動向を紹介し,CNTを用いたネットワーク構造形成技術とその技術を応用した高熱伝導性ポリマー系コンポジットの開発に関する理論的実験的研究例について解説する。

2.2 カーボンナノチューブの特徴

2.2.1 構造・形態

CNTは,炭素原子が6角形に結合した六方格子で構成されるグラフェンが円筒状になった物質で,グラフェンの層数により単層カーボンナノチューブ(single-walled nanotube, SWNT)(直径1〜2 nm),二層カーボンナノチューブ(double-walled nanotube, DWNT)(3〜5 nm),多層カーボンナノチューブ(multi-walled nanotube, MWNT)(直径5〜50 nm)と分類される[1]。また,CNTの長さは,直径に対して非常に長く,100〜10000の高いアスペクト比を有している[2]。さらに,CNTは,グラフェンの構造の違いから,アームチェア(armchair)型,ジグザグ(zigzag)型,カイラル(chiral)型と分類され,力学特性[3],電気特性[1]が変化することが報告されている。一方,気相成長させたカーボンナノファイバー(carbon nanofiber, CNF)は,直径50〜200 nm,アスペクト比250〜2000の円筒状炭素物質[4]で,CNTに比べて直径が太くアスペクト比が小さいため,ポリマー中で凝集体が形成されにくく,良好な分散性を示すと期待されている。

2.2.2 物性

表1は理論的実験的に得られたCNT・CNFの典型的な物性値を示したもので,金属材料の

---

* Kazuaki Sanada　富山県立大学　工学部　機械システム工学科　エコマテリアル工学講座　准教授

高熱伝導性コンポジット材料

表1 CNT・CNFの物性（金属材料との比較）

項目	CNT		CNF	金属材料
	SWNT	MWNT		
密度（g/cm^3）	0.8	1.8	2	7.88（軟鋼）
ヤング率（GPa）	1000	300〜1000	240	200（軟鋼）
引張強度（GPa）	50〜500	10〜60	2.92	0.49（軟鋼）
熱伝導率（W/mK）	3000〜6000		1950	398（銅） 240（アルミニウム）
体積抵抗率（Ωcm）	5×10^{-6}〜5×10^{-5}		1×10^{-4}	10^{-6}（銅）

物性値と比較している[2, 4〜7]。CNTは軽量で優れた力学特性を有しており，軟鋼と比較した場合，ヤング率は5倍程度，引張強度は100倍以上の値を示している。また，CNTの熱伝導率は，グラフェンの層数により大きく異なることが報告されているが，銅・アルミニウムと比較した場合，10倍以上の非常に高い値を示している。さらに，CNTの体積抵抗率は，銅とほぼ同等な値を示しており，優れた導電性を有している。一方，CNFの特性は，CNTと比較すると若干劣るが，低価格であるため，工業的に有利である。

2.2.3 合成方法

CNTの代表的な合成方法としては，アーク放電法，レーザー蒸発法，化学気相成長法等がある[1]。アーク放電法は，ガス（ヘリウム，水素等）雰囲気中で，水平に配置された2つの炭素（黒鉛）電極の間にアーク放電させて，炭素を蒸発させることで，CNTを合成する方法である。また，この方法は，合成条件を適切に選択することで，SWNT，DWNT，MWNTのすべてのCNTを作製することができる。レーザー蒸発法は，高温ガス中で，炭素を触媒とともにレーザーで蒸発させることにより，CNTを合成する方法である。また，この方法は，純度の高いSWNTを合成するのに適しているが，生産性が低いので，大量合成には不向きである。化学気相成長（chemical vapor deposition, CVD）法は，メタン，アセチレン等のガスを熱分解して，Fe，Ni等の触媒の作用により，CNTを合成する方法であり，大量合成の有力な方法として注目されている。また，この方法は，触媒・炭素源の種類，反応温度等の合成条件を制御することで，SWNT，DWNT，MWNT等の様々なCNTを生成することができ，基板上に直接CNTを成長させることも可能である。最近，アルコールを炭素源とすることで比較的低温でのCVD合成が可能であることが見出され，多数の研究例が報告されている。丸山[8]は，エタノールを用いたCVD法によるSWNTの大量合成について検討している。また，土屋ら[9]は，エタノールを用いたCVD法によるCNTの合成方法について検討し，触媒金属

第6章　フィラーの高熱伝導化技術

（Fe, Co, Ni）・反応温度（700～1000℃）を変化させることで，CNT の形状制御を試みている。

2. 2. 4　安全性

近年，CNT は，比較的容易に入手できるようになり，応用研究が活発化する一方で，安全性に対する注意が喚起されている[10]。Stanton らの報告[11, 12]によると，直径 $0.25\,\mu m$ 以下，長さ $8\,\mu m$ 以上の繊維は発がん性を持つ可能性があると考えられており，実際にアスベストは発がん性が確認されたことから，この条件に一致している CNT も発がん性が懸念されている。また，マウスに CNT を大量投与した実験では，CNT がアスベストと同程度の人体に対する危険性を有しているとの結果が得られ，吸引しないような労働環境管理と製品開発が必要であることが報告されている[13]。さらに，厚生労働省労働基準局の通達によると，労働者が CNT 等のナノマテリアルにばく露しないように，製造・取扱装置の密閉化・無人化・自動化あるいは局所排気装置の設置等の措置を講ずるとともに，適切な保護具や作業着を使用させることを要請している。

2. 3　カーボンナノチューブの分散方法

現在，ポリマー中への CNT の分散方法として，超音波分散法が注目されており，溶媒等の中で CNT に超音波を印加して凝集を解離することで，ナノレベルの分散を実現しようとする研究例が多数報告されている。表2に現在報告されている CNT・CNF に対する超音波分散処理の例を示す[14～20]。溶媒はアセトン，エタノール等が用いられ，超音波印加時間は 1～4 h 程度である。また，モノマーあるいは溶剤で溶解したポリマー中で直接 CNT を分散している例も多い。Lau ら[21]は，SWNT/エポキシ樹脂コンポジットを対象に，力学特性に及ぼす超音波分散処理時の溶媒の種類（エタノール，アセトン，N, N-ジメチルホルムアルデヒド（DMF））の影響について検討し，アセトンを用いた場合に良好な曲げ強度とビッカース硬さが得られることを報告している。Lee ら[22]は，トルエンと硫酸・硝酸の混合液を用いて MWNT の超音波分散処理を行い，硫酸・硝酸の混合液の中では MWNT の短繊維化で分散性が向上し，MWNT/シリコーン樹脂コンポジットの熱伝導率が向上したと報告している。Shimoda ら[23]は，硫酸・硝酸の混合液を用いて SWNT の超音波分散処理を行い，10 h 以上で SWNT が顕著に短繊維化することを透過型電子顕微鏡（transmission electron microscope, TEM）観察で明らかにしている。このように，強力な超音波を長時間受けると CNT は損傷し，短繊維化するため，強化材としての能力およびネットワーク構造を形成する能力が低下する。しかし，短時間の超音波印加では，CNT の凝集を十分に解離することができず，CNT の能力を十分に引き出すことができない。従って，超音波分散処理を行う場合，CNT の分散状態と損傷（短繊維化）のトレードオフを考慮して，処理条件を最適化することが重要である。He ら[24]は，超

表2 CNT・CNFの超音波分散例

フィラー	マトリックス	溶媒	超音波印加時間等	文献
SWNT	エポキシ（EPON862）硬化剤（EPI-W）	アセトン	氷冷却 溶媒中 0.5 h 硬化剤投入後 10 h	S.Wang (2006)
	ポリプロピレン（PP）	decahydronaphthalene	溶媒中 30 min	T.E.Chang (2005)
	ポリスチレン（PS）	o-dichlorobenzene	溶媒中 5～20 min PS 投入後 1 h	T.E.Chang (2006)
MWNT	エポキシ（GY 251）硬化剤（HY 956）	エタノール	溶媒中 2 h 硬化剤投入後 1 h	K.T.Lau (2003)
	エポキシ（EPON862）硬化剤（EPICURE W）	—	氷冷却 エポキシ中 1 h 全体 10 min	Y.Zhou (2008)
	ポリカーボネート（PC）	tetrahydrofuran	氷冷却 溶媒中 3 h 全体 1 h	A.Eitan (2006)
CNF	エポキシ（SC-15）硬化剤	—	氷冷却 エポキシ中 30 min 全体 10 min	Y.Zhou (2006)

音波法で作製した CNF/ポリカーボネート樹脂コンポジットの引張試験を行い，超音波印加時間と力学特性の関係を検討している。その結果，超音波印加時間 2 h の場合に最も良好な引張強度・ヤング率が得られ，さらに長時間超音波を印加し続けると，引張強度・ヤング率は徐々に低下することを報告している。

一方，超音波分散法以外の分散手法を用いた研究例も多数報告されている。Gojny ら[25]は，カレンダーロール機を用いて作製した DWNT/エポキシ樹脂コンポジットを対象に，TEM による内部構造観察を行い，カレンダーロール機での分散は，超音波分散機での分散に比べて，DWNT の凝集体が小さく解離し，分散状態が良好であることを報告している。また，Ganguli ら[26]は，ボールミルで処理した MWNT とエポキシ樹脂を混合したポリマー系コンポジットの破壊靱性試験を行い，ボールミルで処理した MWNT を用いた場合，未処理の MWNT の場合に比べて，破壊靱性値が向上することを示している。

CNT の分散性評価は，沈降速度の違いを比較する方法，走査型電子顕微鏡（scanning electron microscope, SEM），TEM，原子間力顕微鏡（atomic force microscope, AFM）等

により直接的に観察する方法, X線回折等により間接的に観察する方法等が用いられているが, ポリマー中のCNTの分散状態を定量的に評価する方法は確立されていないのが現状である。Luoら[27]は, CNFおよびCNTを用いたポリマー系コンポジットを対象に, TEMで得られた内部構造観察結果の画像解析を行い, 分散性の定量的評価を試みている。Kimら[28]は, 示査走査熱量計（differential scanning calorimetry, DSC）を用いたCNT/エポキシ樹脂コンポジット中のCNTの分散性評価手法を提案している。

2.4 カーボンナノチューブの表面処理方法

CNTの表面処理は, 凝集防止とポリマーとの親和性・接着性向上を図るための重要な工程である。現在, 硫酸・硝酸の混合液での処理により, CNT表面にカルボキシル基を形成した後, ポリマーと共有結合するアミノ基等を形成する研究例が多数報告されている。表3にエポキシ樹脂に対するCNT・CNFの表面処理例を示す[14, 29~31]。Gojnyら[32]は, 共有結合界面を形成したMWNTとエポキシ樹脂との界面接着強度の向上をTEM内の引張試験で実験的に検証している。最近, 硫酸・硝酸の混合液での処理は, CNTが顕著に損傷を受けるため, 紫外線（ultraviolet, UV）/オゾン照射処理する方法が注目されている。Shamら[33]は, UV／オゾン照射処理したMWNTにトリエチレンテトラミン（triethylenetetramine）で表面処理することで, エポキシ樹脂に対する分散性が著しく向上することを示している。また, Maら[34]は, エポキシ樹脂に対する分散性向上には, UV/オゾン照射処理したMWNTにシラン（3-glycidoxypropyltrimethoxy silane）で表面処理することが有効であると報告している。

表3 エポキシ樹脂に対するCNT・CNFの表面処理例

フィラー	処理内容	文献
SWNT	エポキシの硬化剤エピキュアWと亜硝酸イソアミルとの反応	S. Wang (2006)
MWNT	トリエチレンテトラミン（TETA）／エタノール溶液中で超音波印加しながら加熱	Z. Yaping (2006)
	(1) 硫酸と硝酸の混合液中で処理 (2) 塩化チオニル（$SOCl_2$）とジメチルホルムアミド（DMF）の混合液中で処理 (3) エチレンジアミンとの反応	J. Shen (2007)
CNF	(1) 硝酸中で処理 (2) 3-アミノプロピルトリエトキシシランで処理後110℃で加熱	J.Zhu (2010)

2.5 カーボンナノチューブによるポリマーの高熱伝導化技術

2.5.1 熱伝導率予測式

Nan ら[35)]は,ポリマー中にアスペクト比と熱伝導率が非常に高い CNT を少量分散したコンポジットの熱伝導率予測式を次に示すように提案している。

$$\frac{\lambda_c}{\lambda_m} = \frac{3 + V_{CNT}\frac{\lambda_{CNT}}{\lambda_m}}{3 - 2V_{CNT}} \tag{1}$$

ここに,λ_c はコンポジットの熱伝導率,λ_m はマトリックス(ポリマー)の熱伝導率,λ_{CNT} は CNT の熱伝導率,V_{CNT} は CNT の体積分率である。$V_{CNT} < 0.02$ では,次式のような簡単な式として与えられる。

$$\frac{\lambda_c}{\lambda_m} = 1 + \frac{V_{CNT}\lambda_{CNT}}{3\lambda_m} \tag{2}$$

また,Nan ら[36)]は,図1に示すように,CNT が非常に薄い界面層でコーティングされているものとして,CNT とマトリックス間の熱抵抗を考慮した修正式も提案している。

$$\frac{\lambda_c}{\lambda_m} = \frac{3 + V_{CNT}(\beta_x + \beta_z)}{3 - V_{CNT}\beta_x} \tag{3}$$

$$\beta_x = \frac{2(\lambda_{11}^c - \lambda_m)}{\lambda_{11}^c + \lambda_m} \tag{4}$$

$$\beta_z = \frac{\lambda_{33}^c}{\lambda_m} - 1 \tag{5}$$

$$\lambda_{11}^c = \frac{\lambda_{CNT}}{1 + \frac{2a_K}{d}\frac{\lambda_{CNT}}{\lambda_m}} \tag{6}$$

$$\lambda_{33}^c = \frac{\lambda_{CNT}}{1 + \frac{2a_K}{L}\frac{\lambda_{CNT}}{\lambda_m}} \tag{7}$$

$$a_K = R_K \lambda_m \tag{8}$$

ここに,d は CNT の直径,L は CNT の長さ,a_K は Kapitza 半径,R_K は Kapitza 抵抗(界面熱抵抗)であり,CNT とマトリックス間の Kapitza 抵抗は,$R_K = 8 \times 10^{-8}\,\mathrm{m^2 K/W}$ 程度であると報告されている[37)]。$V_{CNT} < 0.01$ では,次式のような簡単な式として与えられる。

第6章 フィラーの高熱伝導化技術

$$\frac{\lambda_c}{\lambda_m} = 1 + \frac{pV_{CNT}}{3} \frac{\frac{\lambda_{CNT}}{\lambda_m}}{p + \frac{2a_K}{d}\frac{\lambda_{CNT}}{\lambda_m}} \tag{9}$$

ここに，$p = L/d$ は CNT のアスペクト比である．さらに，Xue[38] は，広い範囲の V_{CNT} に対して適用できる熱伝導予測式を次に示すように提案している．

$$9(1-V_{CNT})\frac{\lambda_c-\lambda_m}{2\lambda_c+\lambda_m} + V_{CNT}\left\{\frac{\lambda_c-\lambda_{33}^c}{\lambda_c+0.14\frac{d}{L}(\lambda_{33}^c-\lambda_c)} + 4\frac{\lambda_c-\lambda_{11}^c}{2\lambda_c+\frac{1}{2}(\lambda_{11}^c-\lambda_c)}\right\} = 0 \tag{10}$$

$$\lambda_{11}^c = \frac{\lambda_{CNT}}{1+\frac{2R_K\lambda_{CNT}}{d}} \tag{11}$$

$$\lambda_{33}^c = \frac{\lambda_{CNT}}{1+\frac{2R_K\lambda_{CNT}}{L}} \tag{12}$$

一方，Deng ら[39] は，CNT のうねりを考慮した熱伝導予測式を次に示すように提案している．

$$\frac{\lambda_c}{\lambda_m} = 1 + \frac{\frac{\eta V_{CNT}}{3}}{\frac{\lambda_m}{\eta \lambda_{33}^c + H(p')}} \tag{13}$$

$$\lambda_{33}^c = \frac{\lambda_{33}^{CNT}}{1+\frac{2R_K\lambda_{33}^{CNT}}{L}} \tag{14}$$

$$p' = \eta p \tag{15}$$

$$H(p') = \frac{1}{(p')^2-1}\left\{\frac{p'}{\sqrt{(p')^2-1}}\ln(p'+\sqrt{(p')^2-1})-1\right\} \tag{16}$$

ここに，λ_{33}^{CNT} は CNT の長さ方向熱伝導率，$\eta = L^{ce}/L$ はうねり率であり，L^{ce} はうねった CNT の端部間の直線距離（等価な直線状 CNT の長さ），L はうねった CNT の全長である（図2）．

図3は Xue らの式で得られた CNT/ポリマーコンポジットの熱伝導率とマトリックスの熱伝導率との比 λ_c/λ_m と CNT 体積分率 V_{CNT} の関係を示したグラフであり，MWNT/エポキシ樹脂コンポジットの実験結果[40] と比較している．解析で用いた条件は，$\lambda_{CNT} = 3000$ W/mK，

高熱伝導性コンポジット材料

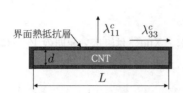

図1 CNTとマトリックス間の界面熱抵抗層

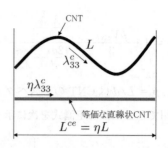

図2 CNTのうねり率の定義

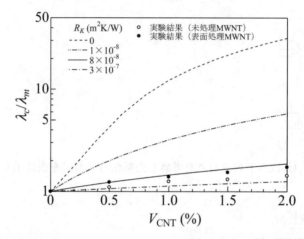

図3 CNT／ポリマーコンポジットの熱伝導率とCNT体積分率の関係
（解析結果と実験結果の比較）

$\lambda_m = 0.36$ W/mK，$d = 80$ nm，$L = 10\ \mu$m である。CNTとマトリックス間の熱抵抗を考慮することで，解析結果は実験結果と良く一致している。

2.5.2 ネットワーク構造形成技術

ポリマー中にフィラーのネットワーク構造を形成する方法は，少量のフィラーで効果的に熱伝導率を向上させる有効な手段である。図4にCNTの分散状態と熱伝導特性の関係について示す[4]。Aの状態は，大きなCNTの凝集体がそのまま分散した状態であり，コンポジットの熱伝導率は非常に低くなる。Bの状態は，CNTの凝集体がやや解離して分散した状態であり，コンポジットの熱伝導率は，Aの状態に比べると若干高くなるが，CNTの特性が十分に引き出されない。Cの状態は，CNTの凝集体が完全に解離し，分散があまり良くない状態（部分的に集合した状態）であるが，CNTがお互いに接触してネットワーク構造を形成している。この状態では，コンポジットの熱伝導率は顕著に高くなり，パーコレーションを示す。Dの状態は，CNTの凝集体が完全に解離し，分散も非常に良い状態である。しかし，この状態は，

第6章　フィラーの高熱伝導化技術

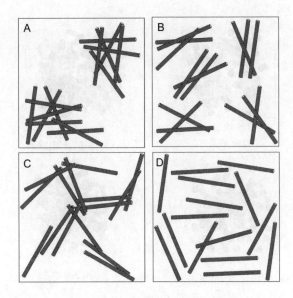

図4　CNTの分散状態と熱伝導特性

　Cの状態に比べると，CNTは完全に離れているため，CNT間の熱抵抗が大きく，コンポジットの熱伝導率はあまり高くならない。以上のように，CNTの凝集体を完全に解離しつつ，適度にCNTを集合させて，ネットワーク構造を形成することが，コンポジットの高熱伝導化には重要となる。

　CNTを用いてネットワーク構造形成を試みた研究例は，最近多数報告されている。Heら[41]は，アルミナ粒子表面にCNTを直接合成したハイブリッドフィラーを作製し，アルミナ粒子間隙にCNTのネットワーク構造を形成することで，コンポジットの力学特性向上を図っている。Yuenら[42]は，シラン処理したCNTの自己組織化を利用し，ポリマー中にネットワーク構造を形成することを試みている。Taiら[43]は，枝分かれしたCNTを合成し，ポリマー中に分散させるだけでCNTのネットワーク構造形成が可能となる手法を提案している。一方，凍結乾燥させると多孔質になるゼラチン[44]，寒天[45]等のテンプレートを利用して，CNTのネットワーク構造を形成した研究例も報告されている。Jiら[46]は，ポリウレタンフォームをテンプレートとしてCNTのネットワーク構造を形成し，少量のCNTでコンポジットの導電率・熱伝導率・引張強度が著しく向上することを確認している。

2.5.3　ナノ・ミクロ複合フィラーを用いた高熱伝導性コンポジットの開発

　真田ら[47,48]は，ナノ・ミクロ複合フィラーを用いたポリマー系コンポジットの高熱伝導化に関する理論的実験的研究を行った。本研究の目的は，最密充填構造を有するミクロフィラーの間隙にナノフィラーを分散させ，ナノ・ミクロのマルチスケールに伝熱経路となるネット

高熱伝導性コンポジット材料

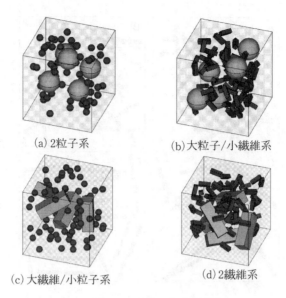

(a) 2粒子系　　(b) 大粒子/小繊維系

(c) 大繊維/小粒子系　　(d) 2繊維系

図5　コンポジットの微視構造モデル

ワーク構造を形成することで，高熱伝導性ポリマー系コンポジットを実現しようとするものである。粒子充填解析ソフト MacroPac を用いて，体積・形状の異なる2種類のミクロフィラーを組み合わせた場合の最密充填構造を見出し，微視構造モデルを構築した。また，有限要素解析ソフト ANSYS を用いて微視構造モデルの熱伝導特性を解析し，ナノ・ミクロ複合フィラーを用いたポリマー系コンポジットの熱伝導率を評価した。さらに，解析に対応した実験を行い，解析結果の妥当性を検証した。コンポジットの作製では，ミクロフィラーとして球状アルミナ（平均粒径4.5，9，45.3 μm）および炭素繊維（直径14.5 μm，長さ90，50，400 μm），ナノフィラーとして MWNT およびアルミナナノ粒子（平均粒径36 nm），マトリックスとしてエポキシ樹脂を用いた。また，解析で用いたアルミナ，炭素繊維，MWNT，エポキシ樹脂の熱伝導率は，それぞれ36，100，3000，0.208 W/mK とした。

図5は2種類のミクロフィラーを組み合わせたポリマー系コンポジットの微視構造モデルを示したもので，(a) は2粒子系，(b) は大粒子/小繊維系，(c) は大繊維/小粒子系，(d) は2繊維系である。また，ナノ・ミクロ複合フィラーを用いたポリマー系コンポジットの熱伝導率を評価する場合は，ナノフィラーが全てマトリックス中に分散してナノフィラー複合マトリックスになると考え，微視構造モデルのマトリックスの熱伝導率を見かけ上高くすることでナノフィラーの影響を考慮した。

図6は有限要素解析で得られた2粒子系コンポジットの熱伝導率に及ぼすナノフィラー複合マトリックスの熱伝導率の影響を示したもので，ミクロフィラー体積分率を変化させた場合の

第6章 フィラーの高熱伝導化技術

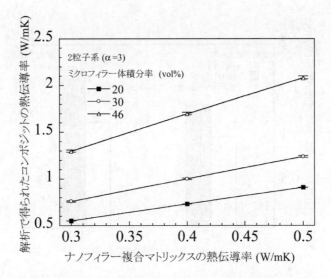

図6 解析で得られた2粒子系コンポジットの熱伝導率に及ぼすナノフィラー複合マトリックスの熱伝導率の影響

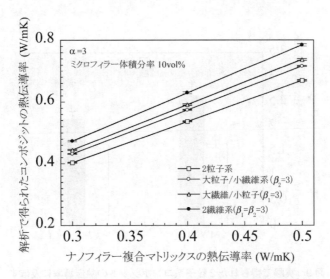

図7 解析で得られた各種コンポジットの熱伝導率に及ぼすナノフィラー複合マトリックスの熱伝導率の影響

結果である。図中，$\alpha = \sqrt[3]{V_1/V_2}$ は体積比であり，V_1 は大ミクロフィラー体積，V_2 は小ミクロフィラー体積である。コンポジットの熱伝導率は，ナノフィラー複合マトリックスの熱伝導率の増大に伴い増大し，ミクロフィラー体積分率の増大に伴い，その傾向が強くなった。図7は図6と同様のグラフであり，ミクロフィラーの組み合わせを変化させた場合の結果である。図中，β_1 は大繊維フィラーのアスペクト比，β_2 は小繊維フィラーのアスペクト比である。

高熱伝導性コンポジット材料

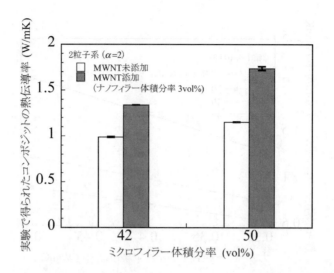

図8 実験で得られた2粒子系コンポジットの熱伝導率に及ぼすMWNT添加の影響

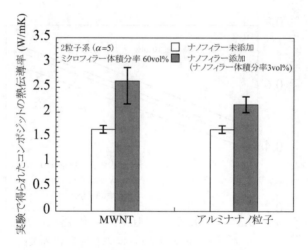

図9 実験で得られた2粒子系コンポジットの熱伝導率に及ぼすナノフィラーの種類の影響

2繊維系コンポジットの熱伝導率は，他のコンポジットの結果と比べて最も高い値を示し，ナノフィラー複合マトリックスの熱伝導率の影響を最も強く受けた。

図8は実験で得られたミクロフィラー体積分率が異なる2粒子系コンポジット（2種類の球状アルミナ，$\alpha = 2$）の熱伝導率に及ぼすMWNT添加の影響を示したもので，MWNTを未添加の場合とMWNTをマトリックスに対して3 vol%添加した場合を比較している。ミクロ

第6章 フィラーの高熱伝導化技術

表4 実験で得られた各種コンポジットの熱伝導率

	ミクロフィラー体積分率（vol%）	コンポジットの熱伝導率（W/mK）	
		MWNT 未添加	MWNT 添加（ナノフィラー体積分率 3 vol%）
2繊維系 $[\alpha = 1.2, \beta_1 = 10, \beta_2 = 6]$	30	0.53	−
	50	0.94	−
大繊維／小粒子系 $[\alpha = 1.1, \beta_1 = 28]$	30	0.80	−
	50	1.12	1.50
2粒子系 $[\alpha = 2]$	30	0.60	−
	50	1.15	1.74

フィラーの隙間に MWNT が存在することで，熱伝導率が著しく増大し，その傾向はミクロフィラー体積分率の増大に伴い強くなった。また，この実験結果の傾向は，定性的に解析結果と良く一致し，ナノ・ミクロのマルチスケールの伝熱ネットワーク形成の有効性が示されている。図9は実験で得られたミクロフィラー体積分率 60 vol% の2粒子系コンポジット（2種類の球状アルミナ，$\alpha = 5$）の熱伝導率に及ぼすナノフィラーの種類（MWNT とアルミナナノ粒子）の影響を示したもので，ナノフィラーを添加しない場合とナノフィラーをマトリックスに対して 3 vol% 添加した場合を比較している。MWNT を用いた場合，アルミナナノ粒子を用いた場合に比べて，ナノフィラー添加によるコンポジットの熱伝導率の向上が顕著となった。これは，MWNT は高い熱伝導率と高アスペクト比を有しているため，アルミナナノ粒子に比べて伝熱ネットワークが効率良く形成されたためと考えられる。表4に実験で得られた各種ミクロフィラーを組み合わせたポリマー系コンポジットの熱伝導率を示す。2粒子系コンポジット（2種類の球状アルミナ，$\alpha = 2$）の熱伝導率が最も高くなり，2繊維系コンポジット（2種類の炭素繊維，$\alpha = 1.2, \beta_1 = 10, \beta_2 = 6$）の熱伝導率は最も低くなった。また，2粒子系コンポジットの熱伝導率に及ぼす MWNT 添加の影響は最も強くなり，これらの結果は解析結果と異なる傾向を示した。

図10は MWNT を 3 vol% 添加した2粒子系コンポジット（2種類の球状アルミナ，$\alpha = 5$）の内部構造観察結果であり，MWNT が良好に分散している部分と MWNT が凝集体を形成している部分を示している。MWNT は小球状アルミナの隙間に分散しているが，大きな凝集体も存在していた。しかし，MWNT を添加することでコンポジットの熱伝導率は顕著に増大していることから，MWNT 凝集体が均一に分散すれば，さらにコンポジットの熱伝導率が向上

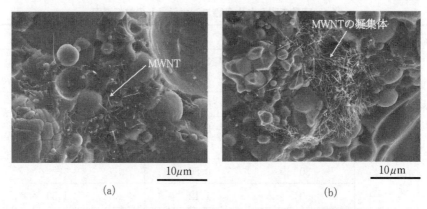

図10 MWNT を添加した2粒子系コンポジットの内部構造：
(a) 良好に分散した MWNT；(b) MWNT の凝集体

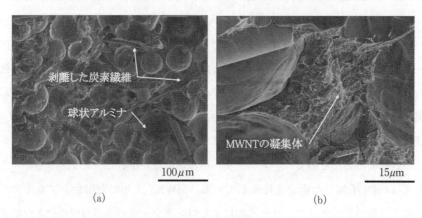

図11 MWNT を添加した大繊維/小粒子系コンポジットの内部構造：
(a) 剥離した炭素繊維；(b) MWNT の凝集体

すると予想される。図11にMWNTを3 vol%添加した大繊維/小粒子系コンポジット（炭素繊維と球状アルミナ，$\alpha = 1.1$, $\beta_1 = 28$）の内部構造観察結果を示す。球状アルミナはエポキシ樹脂と良好に接着されているが，炭素繊維はエポキシ樹脂とあまり接着していない。このため，炭素繊維とエポキシ樹脂間の熱抵抗が大きく，炭素繊維の特性が十分に引き出されなかったので，コンポジットの熱伝導率は低くなり，実験結果は解析結果と異なる傾向を示したと考えられる。今後，炭素繊維の表面処理を行い，エポキシ樹脂に対する接着性を改善する必要がある。

2.6 おわりに

CNT の構造・形態，物性，合成方法，安全性について述べ，CNT の分散・ネットワーク

第6章　フィラーの高熱伝導化技術

構造形成に関する周辺技術について最新の研究動向を紹介した。現在，CNTは，大量合成技術が確立されつつあり，低価格化が進んでいるため，CNTの応用研究は，今後ますます活発になると予想される。特に，高性能な高熱伝導性コンポジットの実現には，CNTを活用したネットワーク構造形成技術が必須になるため，CNTの分散・表面処理技術とともに開発していく必要がある。

文　献

1) 齋藤弥八，カーボンナノチューブの材料科学入門，p.1-22，コロナ社（2005）
2) K. I. Winey *et al.*, *MRS Bull.*, **32**（4），314-319（2007）
3) K. I. Tserpes *et al.*, *Composites:Part B*, **36**, 468-477（2005）
4) M. H. Al-Saleh *et al.*, *Carbon*, **47**, 2-22（2009）
5) X. L. Xie *et al.*, *Mater. Sci. Eng. R*, **49**, 89-112（2005）
6) S. Berber *et al.*, *Phys. Rev. Lett.*, **84**（20），4613-4616（2000）
7) P. Kim *et al.*, *Phys. Rev. Lett.*, **87**（21），215502-1-2-4（2001）
8) 丸山茂夫，表面化学，**25**（6），318-325（2004）
9) 土屋範晃ほか，表面科学，**26**（9），518-523（2005）
10) C. A. Poland *et al.*, *Nature Nanotech.*, **3**, 423-428（2008）
11) M. F. Stanton *et al.*, *J. Natl. Cancer Inst.*, **58**, 587-603（1977）
12) M. F. Stanton *et al.*, *J. Natl. Cancer Inst.*, **67**, 965-975（1981）
13) 荻原博之，日経ものづくり，7月号，27（2008）
14) S. Wang *et al.*, *Nanotechnology*, **17**, 1551-1557（2006）
15) T. E. Chang *et al.*, *Polymer*, **46**, 439-444（2005）
16) T. E. Chang *et al.*, *Polymer*, **47**, 7740-7746（2006）
17) K. T. Lau *et al.*, *Compos. Sci. Technol.*, **63**, 1161-1164（2003）
18) Y. Zhou *et al.*, *Mater. Sci. Eng. A*, **475**, 157-165（2008）
19) A. Eitan *et al.*, *Compos. Sci. Technol.*, **66**, 1159-1170（2006）
20) Y. Zhou *et al.*, *Mater. Sci. Eng. A*, **426**, 221-228（2006）
21) K. T. Lau *et al.*, *Compos. Sci. Technol.*, **65**, 719-725（2005）
22) G. W. Lee *et al.*, *J. Mater. Sci.*, **40**, 1259-1263（2005）
23) H. Shimoda *et al.*, *Phys. Rev. Lett.*, **88**（1），015502-1-015502-4（2002）
24) P. He *et al.*, *Composites:Part A*, **37**, 1270-1275（2006）
25) F. H. Gojny *et al.*, *Compos. Sci. Technol.*, **64**, 2363-2371（2004）
26) S. Ganguli *et al.*, *J. Rein. Plast. Compos.*, **25**, 175-188（2006）
27) Z. P. Luo *et al.*, *Mater. Lett.*, **62**, 3493-3496（2008）

28) S. H. Kim *et al.*, *Carbon*, **47**, 2699-2703 (2009)
29) Z. Yaping *et al.*, *Mater. Sci. Eng. A*, **435-436**, 145-149 (2006)
30) J. Shen *et al.*, *Composites:Part A*, **38**, 1331-1336 (2007)
31) J. Zhu *et al.*, *Polymer*, **51**, 2643-2651 (2010)
32) F. H. Gojny *et al.*, *Chem. Phys. Lett.*, **370**, 820-824 (2003)
33) M. L. Sham *et al.*, *Carbon*, **44**, 768-777 (2006)
34) P. C. Ma *et al.*, *Carbon*, **44**, 3232-3238 (2006)
35) C. W. Nan *et al.*, *Chem. Phys. Lett.*, **375**, 666-669 (2003)
36) C. W. Nan *et al.*, *Appl. Phys. Lett.*, **85**, 3549-3551 (2004)
37) S. Huxtable *et al.*, *Nat. Mater.*, **2**, 731 (2003)
38) Q. Z. Xue, *Nanotechnology*, **17**, 1655-1660 (2006)
39) F. Deng *et al.*, *Appl. Phys. Lett.*, **90**, 021914 (2007)
40) K. Yang *et al.*, *Carbon*, **47**, 1723-1737 (2009)
41) C. N. He *et al.*, *Scripta Mater.*, **61**, 285-288 (2009)
42) S. M. Yuen *et al.*, *Compos. Sci. Technol.*, **68**, 2842-2848 (2008)
43) N. H. Tai *et al.*, *Carbon*, **42**, 2774-2777 (2010)
44) M. Nabeta *et al.*, *Langmuir*, **21**, 1706-1708 (2005)
45) T. Kurose *et al.*, *J. Porous Mater.*, **11**, 173-181 (2004)
46) L. Ji *et al.*, *Carbon*, **47**, 2733-2741 (2009)
47) K. Sanada *et al.*, *Composites:Part A*, **40**, 724-730 (2009)
48) K. Sanada *et al.*, *Proceedings of ICCE18*, CD-ROM (2010)

3 分岐アルミナファイバー，ナノポーラスアルミナを用いたポリマーコンポジット

北條房郎*

3.1 はじめに

近年，電子機器の小型化，高機能化に伴い，電子部品の高出力化，高密度化[1]が進んでいる。そのため，絶縁性を保ちながら，いかに放熱対策を講じるかが重要な課題となっている[2]。無機フィラーと樹脂からなるコンポジットシート材料を高熱伝導化するには，樹脂に熱伝導性の良い無機フィラーを添加することが有効であるが，さらに，添加する無機フィラー間で効率よく熱を伝達させることが重要である。添加する無機フィラー間で効率よく熱を伝達させるためには，①添加する無機フィラーの充填量を増やし，よりフィラー同士が接触する面積を増やすこと[3]，②無機結晶がロッド，ファイバー状に結合している無機フィラーを樹脂に添加し，無機結晶が連続している方向に効率よく熱を伝導させる，等が挙げられる。しかし，ロッド，ファイバー状の無機フィラーを樹脂に添加しただけでは，コンポジットシート形成における圧縮工程において，ロッドやファイバー状の無機フィラーが圧力をかけた方向に対し垂直な方向に倒れてしまうため，熱伝導に大きな異方性が生じてしまう。そこで，ファイバー状の無機フィラー同士を接着させ，分岐構造を有する構造を形成させた後，樹脂を含浸させる試み[4]や，シートに対して垂直方向の細孔を有するアルミナシートに樹脂を含浸させる試み[5]がなされている。

本稿では分岐構造を有するα-アルミナファイバーやポーラスα-アルミナを用いたコンポジット材料の形成に関して取り上げる。

3.2 分岐構造を形成させたアルミナファイバーの形成

分岐構造を有するα-アルミナファイバーは以下に示す二つの方法で形成することができる(図1)。

形成法①：テンプレートであるセルロースファイバーにα-アルミナ前駆体を付着させ，焼成によりテンプレートであるセルロースファイバーを焼失させると同時に，α-アルミナ前駆体をα-アルミナ化する方法。

形成法②：α-アルミナファイバー，もしくは焼成することによりα-アルミナを形成しうるファイバーに，①と同様にα-アルミナ前駆体を付着させた後，焼成する方法。

形成法①と②において，α-アルミナ前駆体としては，アルミニウムアルコキシドや硝酸のア

---

* Fusao Hojo ㈱日立製作所 材料研究所 電子材料研究部 主任研究員

高熱伝導性コンポジット材料

図1　分岐構造を有する α-アルミナファイバーの形成方法

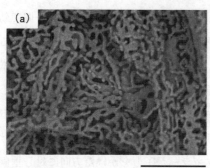 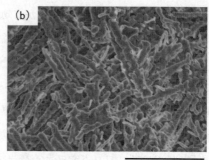

写真1　(a) 形成法①で形成したアルミナファイバー，(b) 形成法②で形成したアルミナファイバー

ルミニウム塩等を用いることができる。

　写真1(a)に形成法①を用いて形成した分岐構造を有するアルミナファイバーを示す。写真1(a)に示すように，形成されたアルミナファイバーはアルミナファイバー同士が結合し，分岐構造を有している。通常，セルロースやカーボンナノファイバーを鋳型としてセラミックスファイバーを形成する場合，形成したセラミックスファイバー内に空孔が生じる。一方で，20μmφのセルロースファイバーにアルミニウムイソプロポキシドを付着させて形成した，分岐構造を有するアルミナファイバーの場合，ファイバー内に空孔を有していないのが特徴である。これは，セルロースの炭化，焼失温度と前駆体の融点，結晶化温度の関係等が一因とも考えられる。

　写真1(b)に形成法②で形成したアルミナファイバーを示す。写真1(b)に示したアルミナファイバーは，α-アルミナファイバーに硝酸アルミニウムを付着，焼成させて形成した。写真1(b)に示したアルミナファイバーでは，アルミナファイバーの繊維径が太くなるとともに，ファイバー間が結合して多孔質形状を形成しており，ファイバー間での熱伝導の向上が期待される。アルミナファイバーのXRD分析（図2）によると，形成法①及び②で形成した分岐構造を有するアルミナファイバーは，いずれも，γ-アルミナ等のアルミナ結晶と比べ，最も

第6章 フィラーの高熱伝導化技術

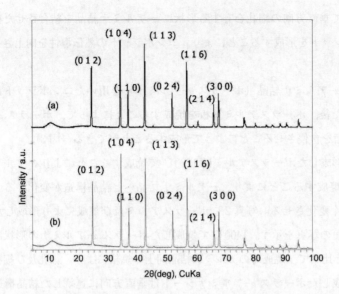

図2 アルミナファイバーのXRDスペクトル（(a) 形成法①，(b) 形成法②）

熱伝導性が良いα-アルミナの結晶構造を有している。

　形成法①及び②で形成した分岐構造を有するアルミナファイバーを用いて形成したコンポジットシートは，分岐構造を有しないα-アルミナファイバーを含有させて形成したコンポジットシートとは異なる熱伝導性を示す。球状α-アルミナを含有させて形成したコンポジットシートAは熱伝導性に異方性がない。これに対し，α-アルミナファイバーを含有させて形成したコンポジットシートBや形成法①及び②で形成したコンポジットシートCは熱伝導性に異方性を有している。コンポジットシートに対して平行な方向の熱伝導率の場合，コンポジットシートCは，Bruggemanの方程式[5, 6]よりコンポジットシートAに予想される熱伝導率と比較して高い値である。この傾向は，コンポジットシートBでも同様である。しかし，コンポジットシートに対して垂直な方向の熱伝導率の場合，コンポジットシートBはコンポジットシートAに予想される熱伝導率と比較して低くなる。これに対し，コンポジットシートCの場合，コンポジットシートAに予想される熱伝導率と比較して高くなる。これは，α-アルミナファイバー間が結合し，α-アルミナのネットワーク構造が形成されているためと考えられる。

3. 3　ポーラスα-アルミナを用いたコンポジット材料の形成

　分岐構造を有するα-アルミナファイバーと同様に，α-アルミナ微結晶をコンポジット内で連続的に結合させ，コンポジットの熱伝導性を向上させることが試みられている[4]。すなわ

ち，シートに対して垂直方向の細孔を有する形状にα-アルミナ結晶を結合させた後，樹脂を含侵させてコンポジットを形成することにより，コンポジットの熱伝導性を向上させることができる。

多孔質を有するα-アルミナ結晶（ポーラスα-アルミナ）を用いたコンポジットはアルミナ基板を陽極酸化した後，ポーラスアルミ基板を焼成することによって，ポーラスα-アルミナ基板を形成し，樹脂を含侵させることによって形成することができる（図3）。

陽極酸化により形成したポーラスアルミは1200℃で焼成することによりθ-アルミナ結晶，さらに，1400℃で焼成することにより，α-アルミナ結晶へと結晶構造が変化する。その際，多孔質形状を大きく変化させる。写真2にポーラスアルミ及び焼成により形成したポーラスアルミナシート上面の写真を示す。1400℃で焼成したポーラスα-アルミナの形状は焼成前のポーラスアルミナと比べて，焼成時のアルミナ結晶同士の焼結により，細孔及び細孔壁が大きくなっている。形成したポーラスα-アルミナシートは垂直方向に連続した結晶構造を有するポーラス構造を有している。このため，ポーラスα-アルミナシートに樹脂を含侵させることにより形成したα-アルミナ／樹脂コンポジットシートは垂直方向に高い熱伝導率を示すのが特徴である。

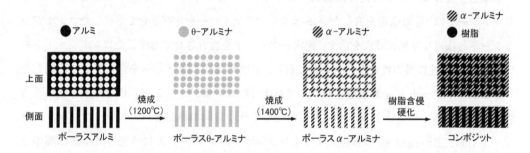

図3 多孔質を有するα-アルミナ結晶（ポーラスα-アルミナ）を用いたコンポジットの形成方法

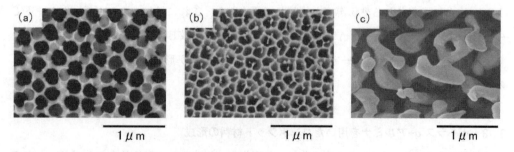

写真2 (a) ポーラスアルミ，(b) ポーラスθ-アルミナ（1200℃焼成），(c) ポーラスα-アルミナ（1400℃焼成）のSEM写真（上面）

第6章 フィラーの高熱伝導化技術

3.4 おわりに

　無機フィラーと樹脂からなるコンポジットシートを高熱伝導化する手法として，分岐構造を有するα-アルミナファイバーシートやシートに対して垂直方向の細孔を有するα-アルミナシートに樹脂を含侵させる試みを紹介した。冒頭にも記したように，現在，いかに，絶縁性を保ちながら，高い放熱性を持たせるかが大きな課題となっている。コンポジット材料のさらなる高熱伝導化にはα-アルミナの形状をさらに工夫することも必要であるが，より熱伝導率の高いアルミナ以外のセラミックス結晶に関しても，同様な形状の工夫が必要であると考えられる。

文　　献

1) 福岡, "実装放熱技術の将来動向", 工業材料, 23 (2008)
2) 福岡, "部品内蔵配線板技術の最新動向", シーエムシー出版 (2007)
3) Y. Agari *et al.*, *J. Appl. Polym. Sci.*, **49**, 1625 (1993)
3) Y. Shimazaki *et al.*, *Appl. Mater. Interface*, **1**, 225 (2009)
4) Y. Shimazaki *et al.*, *Appl. Phys. Lett.*, **92**, 133309 (2008)
5) D. A. G. Bruggeman, *Ann. Phys.*, **24**, 645 (1936)
6) 次のBruggemanの方程式によりコンポジットの熱伝導率を予測した。

$$1-\phi_f = \frac{\lambda_f - \lambda}{\lambda_f - \lambda_p} \left(\frac{\lambda_p}{\lambda}\right)^{\frac{1}{3}}$$

λ, λ_f, λ_p はそれぞれコンポジット，フィラー (30 W/m・K)，樹脂 (0.2 W/m・K) の熱伝導率を ϕ_f はフィラーの体積分率を示す。

【第3編　コンポジット材料の高熱伝導化技術とその応用事例】

第7章　熱硬化型の絶縁系コンポジット材料

1　封止・接着用高熱伝導・電気絶縁性液状エポキシ材料

小堺規行*

1.1　はじめに

　電子機器製品の軽量・小型化に伴い，樹脂部品が熱を通さないことに起因する製品内部の熱のこもりが大きな問題となり，冷却の効率化に対する要求はますます厳しくなっている。製品の温度が上がらないようにしたい，素早く冷やしたい，だが電気絶縁は保ちたいという命題に対し，絶縁系高熱伝導樹脂材料を開発して対処することは，現在の樹脂成形材料分野において最も強い要望が寄せられている課題の一つである。

　我々の開発チームでは2007年に，PPS，PA，LCPなどの熱可塑性樹脂の内部に独自の無機鉱物粒子群による熱伝導構造を導入し，電気的絶縁を保ったまま熱伝導率のみを通常の樹脂に対し10～最大90倍程度＝2～最大18 W/m·Kまで増大させた，高熱伝導・電気絶縁性の成形材料"ジーマ・イナス"の開発に成功し，既にLED，モーター，センサー等の熱対策部品として実用化している。特に近年市場への広がりが著しい封止材料やLEDの分野において絶縁性と放熱性を併せ持った材料への期待は大きく，その採用実績は我々の実用化物件の約7割を占めている。

　この熱可塑性成形材料に導入したフィラーによる熱伝導構造の形成と分散技術に対する知見を活用し，本開発では封止・接着用の液状エポキシ樹脂にバインダシステムを拡張，2液型で最大7.3 W/m·K，1液型で最大4.0 W/m·Kという最高レベルの絶縁系熱伝導材料"リコ・ジーマ・イナス"を開発したので，その特性について以下に報告する。本節の主旨は封止材やLED照明に特化した内容となっているが，エポキシ系の液状封止材は封止のみならず接着用途でも使用可能であるため，以下は幅広く放熱材料としての技術的記載であることをご理解願いたい。

1.2　設計思想

1.2.1　フィラーの選定

　通常，絶縁系の高熱伝導性樹脂材料を開発する場合に用いられる熱伝導フィラーには，酸化

＊　Noriyuki Kozakai　住友大阪セメント㈱　建材事業部　新規事業グループ　部長

第7章 熱硬化型の絶縁系コンポジット材料

物系と窒化物系の2つがある。例えば酸化物系であると珪素，アルミ，亜鉛，マグネシウム等の酸化物粒子，窒化物系では同じくアルミやホウ素等の窒化物粒子である。本開発では実用上の経済的合理性，粒形・粒度調整のしやすさ，純度・粒形の選択の幅の広さから，アルミナを主体とする酸化物系フィラー群を選定・複合した。酸化物系の熱伝導フィラーは，概して真比重が3.0以上と大きく，液状のエポキシ樹脂に混合した場合に比重差によって沈降分離する傾向が想定される。しかし，1μ以下の微小な粒子を分離抵抗粒として適度に処方することと，後に述べる混合分散工程を工夫することで，ある程度対処することができる。

フィラーの粒度は、封止箇所の最小断面寸法が0.2mm程度となる場合も想定し，中心粒径を60μ程度に分級・整粒した。これは、封止箇所の最小断面寸法×1/3程度にフィラー中心粒径を整粒しないと，注入作業が円滑に行えないからである。粒の形はSEM観察レベルで，球状，カドの無いもの，板状，破砕状等，多様な種類を調整して組み合わせ，最適な組み合わせを見出した。

1.2.2 バインダの選定

液状エポキシ樹脂の高熱伝導材料開発におけるバインダシステム選定のポイントは，高熱伝導性とキャスティング法による成形が可能という，2つの特性の両立を図ることにある。これまでの熱伝導性材料においては，高熱伝導性を発現させるために熱伝導フィラーを大量に充填することが必要であり，高粘度とならざるを得なかった。このため粘度調節を目的として溶剤を添加するのが主流であった。しかし，キャスティング法において，溶剤は成型品内部の気泡残留原因となり，気泡は熱伝導率を大幅に低下させる原因となる。そのため高熱伝導性をもつ無溶剤のキャスティング可能な樹脂材料の出現が待たれていた。本開発におけるバインダシステムの設計では，低粘度かつ無溶剤であることを最優先課題とし，並んで熱伝導フィラーとの相性も考慮して開発を行った。

バインダシステムと熱伝導フィラーの相性が悪い場合，後に述べる混合分散工程において，良好な分散状態が得られない，または得られたとしても工程の進行が極めて困難となる。また，得られた熱伝導材料の分散性，均一性が劣る原因となる。

バインダシステムは実用上の観点から，1液タイプと2液タイプを準備した。1液タイプを設定した理由は，これまでの高熱伝導材料では1液タイプが殆ど見られないこと，混合工程を無くすことができることから，接着用途等への応用が期待できることを考慮したためである。2液タイプにおいては，効率的な計量作業が行えるよう，混合比は重量比で1:1に設定している。我々は候補となった種々のバインダにおいて検討を行い，最終的に熱伝導フィラーとの最適な相性を持たせつつ，高充填でも低粘度を維持できるシステムを構築するに至った。

1. 2. 3 フィラーの混合分散

高熱伝導材料において，熱伝導フィラーとバインダとの混合は必要不可欠なものである。本開発においても，従来にない高充填かつ低粘度を達成するために，バインダシステムの設計と並んで重要なものである。混合分散については，工程全般にわたっての大幅な見直しを行い，混合手順，温度，時間等の多くのパラメーターについて最適な条件を設定する必要があった。それらの多くの検討の結果，低粘度・高熱伝導性を両立させることが可能となった。1液タイプで3種類（1, 2, 4 W/m·K），2液タイプで4種類（1, 2, 4, 7 W/m·K）と，熱伝導率毎の最適条件を設定することで，性能を充分に引き出すことが出来るものとなった。

本開発においては、熱伝導フィラーの高充填を実現すると同時にバインダ中への均一分散に成功しており，1液タイプで製造日から3カ月（冷蔵保管），2液タイプで製造日から6カ月（室温保管）を使用可能期間としている。図1は2液タイプの最高熱伝導率品の流動状況である。通常多量のフィラーを配合すると流動性が極度に悪化するが，バインダシステムおよび熱伝導フィラー混合分散工程の検討により良好な流動性を達成している。

1. 3 成形条件と成形粘度

表1は本開発における"リコ・ジーマ・イナス"の成形条件の一例を示したものである。液状の熱伝導性樹脂の成形において重要なポイントは2つある。1つ目のポイントは攪拌である。前述のように酸化物系フィラーは概して比重が大きく，保管中に沈降する傾向がある。本

図1 Flow morphology of the two component type (7 W/m·K)

第 7 章 熱硬化型の絶縁系コンポジット材料

表 1 An example of casting condition

熱硬化液状タイプの成形条件の一例

条件項目	2 液型	1 液型
加熱	60-80℃/10-15 分/常圧	40-50℃/5-10 分/常圧
攪拌	60-80℃/常圧	40-50℃/常圧
計量・混合	60-80℃/常圧	—
加熱脱泡	60-80℃/5-10 分/≦ 5 Torr	40-50℃/5-10 分/≦ 5 Torr
再加熱	80-100℃/常圧	40-50℃/常圧
注型	80-100℃/3-5 分/真空推奨	40-50℃/3-5 分/真空推奨
熱硬化	120℃, 6-12 h/常圧	130℃, 3 hr/常圧
徐冷	60-120 分	60-120 分

　開発ではフィラーの粒度構成上で分離抵抗粒を処方し，かつ最適な分散工程を経ることで分離を少なく抑えている。しかし，それでも保管温度によっては，即ち液の粘度が低下する暑中下においては若干のフィラーが沈降分離する現象が確認された。この沈降分離現象がフィラー粒の再凝集ではないことは顕微鏡観察によって確認されたが，本開発で考案した熱伝導構造はフィラーの分散度合いによって"より高次に"構築されるので，適切な加温と再攪拌作業は必須である。

　次のポイントは脱気である。空気泡は熱伝導を大幅に低下させる。熱伝導に影響を与える空気泡は肉眼で見えるような大きなものより，顕微鏡で観察されるようなマイクロ泡である。微細な気泡がマトリクス中に点在すると，局所的な不均一によって熱伝導構造に欠陥ができるだけでなく，材料全体の熱伝導も大きく損なわれる。よって 2 液タイプ，1 液タイプ共に加熱し，所定の温度を保持しながらの真空注型が作業の基本である。熱伝導材料はそれ自体の熱伝導率が高いために加熱しても温度の低下が想像以上に早い。このように独特な機能を有する材料の場合，その材料を正しく使いこなすための設備も必須となるので注意が必要である。

　本開発による"リコ・ジーマ・イナス"では，表 1 に示すように 2 液タイプで 60〜80℃，1 液タイプで 40〜50℃ に加温し，その温度を保持しながらの脱泡，注型作業となるが，正しい温度に加温しないと液の粘度が高く空気泡が抜けきらない。また材料の熱伝導率が高いために注型作業中に容器の中の材料温度が急速に低下し，粘度上昇を起こしてキャスティング不良となることもある。従って，作業工程全体を鑑みて適切な装置が配備されており，正しく注型できるか否かを事前に確認・シミュレートすることが非常に重要である。

高熱伝導性コンポジット材料

　本論とは若干逸れるが，熱伝導材料の場合はバインダシステムが変わっても材料を使いこなす上で独特な配慮が必要である。例えば先に開発された熱可塑性の高熱伝導材料の場合，本開発による液状エポキシバインダをさらに大きく上回る 18 W/m·K の熱伝導率を達成しているために，金型内での冷却速度が予想外に速く，通常熱可塑性樹脂の射出成形で行われているような保圧をかけることができない。つまり金型に入るとほぼ同時に冷却固化してしまうのである。また，大量のフィラーを導入する＝樹脂分が非常に少なくなることで成形収縮が殆どなく，やや大きめの抜き勾配を設けた形状で設計しないと金型からイジェクトすることができない等のクセがある。このように，機能性材料の場合は主訴機能を際立たせると必ず他の物性に影響が出るため，それらを全て理解した上で使うことが肝要である。

　図 2 は本開発による"リコ・ジーマ・イナス"の温度による粘度変化を示したものである。左側上段は 2 液タイプ，下段は 1 液タイプの場合を示す。右側は 2 液タイプの混合前，即ち主剤のみと硬化剤のみの場合の粘度を示している。

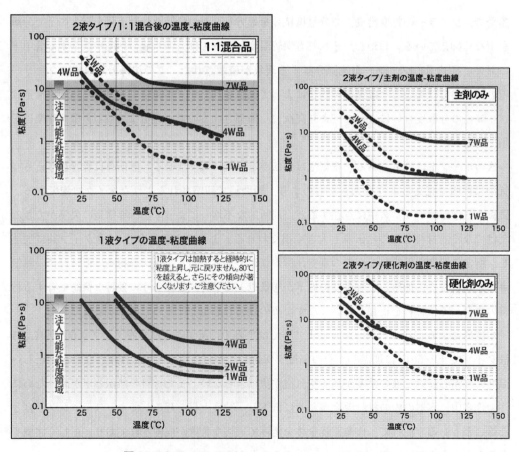

図 2　Relationship between temperature and viscosity

第 7 章　熱硬化型の絶縁系コンポジット材料

　多くのキャスティング成形を行ってきた経験を基に，封止材として注入可能な粘度領域を 15 Pa·s 以下と定義した。この定義に則すると，2 液タイプでは 1, 2 W/m·K および 4 W/m·K 品では最低 40℃ 以上，7 W/m·K 品では 60℃ 以上で注入可能な状態まで粘度が下がることが判る。熱伝導フィラーの量と到達熱伝導率の関係を考えると熱伝導率が上がるほどフィラーが多くなる＝粘度が上がるから，4 W/m·K 品が 2 W/m·K 品を下回る領域になるのは奇異に感じるかもしれないが，これはフィラーの粒形が異なるものを使用しているからである。7 W/m·K 品は液状のエポキシ樹脂において現時点でおそらく最高レベルの熱伝導率を達成しているためフィラー量も他よりさらに多く，従って注型粘度としてはギリギリの範囲にある。1 液タイプの場合は粘度とフィラー量＝熱伝導率に概ね正の関係があり，熱伝導率が上がるに従って粘度も高くなる傾向を示すが，いずれも 40℃ 以上まで加温すれば，キャスティング成形には充分な流動性を有することが判る。

1.4　特性値

　市場における実用事例の観点から見ると，封止・接着用の絶縁系熱伝導材料は大きく 2 つの材料カテゴリに分かれると考えられる。1 つは 1〜2 W/m·K 以下の比較的低熱伝導領域であり，もう 1 つは最低 4 W/m·K 以上で高ければ高いほど望ましいという超-高熱伝導領域である。このカテゴリ区分により，バインダに導入するフィラーと熱伝導構造も異なる設計をしなければならない。

　1〜2 W/m·K の低熱伝導領域の場合は，熱抵抗の関係から比較的薄い断面＝多くは 1 mm 以下の断面に使用されることが多い。この場合はフィラーとして繊維状や板状のものを主体的に選定することもできる。薄く成形されることでフィラーが配向し，厚み方向の熱伝導もある程度は期待できるようになるためである。一方で 4 W/m·K を越える高熱伝導領域の場合は，肉厚でバルキーな用途が多く，必ず厚み方向の熱伝導を要求される。本開発における "リコ・ジーマ・イナス" は，この両方のカテゴリにおいて厚み方向の熱伝導率も確保できるように設計されている。熱伝導に方向性があるような材料は，よほど薄い部材でない限り局所的な熱の不均一が起こり望ましくない。熱伝導材料はできる限り伝導の配向性がないほうが望ましい。

　表 2 は本開発における "リコ・ジーマ・イナス" の各タイプの物性測定値を示したものである。ここでは，特徴的な物性項目について考察する。まず主機能である熱伝導率であるが，我々の研究チームでは 3 ないし 4 種類の測定方法を行って確認を行うこととしている。表 2 に記載の熱伝導率測定は熱線法による数値である。熱線法は，樹脂材料の熱伝導率測定としては手軽で測定時間も比較的早く，3〜4 W/m·K 以下までの測定において有意な結果を導き出してくれる測定方法であると我々は考えている。これを上回る熱伝導率をもつ材料の場合は，

高熱伝導性コンポジット材料

表2 Measurements of properties

物性項目		単位等	試験法	2液型（主剤：硬化剤＝1：1）					1液型		
				1 W	2 W	4 W	4 W ノンハロ V0	7 W	1 W	2 W	4 W
ベース樹脂		—	—	2液エポキシ					1液エポキシ		
標準カラー[注4]		—	—	●Bk	●Bk	●Bk	●Bk	●Bk	●Brn	●Brn	●Brn
成形収縮率		(%)	φ40金型	1.0	1.0	0.9	0.9	0.9	0.7	0.8	0.8
流動性・粘度		Pa・sec	B型粘度計	0.4/100℃	1.9/100℃	2.0/100℃	8.5/100℃	10.6/100℃	1.8/50℃	10.7/50℃	14.9/50℃
機械的	引張強さ	MPa	ISO527-1, 2	18	16	20	25	21	20	20	18
	引張伸び	%	ISO527-1, 2	3.8	1.9	3.0	3.0	2.8	2.7	2.3	1.9
	曲げ強さ	MPa	ISO178	56	51	59	73	72	89	81	62
	曲げ弾性率	MPa	ISO178	19,600	32,700	40,100	53,000	66,100	22,700	28,700	50,700
	3点曲げたわみ	mm	ISO178	0.6	0.3	0.3	0.4	0.2	0.8	0.5	0.3
	シャルピー衝撃	kJ/m²	ISO179-1, 2	0.8	0.5	0.7	0.8	0.7	1.4	1.2	0.7
	ロックウェル硬さ	—	Mスケール	108	111	112	110	110	115	115	115
熱的	比熱	J/kg・℃	JIS K 7123	889	936	992	1253	882	1263	1194	909
	熱伝導率	W/m・K	熱線法[注2]	1	2	4	4	7	1	2	4
	Tg	℃	TMA法	94	100	105	124	105	132	135	135
	線膨張（a1/a2）	×10⁻⁶/℃	TMA法	24/60	21/59	17/61	31/65	16/46	21/66	23/60	15/37
	燃焼性	—	UL94	HB相当	V-1相当	V-1相当	V-0相当	V-0相当	HB相当	HB相当	V-1相当
電気的	比抵抗	Ω・cm	IEC 60093	1.9×10¹⁵	9.0×10¹⁴	4.9×10¹³	3.6×10¹⁵	1.7×10¹⁵	3.0×10¹⁵	6.9×10¹⁵	4.8×10¹⁵
	絶縁破壊強さ	kV/mm	JIS K 6911	31	28	19	27	20	31	29	26
	誘電率（1 GHz）	—	容量法	5.7	7.2	7.3	—	8.3	5.9	6.4	7.3
	誘電正接	×10⁻³	容量法	10.0	11.5	9.2	—	5.9	15.3	14.5	8.0
他	比重	—	ISO1183	2.6	2.8	3.0	2.93	3.3	2.5	2.7	3.1
	吸水率	%	JIS K 7209	0.06	0.07	0.03	0.02	0.01	0.14	0.14	0.05

注1）本表記載のデータは，代表値であり保証値ではない。
注2）2液型7Wの熱伝導率測定は温度波熱分析法による。
注3）絶縁破壊強さの測定試料厚みは0.8 mm。
注4）2液，1液共にカラーは白（W），黒（Bk）も可。

第7章 熱硬化型の絶縁系コンポジット材料

温度波熱分析とDSCによる比熱測定の組み合わせ,レーザーフラッシュ法,熱流計法(定常法)による数値の確定を行っている。2液タイプの7 W/m·K品では,温度波熱分析法とレーザーフラッシュ法において,いずれも7 W/m·K以上の測定値が得られたため,結果として採用した。樹脂材料の熱伝導率測定方法については,熱伝導材料の開発が盛んに行われている現在の状況において様々な意見が聞かれるが,熱伝導率帯によって測定方法を適切に選択することと,複数の測定によって数値の整合性を図ることが重要である。さらに重要なことは,実際の部品における熱的シミュレーション結果と実測温度がどの程度一致するか,ということである。そのような観点から,実際に使用される部品の形状・熱伝達構造と殆ど同一となるようにモデルを作って温度測定を行い,そこから熱伝導率を導き出す手法も試されている。このような手法は最も有効なものであると我々は考える。

次に特徴的な項目は弾性率の高さである。弾性率は熱伝導率とほぼ正比例して増加する。これは熱伝導フィラーそのものの弾性率がもう一桁上であり,それを樹脂中に大量に導入するからに他ならない。樹脂材料の弾性率がこのように大きくなることは,脆性的な性質が増し,それ以外にも封止物に対するストレスが増大する場合もある。樹脂的な性質が失われることは好ましい傾向とは言えないため,場合によっては脆性破壊やストレスに対しては別の手法による対策を併する必要があると思われる。同様にフィラーの導入の影響を受けるのが線膨張率である。これも無機的な性質が強くなり,一般的な樹脂材料に比べると小さな値となっている。このように樹脂本来の性質が少なくなってしまう点がフィラーによる熱伝導材料の特徴であり,それは欠点でもあるため,その使用においては物性全体の特徴を良く把握した上で設計していくことが肝要である。

1.5 接着強さ

表3に本開発による"リコ・ジーマ・イナス"の接着強さを示した。測定はJIS K 6850に準拠し,12.5 mmの接着部を有する100×25×t 1.5 mmの2枚のアルミ板の引っ張り剪断強さを測定した結果である。接着部の塗布厚みは平均200μである。表3より判る通り,多量の熱伝導フィラーを混合している割には一般的な注型エポキシ樹脂に比しても著しい接着力の低下は認められず,高熱伝導性接着剤としても充分に使用可能であることがわかる。

1.6 温度別可使時間

表4に本開発による"リコ・ジーマ・イナス"の温度別可使時間を示した。可使時間は,下表に設定した温度に加温した主剤,硬化剤を混合後(1液型はそのまま加温),粘度が15 Pa·sに達するまでの時間として判定した。下表の時間と併せて表1記載の注型プロセスを参考に,

表3 Measurements of bond strength

種別	タイプ（熱伝導率）	引張せん断強度（MPa）
1液型	1 W	5.7
	2 W	4.9
	4 W	4.3
2液型	1 W	5.4
	2 W	4.2
	4 W	4.2
	7 W	3.5
比較用エポキシ	0.8 W	5.4

注）比較用エポキシ：他社2液型加熱硬化タイプの注型エポキシ樹脂

表4 Standard of handling time

可使時間の目安

種別	タイプ（熱伝導率）	温度		
		75℃	100℃	125℃
1液型	1 W	≧ 3.5 hr.	≧ 3.5 hr.	60 min.
	2 W	≧ 3.5 hr.	≧ 3.5 hr.	60 min.
	4 W	≧ 3.5 hr.	150 min.	90 min.
2液型	1 W	75 min.	60 min.	15 min.
	2 W	注型不可	15 min.	10 min.
	4 W	≧ 3.5 hr.	60 min.	15 min.
	4 W ノンハロ V0	20 min.	10 min.	—
	7 W	注型不可	15 min.	10 min.

注型目的物の容積，形状を考慮した最適な注型作業工程を設計する必要がある。

1.7 長期信頼性

表5には"リコ・ジーマ・イナス"の耐熱的長期信頼性試験を行った結果を示した。表中の数値は各試験項目における処理前を100とした場合の各特性値の変化率を示す。また，この試験では，特にTg（2液型は110℃，1液型は135℃）をまたいで繰り返し供用されるような場合も想定して試験条件を設定している。表中冷熱サイクル試験の処理条件は−50℃/30分保持

第7章 熱硬化型の絶縁系コンポジット材料

表5 Long-term reliability

絶縁破壊強さ

処理条件	1液4W	2液4W
150℃×1000 hr.	107	109
冷熱サイクル1000 hr.	104	101
40℃×90% R.H.×1000 hr.	94	98

接着強さ（剪断引張強さ）

処理条件	1液4W	2液4W
150℃×1000 hr.	125	136
冷熱サイクル1000 hr.	124	156
40℃×90% R.H.×1000 hr.	97	88

曲げ強さ

処理条件	1液4W	2液4W
100℃×1000 hr.	123	117
150℃×1000 hr.	119	183
冷熱サイクル1000 hr.	122	182

⇔+150℃/30分保持である。パワーモジュールの封止用途などでは，特に高い T_g を要求される傾向がますます高くなっている。しかしながら，大量のフィラー導入によって熱伝導を得ている材料の場合は，実際 T_g をまたいで使用するような場合でも大幅な物性劣化が認められない場合が多い。表5ではその特徴を顕著にみることができる。

1.8 おわりに

最後に，今後の開発の方向性について簡単に説明する。方向性は2つあり，1つは硬化温度の低下と硬化時間の短縮である。封止物，特に本節の主旨である封止や接着用途においては120℃以上の温度に数時間晒されることで損傷してしまう部品や素子等があるので，熱伝導率を下げないようにしながら硬化温度を下げる方法について検討しなければならない。硬化時間についても，一旦流れ化された製造システムが完成していると，硬化時間が長いことで生産能力に影響を与えることがあるため，なるべく短い時間で硬化完了させるように工夫が必要である。

高熱伝導性コンポジット材料

　もう1つの方向性はTgの上昇である。特に2液タイプにおいてもう少しTgが高い方が望ましい場合があり，さらなる開発検討が必要である。この2つの方向性による開発は，いずれもフィラー，エポキシ双方に抜本的な対策が必要となるため，若干の開発期間を要すると思われる。

2 絶縁性と熱伝導性を両立した接着シート

片木秀行*

2.1 はじめに

近年の集積回路基板の高密度化やパワー密度の上昇により電子部品の発熱が課題となっており，放熱材料の需要が高まっている[1]。また，インバータなどに用いられるパワーデバイスにおいては，駆動電圧も一般家庭用電気機器と比較して2～3桁高いことから，放熱特性と同時に高い絶縁性も必要になる[2]。これまで絶縁性の放熱材料としてはアルミナや窒化ホウ素（BN），窒化アルミ（AlN）などのセラミックス製基板が用いられてきたが，低コスト化，並びに小型，軽量化の要求から絶縁／放熱の特性に加えて接着性も兼ね備えた高熱伝導絶縁接着シートへの代替が期待されている。従来，高熱伝導絶縁接着シートとしてはエポキシ樹脂にアルミナなどのセラミックス系フィラーを高充填したシートが上市されているが，近年の高性能パワーデバイス等に適用可能な高い熱伝導率と絶縁性を両立した接着シートは未だないというのが現状であった。

本節では，絶縁／接着／放熱という3機能を1枚のシートで両立するコンセプトで新しく開発した熱伝導率10 W/m·K以上の特性を有する絶縁接着シートについて述べる。

2.2 高熱伝導絶縁接着シートの開発

2.2.1 開発のコンセプト

図1に各種絶縁材料の熱伝導率[3]と本開発シートの熱伝導率ターゲットを示す。金属は熱伝導の媒体が自由電子であるため数百～数千 W/m·K と高い熱伝導率を有するのに対して絶縁材料の熱伝導の媒体はフォノンであるため低い熱伝導率となる[4]。絶縁材料の中でもセラミックスは秩序性の高い結晶構造を持つためフォノン散乱しにくく，高い熱伝導率（数十～数百 W/m·K）を有する。しかし，絶縁接着材であるエポキシ樹脂は分子の秩序性に乏しく，一般的に0.2 W/m·Kにも満たない断熱材である。そこで，絶縁接着材に熱伝導性を付与するためには，セラミックス系フィラーを混合しコンポジットとして使用するのが一般的である。コンポジットの熱伝導率を高めるための手法としては，①熱伝導率の高いフィラーを使用する，②フィラーの充填率を上げる，③熱伝導率の高い樹脂を使用することが考えられる。

図2にフィラーの熱伝導率を変えた場合と，樹脂の熱伝導率を変えた場合のフィラー充填率とコンポジットの熱伝導率の関係を示す。これによれば，コンポジットの熱伝導率はフィラーの熱伝導率の高いフィラーを使用するよりも，熱伝導率の高い樹脂を使用する方が効果的であ

---

* Hideyuki Katagi 日立化成工業㈱ 筑波総合研究所 基盤技術開発センター 専任研究員

高熱伝導性コンポジット材料

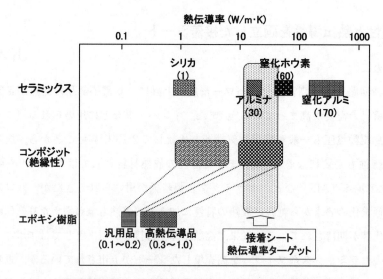

図1　各種絶縁材料の熱伝導率と開発シートの熱伝導率ターゲット

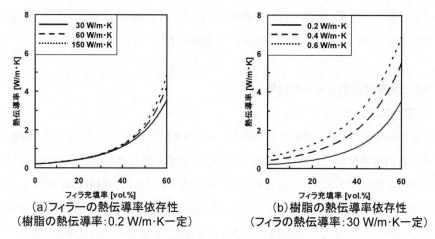

(a) フィラーの熱伝導率依存性
(樹脂の熱伝導率：0.2 W/m·K一定)

(b) 樹脂の熱伝導率依存性
(フィラの熱伝導率：30 W/m·K一定)

図2　フィラー充填率とコンポジット熱伝導率の関係

ることがわかる。また，高熱伝導樹脂を使用することにより，フィラー充填率が低くても目標の熱伝導率を得ることができる。その結果，樹脂比率を多くすることが可能となり，接着性や絶縁性向上に対して有利となる。

　以上の考えに基づき，絶縁／接着／放熱という3機能を1枚のシートで両立するために，③の熱伝導率の高い樹脂を使用することを基本に，①及び②の熱伝導率の高いフィラーを高充填する方針で開発を進めた。

第7章　熱硬化型の絶縁系コンポジット材料

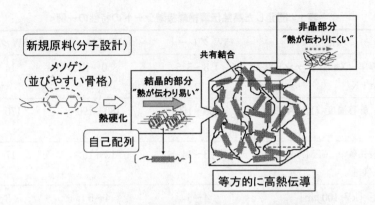

図3　ランダム自己配列型高次構造制御エポキシ樹脂の概念

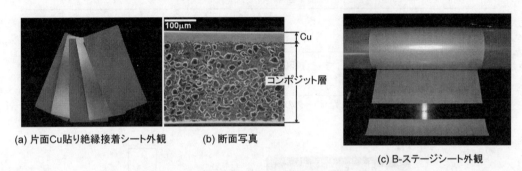

(a) 片面Cu貼り絶縁接着シート外観　(b) 断面写真

(c) B-ステージシート外観

図4　開発した高熱伝導絶縁接着シート

2.2.2　高熱伝導エポキシ樹脂，それを用いた高熱伝導絶縁接着シートの開発

　一般的な樹脂単体の熱伝導率は≦0.3 W/m·Kであり極めて低い。これは非晶質（アモルファス）であるからである。結晶性の樹脂，例えばポリエチレンなどを延伸したものは分子配向が起きるため延伸方向に約20 W/m·Kと高い熱伝導率を有する[5]が，肝心の面厚方向の熱伝導率が低くなる欠点がある。それに対して第2編　第5章　第1節で述べた自己配列型高次構造制御を伴うメソゲンを有するエポキシ樹脂は，図3に概念を示すようにメソゲン部位がランダムに自己配列しスタックすることで，秩序性の高い部分（結晶相）とランダムな部分（非晶相）が共存した高次構造をとる。その結果，熱伝導の異方性が無く，汎用のエポキシ樹脂（＜0.2 W/m·K）と比較して1.5〜5倍という高い熱伝導率を発現可能となる[6]。このような考え方に基づき，特性のバランスを満足した高熱伝導エポキシ樹脂を開発した。

　前記の高熱伝導エポキシ樹脂にセラミックス系フィラーの種類，充填量を最適化して配合した絶縁接着シートを開発した。図4に片面Cu箔貼り絶縁シートとその断面写真，B-ステージ（半硬化）シート外観を示す。図4（c）に示すようにB-ステージ状態ではロール化できる可とう性を有するのが特徴である。なお，表1に開発した高熱伝導絶縁接着シートの特性の一例

高熱伝導性コンポジット材料

表1 開発した高熱伝導絶縁接着シートの特性の一例

項目	5W グレード	10W グレード	15W グレード
熱伝導率（Xe-フラッシュ法）[W/m・K]	4.8〜5.5	8.0〜10	14〜15
ガラス転移温度（DMA法）[℃]	150〜160	180〜190	170〜180
線膨張係数 α_1（TMA法）[ppm/℃]	13〜14	13〜15	17〜20
耐電圧 [kV/100μm]	4〜5	4〜5	3〜4
弾性率 [GPa]	10〜13	10〜13	8〜10
せん断接着力（JIS K6850）[MPa]	3〜5	4〜5	4〜5
硬化条件	150℃/2h+180℃ 2h	140℃/2h+190℃ 2h	140℃/2h+190℃ 2h

*この数値は実験室で得られたデータの一例であり，品質を保証した値ではありません。

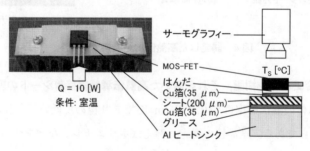

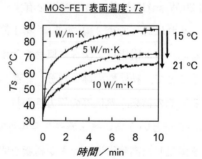

図5 開発品を用いた放熱特性の比較検証

第7章 熱硬化型の絶縁系コンポジット材料

を示す。図5には開発した5 W/m·K，10 W/m·K 高熱伝導絶縁接着シートを用いて，一例としてトランジスタの放熱特性を比較した実験結果を示す。この実験構成では10 W/m·K 品で20℃以上の温度低下を確認できた[7]。

現在，開発した高熱伝導絶縁接着シートは「ハイセット」としてサンプル提供を開始している[8]。

2.3 おわりに

今後，パワーデバイスにSiCが採用されると，駆動電圧の上昇ならびに発熱量の増大が予想される。絶縁接着シートには更なる高熱伝導化，そして高耐熱化の要求がくることは必然である。絶縁性を保持しつつ熱伝導率を向上するためには，樹脂とフィラー双方の技術の底上げが必要であるとともに，コスト低減も重要である。さらに，コンポジット材料としてのハンドリングのしやすさも損なってはならない。上記のことを念頭に置きながらトータルでの熱マネージメント設計を考慮に入れた製品提案を進めていく予定である。

文　献

1) 技術情報協会，"特集1「冷やす」，「熱を逃がす」ためのマテリアルとデバイス2010"，月刊 MATERIALSTAGE, **10** (5), 35-50 (2010)
2) 関　康和　編著代表，「世界を動かすパワー半導体—IGBTがなければ電車も自動車も動かない」，オーム社 (2009)
3) 技術情報協会編，「放熱・高熱伝導材料，部品の開発と特性および熱対策技術」(2010)
4) 宇野良清ほか共訳，「キッテル固体物理学入門（上）」，第6版，丸善 (1988)
5) C. L. Choy, W. H. Luk, and F. C. Chen, "Thermal conductivity of high oriented polyethylene", *POLYMER*, **19**, 155-162 (1978)
6) M. Akatsuka and Y. Takezawa, "Study of high thermal conductive epoxy resins containing controlled high-order structures," *J. Appl. Polym. Sci.*, **89** (9), 2464-2467 (2003)
7) Y. Miyazaki, K. Fukushima, H. Takahashi, and Y. Takezawa, "Development of Highly Thermoconductive Epoxy Composites", 2009 IEEE Conference on Electrical Insulation and Dielectric Phenomena (CEIDP), **7B-1**, Virginia, USA, October (2009)
8) 日立化成プレスリリース，2009年7月14日

3 高度な粒子配向制御と高充填化技術を用いた超高熱伝導BNコンポジットシート

宮田建治[*1], 阿尻雅文[*2]

3.1 はじめに

電子部品は従来の家電製品のみでなく, 現在では環境(エネルギー), 輸送(自動車)等の多くの産業製品に使用されている。電子部品の高集積化及び軽薄短小化が進むにともない電子部品あたりのエネルギー密度は上昇している。そのため, 放熱対策は, 製品のパフォーマンスを決定する大きな要因となっており, 絶縁性を有しつつ高い放熱性を有する材料が強く求められている。

各素材の熱伝導率を図1に示す。固体の熱伝導は電子と音子(フォノン)によるものであり, 一般に電気絶縁性を有する材料は電子による熱の伝播は期待できず, フォノン・格子振動による熱の伝播のみとなるため, 導電材料と比較し熱伝導率は低い。その中で, 絶縁性と高熱伝導性とをともに有する材料として, 高結晶性セラミックス材料が挙げられる。しかしながら, セラミックスは, 脆くて硬く, 加工し難いという大きな欠点を有しており, 使用される用途・仕様に大きな制限がある。それに対し, 有機樹脂は熱伝導性及び耐熱性はセラミックスに大きく劣るものの, 柔軟で強靭性があり, 加工性は高い。このような有機樹脂中にセラミッ

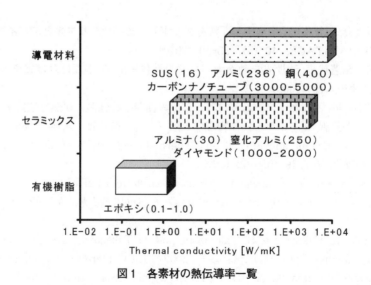

図1 各素材の熱伝導率一覧

---

*1 Kenji Miyata　電気化学工業㈱　電子材料総合研究所　精密材料研究部　先任研究員
*2 Tadafumi Adschiri　東北大学　原子分子材料科学高等研究機構　教授

第7章 熱硬化型の絶縁系コンポジット材料

クス粉末（無機粒子）を充填し，それぞれの特性を組み合わせることを目的としたものが複合材料であり，これまでも多くの検討がなされてきている[1~3]。この複合材料は，エレクトロニクス材料として非常に有用で，様々な用途（封止剤，接着剤，基板材料等）で活用されている（図2）。しかし，これら従来技術の複合材料では，無機粒子の特性を十分に反映した，セラミックスと同等までの高熱伝導化は達成できていなかった。

一方，昨今のエレクトロニクス分野ではパワー素子であるSiの発熱密度が上昇の一途を辿り，さらにSi素子よりも高性能な次世代パワー素子であるSiC, GaNの実用化にも注目及び期待が集まっている。これら次世代のハイパワー素子の実用化には，従来材料より，はるかに高い放熱性と絶縁性を有する材料が必要不可欠である。

このような市場要求を満たす複合材料の開発には，従来汎用的に使用されているアルミナより高熱伝導のセラミックス粒子の利用，その高充填化，さらにはその配向制御技術の開発が必要だと考えている。そこでこれらの3点に開発の焦点をしぼり，次世代パワーモジュール用途を睨んだ従来にない熱伝導性と絶縁性を兼ね備えた有機・無機複合材料の開発に着手した。

ここでは，まず，用いた熱伝導度および粒子配向の評価方法について説明する。次に，樹脂との親和性を考慮することによる窒化ホウ素粒子の高充填化と配向制御による高熱伝導化を行い，高熱伝導ハイブリッド材料の開発を行った結果を整理する。最後に，開発した新材料の応用，製品化の可能性について述べる。

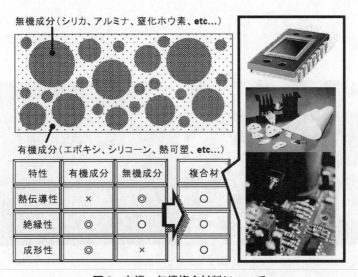

図2 有機・無機複合材料について

3.2 複合材料の高熱伝導化手法について

3.2.1 Bruggeman モデル

複合材料の高熱伝導化を行う手法として，

① 高熱伝導度材料（樹脂，無機粒子）の使用

② 高熱伝導度材料（無機粒子）の高充填化

が一般的である。

また，このような複合材料の熱伝導率を予測する式もいくつか提案されており[4~7]，使用する材料の熱伝導率が既知であれば，複合材料の熱伝導率も予測可能となっている。

ここで，球状粒子を用いた複合材料の熱伝導率の予測式として提案されている Bruggeman の式 (1)[4] につき，検証する。

$$1-\phi = \frac{\lambda_c - \lambda_f}{\lambda_m - \lambda_f}\left(\frac{\lambda_m}{\lambda_c}\right)^{\frac{1}{3}} \tag{1}$$

式 (1) 中の記号は，それぞれ，λ_c：複合材料の熱伝導率，λ_f：無機粒子の熱伝導率，λ_m：マトリックス樹脂の熱伝導率，ϕ：無機粒子の体積充填量を示す。

等方的な熱伝導性を有する球状アルミナフィラー（図3 (a)：電気化学工業製，DAW10）を用いて，エポキシ樹脂との各種粒子充填量の複合材料を作製し，熱伝導率の確認を行った。レーザーフラッシュ法により熱拡散率 (α) を求め，下記式 (2) の密度 (ρ) と比熱 (c) との関係から熱伝導率 (λ) を算出した。ここで，物性値として，$\lambda_f = 30$ W/mK，$\lambda_m = 0.2$ W/mK を用いた。

$$\lambda = \alpha \times \rho \times c \tag{2}$$

得られた熱伝導率と予測式との関係を図4-a，b に示す。実験により得られた熱伝導率は，

図3 フィラー外観
(a) Al2O3, (b) h-BN

第7章 熱硬化型の絶縁系コンポジット材料

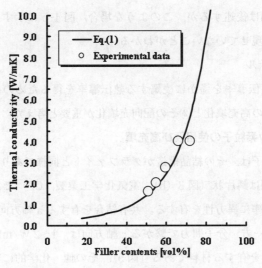

図4-a 実験データ（球状形状アルミナ系）と予測式（Bruggemanの式；Eq.(1)）の関係

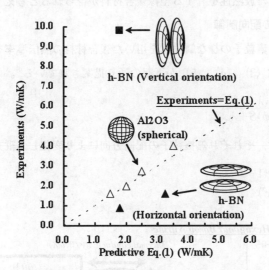

図4-b 実験データ（平板形状h-BN系）と予測式（Bruggemanの式；Eq.(1)）の関係

0〜66 vol%の範囲では予測式により良好に予測できることが確認された。しかし，高充填率の72 vol%においては，熱伝導率が予測値よりも低い値を示した。密度測定を行った結果，密度の低下が確認された。すなわち，無機粒子の充填限界に近くなり成形性が低下し，複合材料中に多くの欠陥（気泡）が内包されたためと推察している。この様に，球状フィラーの場合には，完全ではないが，予測式を用いることで，得たい複合材料の熱伝導率を求めることができる。しかしながら，本研究では形状（熱伝導率）異方性のあるフィラーを配向させることを

目的としている。詳細は後述するが，このような場合，図4-b に示すように，上記の予測式では熱伝導率を十分に現せていないことがわかる。

3.2.2 粒子配向モデル

従来の複合材料の熱伝導率を遙かに凌駕する熱伝導率を得るための指針及び材料設計として，①窒化ホウ素粒子の高充填化と②その配向充填化が重要と考えた。

(1) 六方晶窒化ホウ素粒子の使用及び高充填

六方晶窒化ホウ素粒子は，その結晶構造がグラファイトと同様であり，別名『白い黒鉛』とも呼ばれている。外観は鱗片状（図3 (b)：電気化学工業製，GP）であり，板状の結晶構造を有しており，熱伝導率に異方性を有する。共有結合を有するa軸方向に高い熱伝導性100～200 W/mK[8] を有する一方，分子間力で繋がるc軸方向は，1～2 W/mK であり，その差2桁の高い異方性熱伝導性を有する材料である（図5）。その他，化学的に非常に安定で，低誘電率，絶縁性に優れる等の特徴を有しており，前記熱伝導率の方向性を樹脂中にて制御することができれば非常に優れた放熱性を有する絶縁複合材料が得られると考えている。

(2) 異形無機粒子の配向制御

前記六方晶窒化ホウ素粒子の様な鱗片状を用いた複合材料の熱伝導率を，その粒子の配向方向まで加味した予測式 (3)，(4)，(5) が下記の通り提案されている[9]。

$$\lambda_c = \frac{\lambda_m + \phi(\lambda_f - \lambda_m)\lambda_m}{(\lambda_f - \lambda_m)(1-\phi)S + \lambda_m} \tag{3}$$

本式中のテンソル S は，それぞれ無機粒子の配向方向により変化し，縦方向に配向した場合，

$$S_1 = \frac{x[\cos^{-1}x - x(1-x^2)^{\frac{1}{2}}]}{2(1-x^2)^{\frac{3}{2}}} \tag{4}$$

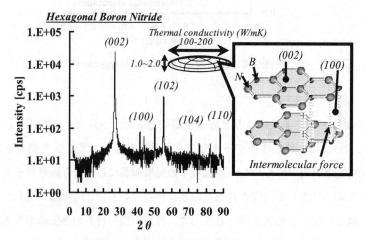

図5 六方晶窒化ホウ素粒子の結晶構造と XRD パターン

第7章 熱硬化型の絶縁系コンポジット材料

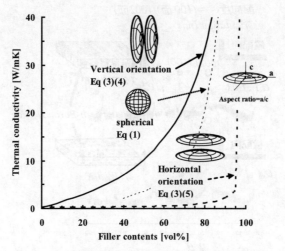

図6 複合材料の熱伝導率における粒子配向の影響

と表される。式（4）中の記号は，$x：1/$無機粒子のアスペクト比（As = a/c）を示す。また，横へ配向した場合は同様に，

$$S_2 = 1 - 2S_1 \tag{5}$$

と表される。

　実験に先立ち，形状および熱伝導性に異方性のある場合の熱伝導について，推算を行った。得られた予測式（3）の結果を図6に示す。ここで，式（3）及び（4），（5）に，$\lambda_f =$ 150 W/mK，$\lambda_m = 0.2$ W/mK，$x = 1/40$ を用いた。図6より，複合材料の熱伝導率において，粒子配向が及ぼす影響は極めて大きいことがわかる。

3.3 高熱伝導複合材料の創成と検証

　本検討では，無機粒子に六方晶窒化ホウ素（平均粒径：20 μm，アスペクト比：40）を，またマトリックス樹脂として，熱硬化性のエポキシ樹脂及びイミダゾール系の硬化助触媒を用いた。これら材料を混練機によって分散混合を行い，複合化材料を調整した。

　次に，この一様に分散混合を行った前記材料を，特殊な成形方法にて垂直方向，または水平方向に窒化ホウ素粒子が配向するようにシート状に成形を行い，ホットプレス成形法を用いてシートを加熱硬化し，窒化ホウ素粒子が配向した複合材料シートを得た。

　得られた複合材料シート中の充填された粒子がどの程度配向しているかを定性的に検証するため，X線回折装置（XRD）を用いて評価を行った（図7）。充填された粒子の各結晶面の強度比から，シート内の粒子配向度を求め，熱伝導特性に及ぼす影響について検証を行った。本

高熱伝導性コンポジット材料

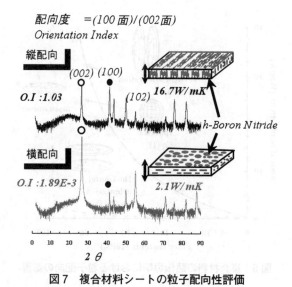

図7 複合材料シートの粒子配向性評価

検討では粒子として六方晶窒化ホウ素（図5）を用いていることから，結晶面の（100）面の強度を（002）面の強度で割った値を配向度とした。値が大きくなるほど，窒化ホウ素粒子が縦方向に配向していることを示す。評価の結果，目的通り六方晶窒化ホウ素粒子が極めて高い値で縦および横に配向していることを確認した。

次に，六方晶窒化ホウ素粒子の充填量及び配向方向を変更したシート材料を幾つか作製した。レーザーフラッシュ法により熱拡散率（α），アルキメデス法により密度（ρ），DSC測定により比熱（c）を求め，式（2）より，熱伝導率を算出した。先に示した予測値との比較から，粒子の配向性を評価した。図8に示すように，完全に垂直配向した場合，および水平配向した場合の予測値と得られた実験値はほぼ一致しており，その結果からも，無機粒子の高い配向性が示唆された。

配向性の検証結果を受け，次に六方晶窒化ホウ素粒子の高充填化の検討を行った。エポキシ樹脂及び窒化ホウ素粒子の親和性を考慮することで，80 vol%まで欠陥を含まずに高充填化する技術を確立することに成功した。これら粒子配向制御技術及び高充填化技術という基盤技術を統合させることで，六方晶窒化ホウ素粒子を80 vol%まで高充填化し，かつ縦方向に粒子を配向させた複合材料シートの成形に成功した。得られた絶縁複合材料シートの断面SEM像を図8の右の写真に示す。窒化ホウ素粒子が非常に密に整然と配向していることを確認できる。また，得られた複合材料絶縁シートの熱伝導率を測定した結果，36.2 W/mKであることを確認した。これは，アルミナセラミックスの熱伝導率が30～35 W/mKであることを考えると，それをも凌駕する極めて高い値であり，世界最高レベルの有機・無機複合材料の開発を達

第7章 熱硬化型の絶縁系コンポジット材料

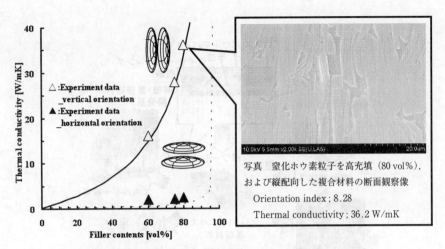

図8 実験データと予測式(若島の式:配向モデル)の関係

写真 窒化ホウ素粒子を高充填(80 vol%),および縦配向した複合材料の断面観察像
Orientation index ; 8.28
Thermal conductivity ; 36.2 W/mK

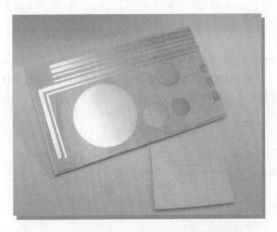

図9 開発品とそれを用いた回路基板材料

成できた(図9)。

3.4 ハイブリッド材料による新デバイス

今回,開発した複合材料は,低誘電特性,低熱膨張係数,高耐熱性も兼ね備えており,今後,次世代パワーデバイスを実装するエレクトロニクス基板等へ展開が期待される(図10)。

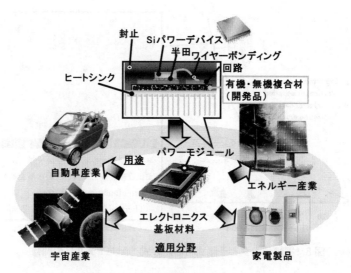

図10 用途及び適用分野のイメージ

謝辞

この新しい技術の成果は，「超ハイブリッド材料技術開発（ナノレベル構造制御による相反機能材料技術開発）プロジェクト」（NEDO 技術開発機構委託事業にて財団法人化学技術戦略推進機構連携体で推進）の支援を受けて得られたものである。

文　　　献

1) N. Tsutsumi, *J. Polym. Sci., Part B, Polym Phys.*, **29**, 1085 (1991)
2) P. Bujard, *Proceedings of SEMI-THERM 1989*, San Diego, Feb 7-9, IEEE, p.126 (1989)
3) Y. Nagai, *Journal of the Ceramic Society of Japan*, **105**, 3, 197-200 (1997)
4) J. C. Maxwell, *Oxford, Univ. Press.*, London, p.365 (1873)
5) D. A. G Bruggeman, *Ann. Phys.*, **24**, 636-679 (1935)
6) R. E. Meredith, C. W. Tobias, *J. Electrochemical Soc.*, **108**, 286-290 (1961)
7) R. L. Hamilton, *I & EC Fund.*, **1**, 187-191 (1962)
8) A. Simpson abd A. D. Stuckes, *J. Phys. C: Solid St. Phys.*, Vol. 4., 1710 (1971)
9) K. Wakashima *et al.*, *Materials Science and Engineering A*, **146**, 291-316 (1991)
10) K. Miyata *et al.*, *Thermo physical properties 30*, 136-138 (2009)

4 熱放散性成形材料

北川和哉*

4.1 はじめに

本項では熱放散性成形材料のひとつとしてスミコン®をとりあげその特性及び適用事例を紹介する。

スミコン®PM及びスミコン®FMは住友ベークライト㈱の熱硬化性樹脂及び熱可塑性樹脂成形材料である。自動車部品，電気・電子部品など高い機械強度，電気特性，寸法精度が要求される精密部品を一般的な成形により大量かつ連続生産可能である。複雑形状，偏肉形状にも対応できるため，部品の軽量化や一体成形による部品数の削減につながり，金属材料の代替にも適用されている。

各種電子機器，光学機器の小型化・高性能化が進み，部品の寸法や重量の制約がますます厳しくなる中，機器内部で発生する熱のコントロールが新たな重要課題となっている。最近では，上記に加えてハイブリッド及び電気自動車分野においても熱のコントロールが重要とされている。当社ではいち早くこの課題に取り組み，スミコン®Tシリーズにて放熱効果の高い熱放散性成形材料の開発を進めてきた。図1に熱放散性成形材料の特徴を示す。

4.2 熱放散性成形材料の設計

高分子材料の熱伝導率は平均で0.2 W/m・K程度と金属材料やセラミックス材料に比べて1～3桁低い。これは高分子材料が自由電子をもたない絶縁体であり，熱伝導を媒介するフォ

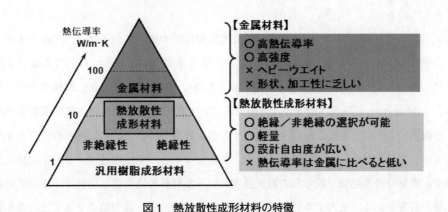

図1 熱放散性成形材料の特徴

---

* Kazuya Kitagawa　住友ベークライト㈱　高機能プラスチック製品総合研究センター　基盤研究部　主任研究員

高熱伝導性コンポジット材料

表 1　主の熱伝導性フィラー

物質名	組成式	熱伝導率 W/(m·K)
結晶性シリカ	SiO_2	10
溶解シリカ	SiO_2	1.3
アルミナ	Al_2O_3	20
マグネシア	MgO	40
窒化ケイ素	Si_3N_4	30〜80
窒化ホウ素	BN	60〜200
窒化アルミニウム	AlN	70〜270
炭化ケイ素	SiC	270
銅	Cu	400
鉄	Fe	84
ダイヤモンド	C	2000

ノンが，高分子材料中の非晶構造，構造境界面，不純物などの内部構造に起因して散乱されやすいためである。一方で，高分子材料の高熱伝導化に関する研究は30年以上前から行われている[1]。例えば，最も単純な分子構造を有するポリエチレンは通常熱伝導率0.2〜0.5 W/m·K程度であるが，主骨格を極限まで伸展させたファイバー形状では分子鎖方向のフォノン散乱を抑制させ，熱伝導率を100 W/m·K以上（分子鎖方向）にまで高めることが可能である[2]。またメソゲン骨格を導入したエポキシ樹脂を用いることにより，材料内部の高次構造を制御し，フォノン散乱を抑制，高熱伝導化させる研究も数多く報告されている[3,4]。しかしながら，多くの実用化されている高分子材料では，熱伝導性の高いフィラーとの複合化により高熱伝導化を達成している。

　表1に主な熱伝導性フィラーを示す。特に電気絶縁性が要求される場合，アルミナやシリカなどの酸化物，窒化ホウ素，窒化アルミなどの窒化物が用いられる。得られる高分子複合材料の熱伝導率は種々の理論式により予測可能であり[5]，例えば球状の熱伝導性フィラーを用いた場合，Bruggemanの式，金成の式を用いることで精度よく複合材料の熱伝導率を予測できる。理論式によれば実用的な熱伝導性を有する複合材料を得るためには熱伝導性フィラーを数十容量％と大量に配合しなければならない。しかしながら，熱伝導性フィラーを大量に配合した結果，成形時の流動性や成形品の機械強度といった材料特性の著しい低下をまねくため，十分注意が必要である。またアルミナは硬度が極めて高いため，高充填させることにより成形機や加工機の摩耗をもたらす。

　成形・加工性や機械強度を維持したまま，高い熱伝導性を有する成形材料を得るには，配合する高熱伝導性フィラーの種類，形状，大きさ，組合せを選択し，分散，配向を制御すること

第7章 熱硬化型の絶縁系コンポジット材料

により成形材料内部に熱移動経路を形成させる必要がある。スミコン®Tシリーズでは，高熱伝導性フィラーの種類，形状，分散状態が熱伝導率に与える影響を検討し，当社独自の配合技術を適用した結果，実用的な成形加工性，機械強度を有する熱放散性成形材料を得るに至った。

4.3 熱放散性成形材料スミコン®Tシリーズ

図2に熱硬化性熱放散性成形材料スミコン®PM-Tシリーズ並びに熱可塑性熱放散性成形材料スミコン®FM-Tシリーズと金属，セラミックス材料との熱伝導率の位置付けを示す。熱硬化性材料であるスミコン®PM-Tではマトリックス樹脂にフェノール樹脂を用いており，熱可塑性材料であるスミコン®FM-Tではポリフェニレンスルフィド（PPS）樹脂あるいはポリカーボネート（PC）樹脂を使用している。各熱放散性材料とも絶縁及び非絶縁（導電）グレードの2種類を用意しており，用途・材料への要求特性によりそれぞれのグレードを適用することができる。

特に熱硬化性樹脂は熱可塑性樹脂と比較して金型内での樹脂粘度が低く，薄肉成形が可能なため成形品の厚みが薄い部品には適している（図3）。

4.3.1 熱硬化性熱放散性成形材料スミコン®PM-T

フェノール樹脂は世界で初めて人工的に合成され，約100年の歴史を有する代表的な熱硬化性樹脂である。フェノール類とホルムアルデヒドとを原料として酸またはアルカリ触媒下にて合成される。図4に一般的な分子構造式を示すが，合成に使用する触媒雰囲気により，得られ

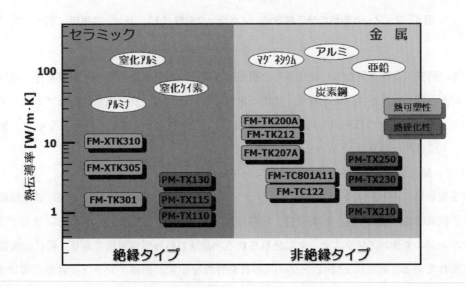

図2 熱放散性成形材料ラインナップ

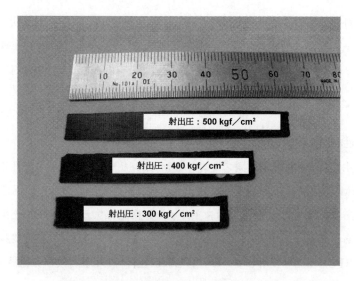

図3　PM-TX115の薄肉成形性（厚み 0.25 mm）

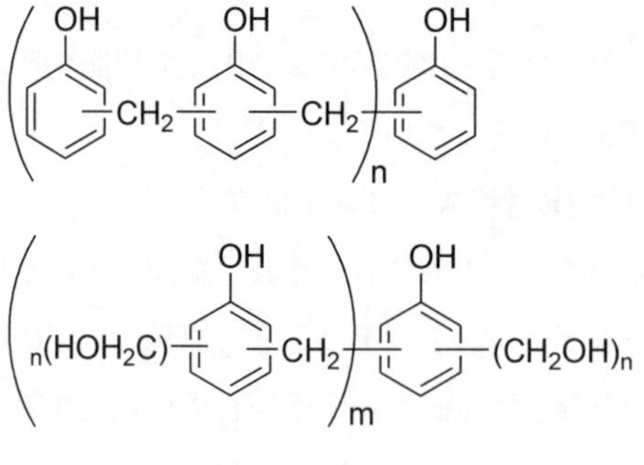

図4　フェノール樹脂の分子構造式，ノボラック樹脂（上），レゾール樹脂（下）

る樹脂の構造，物性が異なる。硬化させた樹脂は3次元の網目構造をとり，機械特性，電気特性，耐薬品性，耐熱特性，難燃特性，寸法安定性などに優れる。樹脂成形材料のマトリックス樹脂としてフィラーの高充填も可能である。表2にPM-Tシリーズの材料特性を示す。絶縁グレードでは熱伝導率 $1〜3 W/m・K$ 品を揃えている。

4.3.2　熱可塑性熱放散性成形材料スミコン®FM-T

　PPS樹脂はスーパーエンジニアリングプラスチックに分類される結晶性の熱可塑性樹脂である。機械特性，電気特性，耐薬品性，耐熱特性，難燃性，寸法安定性に優れる。またPC樹脂はエンジニアリングプラスチックに分類される非晶性の熱可塑性樹脂であり，特に耐衝撃特性に優れている。表3にFM-Tシリーズの材料特性を示す。絶縁グレードでは熱伝導率 $1〜10 W/m・K$ 品を揃えており，筐体や光ピックアップベース，精密成形品での採用実績がある。

第7章 熱硬化型の絶縁系コンポジット材料

表2 熱硬化性熱放散性成形材料スミコン®PM-T 特性一覧

グレード			樹脂	熱伝導率 W/m·K	比重 —	曲げ強さ MPa	曲げ弾性率 GPa
スミコン® PM-T	絶縁	PM-TX110	フェノール	1.0	2.11	150	20
		PM-TX115		1.5	2.44	115	19
		PM-TX130		3.0	2.74	40	9
	非絶縁	PM-TX210	フェノール	0.9	1.73	90	13
		PM-TX230		3.0	1.83	95	19
		PM-TX250		4.8	1.70	95	21
	汎用材	PM-9630	フェノール	0.3	1.81	200	16

熱伝導率測定：プローブ法
上記数値は代表値であり，保証値ではない。

表3 熱可塑性熱放散性成形材料スミコン®FM-T 特性一覧

グレード			樹脂	熱伝導率 W/m·K	比重 —	曲げ強さ MPa	曲げ弾性率 GPa
スミコン® FM-T	絶縁	FM-TK301	PPS	1.5	2.13	175	20
		FM-XTK305		5.0	1.89	94	19
		FM-XTK310		10	1.85	79	19
	非絶縁	FM-TK213A	PPS	3.0	1.95	172	26
		FM-TK217A		7.0	1.96	164	26
		FM-TK200A		20	1.72	127	29
		FM-TC122	PC	2.0	1.32	101	5
		FM-TC801A11		3.0	1.34	90	4

熱伝導率測定：レーザーフラッシュ法
上記数値は代表値であり，保証値ではない。

図5は放熱効果を確認するため，円板状テストピースの中央にセラミックヒータを貼り付け，一定条件で加熱し，サーモグラフィを用いてテストピースの表面温度を観察した結果である。加熱10分後のヒータ温度を熱電対温度計にて測定し，図中に記載した。大気中あるいは一般材にヒータを貼り付けた条件ではヒータ中心部の温度は約130℃である。ところが，熱放散材を用いることによりヒータ中心部の温度が下がり，10 W/m·K 材を用いた場合，約80℃の放熱効果が確認できる。またサーモグラフ像より周囲に熱が逃げていく様子がよく理解できる。

高熱伝導性コンポジット材料

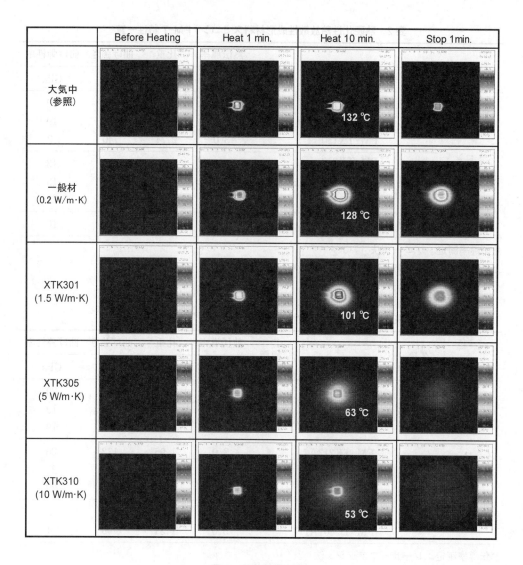

図5　放熱特性効果

4.3.3　その他の熱放散性成形材料―半導体封止用成形材料スミコン®EME-Aシリーズ

半導体封止材成形材料スミコン®-EME は全世界で最も使用されている半導体封止材料の一つであるが，半導体パッケージの高放熱要求に対しては EME-A シリーズを上市している。EME-A シリーズは環境対応封止材料技術と絶縁性高流動高熱伝導フィラーの組み合わせによる独自の材料で，3 W/m・K 材が既にパワーモジュールや HSBGA（ヒートスプレダ付ボールグリッドアレイ）など多くに実用化されている。またさらなる高放熱化の要求から 5 W/m・K 材も開発済でコンピューターや自動車等の発熱がより過酷なパッケージに向けてサンプル供給を開始した。図6は熱放散性封止材を用いたシミュレーションによる HSBGA の表面温度の変

第7章 熱硬化型の絶縁系コンポジット材料

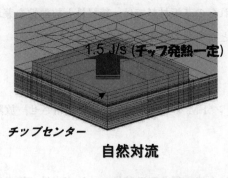

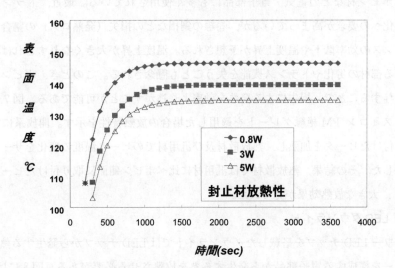

図6 HSBGAにおける放熱性の異なる封止材での表面温度変化シミュレーション

化であるが10～15℃の冷却効果が得られる事がわかる。

4.3.4 その他の熱放散性成形材料─高熱放散回路基板ALCおよびCEM-3

近年，電子機器の軽薄短小化の進展に伴い，プリント配線板に実装される電子部品の高密度実装化が進んでいる。また，放熱性が要求される高輝度LED等が複数実装されることもある。このような用途に使用される基板としては，従来のガラスエポキシ基板（FR-4）では，放熱性が不十分であるという問題があった。こうした状況から，金属板上に熱伝導性フィラーを充填したエポキシ樹脂等からなる絶縁層を設け，その上に導電回路を配設した金属ベース回路基板（ALC）が，熱放散性に優れることから高発熱性電子部品を実装する回路基板として用いられている。また，絶縁層の熱伝導性を向上させるために，熱硬化性樹脂に種々の放熱性に優れた無機充填材を添加した樹脂組成物をガラス不織布に含浸させたCEM-3基板を用いる

高熱伝導性コンポジット材料

ことも増えてきている。これらの基板材料では，絶縁性と放熱性を兼ね備えた無機充填材をいかに使いこなすかということが重要である。

4.4 成形品への展開

スミコン®PM及びスミコン®FMを実際の成形部品に適用させ，放熱効果を確認した最近の事例を示す。

4.4.1 トランスボビン

フェノール樹脂成形材料は上述の通り耐熱特性，寸法安定性，難燃特性などに優れるため，トランスボビン材などの電気・電子部品にも多く使用されている。最近，トランスの高出力化，小型化への要求が高まっているが，巻線の銅損などの損失（発熱ロス）の割合が大きくなり，トランスの効率低下や温度上昇が予想される。温度上昇が大きくなりすぎれば，トランスを構成する部材の劣化やトランス機能を失うことも懸念される。このとき，ボビン材に熱放散特性を付与することで，損失による発熱を効率よく逃がすことが可能である。図7にはボビン材としてスミコン®PM絶縁グレードを適用した場合の放熱特性を示す。開放系にてボビン側面に取り付けたヒータを加熱し，熱放散材及び汎用材でのヒータ温度の変化をサーモグラフにより観察した。その結果，熱放散材では汎用材に比べボビン側面に取り付けたヒータ温度が約20℃低く，大きな放熱効果が見られた。

4.4.2 LEDダウンライト

ハイパワーLEDチップを搭載したダウンライトではLEDチップから発生する熱に加え，インバーターを構成する電子部品から発生する熱を放熱させる必要がある。図8にはスミコン®FM-T絶縁グレードを使用したインバーターカバーの放熱特性を示す。インバーターカバーは約20 mm角以下で厚み数mmの小型部品である。汎用材と比較し，熱伝導率5 W/m・K以上

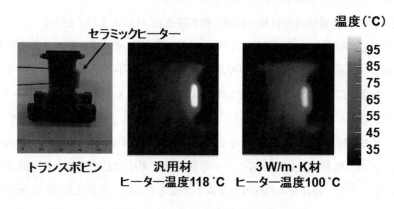

図7　トランスボビンでの放熱特性

第7章 熱硬化型の絶縁系コンポジット材料

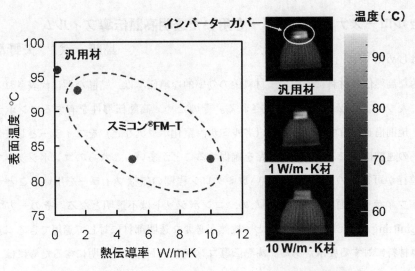

図8　LEDダウンライトインバーターカバーでの放熱特性

の材料を使用することでインバーターカバー表面温度を10℃以上低減できることを確認した。

4.5　おわりに

　開発した熱放散性成形材料は優れた放熱特性を示し，さまざまな機器部品に適用されると期待される。今後，熱のコントロールが重要課題であるハイブリッド・電気自動車やLED関連用途に関しても，顧客要求を理解し，スミコン®Tシリーズにて熱問題に貢献できるようさらに開発を進めていく。

文　　献

1) 高分子学会編，高分子の難燃・放熱制御技術，p.48, NTS (2002)
2) S. Shen *et al., Nature Nanotechnology*, **5**, 251 (2010)
3) A. Shiota *et al., J. Polym. Sci., Part A : Polym. Chem.*, **34**, 1291 (1996)
4) M. Harada *et al., J. Polym. Sci., Part B : Polym. Phys.*, **41**, 1739 (2003)
5) 金城克彦，高分子，**26**, 557 (1977)

5 セルロースナノファイバーを用いた透明高熱伝導フィルム

島﨑　譲[*1], 矢野浩之[*2]

5.1 はじめに

　一般的な高熱伝導材料において，材料中の効率的な熱伝導は，結晶などに代表される規則構造を通じたフォノン伝導により達成される。そのため，高熱伝導性を有するコンポジット材料では，規則構造を有する無機結晶（アルミナ，窒化ホウ素など）をフィラーとして使用し，フィラーの連結構造により熱伝導経路を確保することが多い。これらのコンポジットでは，一般的に粒径が可視光の波長より大きい数ミクロン程度の無機フィラーを用いることが多く，可視光がフィラー表面で散乱されるため，コンポジットは不透明となる。その一方で，LED（Light Emitting Diode）の導光部など，放熱が必要な透明部材に対して適用できる"透明な"高熱伝導材料に対する要求がある。高熱伝導コンポジット材料を透明にするためには，①フィラー径が小さく，②フィラー／樹脂界面での可視光散乱が生じにくい，コンポジット設計を行う必要がある。本節では，直径が数十ナノメートルであり，樹脂と屈折率がほぼ同等であるセルロースナノファイバー（CeNF）をフィラーとした透明熱伝導フィルムの作製方法とその諸特性を紹介する。

5.2 セルロースナノファイバー（CeNF）

　セルロースナノファイバー（CeNF）は，β-グルコースの直鎖縮合体であるセルロースが形成する直径が 100 nm 以下の繊維状結晶であり，①アラミド繊維並みの高強度（ヤング率 138 GPa）[1]，②石英ガラス並みの線熱膨張係数（0.1 ppm/K）[2] を有することから非常に有望な構造材料として注目されている。また，CeNFを構成するミクロフィブリルは植物細胞の基本骨格であるため，地球上に無尽蔵に存在する究極の持続的再生資源であり，合成樹脂材料をベースとした従来型の構造材料を代替する候補として大きな可能性を有する材料である。一方，CeNFが高い熱伝導率を有することはあまり知られていない。CeNFの高い熱伝導率は，CeNFの結晶構造に由来する。川端らの報告によると，セルロースファイバの熱伝導率は，2.9 W/mK（繊維方向）である[3]。本節の透明高熱伝導フィルムは，このセルロースファイバの高い熱伝導性により実現されている。

　CeNFの作製方法は，①木材由来のパルプを解繊する方法，②細菌を利用する方法，に大別される。各方法により作製したCeNFの電子顕微鏡像を図1に示す。①では，パルプ（紙の

[*1] Yuzuru Shimazaki　㈱日立製作所　材料研究所　環境材料プロセス研究部　研究員
[*2] Hiroyuki Yano　京都大学　生存圏研究所　教授

第7章 熱硬化型の絶縁系コンポジット材料

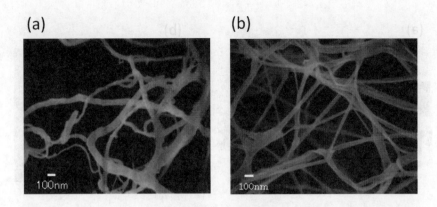

図1 CeNFの電子顕微鏡像
(a) パルプの解繊により作製, (b) 細菌を利用して作製

原料)に含まれるセルロース繊維をグラインダ(石臼のような装置)などで解きほぐすことにより，直径が100 nm以下のCeNFが得られる。この方法は，地球上に豊富に存在する木材を原料にできるため，大量生産に適した方法である。②では，水溶液で培養された酢酸菌が形成するCeNFを利用する方法が代表的である。酢酸菌は，多糖類を原料として体内でセルロースを生産し，CeNFを体外に吐出することが知られている。この方法では，①に比べて短期間で，均一な直径のCeNFが生産可能である。量産方法に関しても，検討が進められている。

5.3 透明高熱伝導フィルム

はじめにCeNFを用いた透明高熱伝導フィルムの作製方法を示す[4]。まず，CeNFを極性の高い溶剤中で撹拌分散し，CeNFの分散溶液を調製する。この分散溶液をろ過し，得られたろ過物をゆっくり乾燥させることにより，外見が紙に似たCeNFシートを得ることができる(図2(a)左)。CeNFの分散溶剤として，水，エタノールなどが使用できる。エタノールを使用することで，CeNF表面間の水素結合を弱め，CeNFシートの密度を低下させることが可能である。このCeNFシートをエポキシ樹脂やアクリレートモノマーなどに含浸し，光照射や熱処理によって樹脂を硬化させることで透明高熱伝導フィルムが得られる(図2(a)右)。樹脂含浸前のCeNFシートは，CeNF表面(CeNFと空気との界面)が可視光を散乱するため，白く不透明である。しかし，CeNFの直径は可視光の波長に比べて十分に小さく，CeNF表面における可視光散乱量は少ない。さらに，透明高熱伝導フィルムでは，樹脂がCeNF表面を被覆しているため，CeNFと樹脂との界面の屈折率差が小さく，可視光散乱量が激減し，透明高熱伝導フィルムは"透明"となる(可視光平均直線透過率：75〜90%，フレネル反射を含む)。また，透明高熱伝導フィルムは可とう性が高く，一般の樹脂フィルムと同様の取り扱いが可能

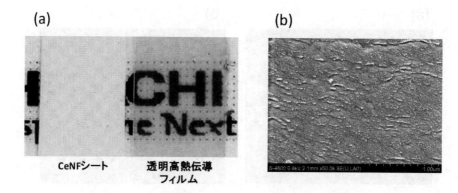

図2 (a) CeNFシート，透明高熱伝導フィルムの写真，
(b) 透明高熱伝導フィルム断面の電子顕微鏡像

である。図2(b)に高熱伝導シート断面の電子顕微鏡像を示す。この図から，CeNF（白点）が樹脂中に均一に分散していることが分かる。

本節の透明高熱伝導フィルムが，寸法安定性に優れ（線膨張率：～10 ppm/K），弾性率の大きい（～10 GPa）材料であることも注目に値する点である。透明高熱伝導フィルムの鋳型となる CeNF シートは，CeNF の分散溶液をろ過して作製するため，CeNF はシート中で面内方向に優先配向する。また，CeNF 表面には，セルロース由来の水酸基が多数露出しており，CeNF 表面の接触点は水素結合により強く固定される。これらの要素が，CeNF の低線膨張率，高弾性率がフィルム特性に大きく反映し，透明高熱伝導フィルムは高寸法安定性，高弾性率を有すると考えられる。また，透明高熱伝導フィルム中で熱伝導率の高い CeNF が面内方向に優先配向しているため，透明高熱伝導フィルムは，面内方向に高い熱伝導性を示す。

5.4 透明高熱伝導フィルムの熱伝導特性

CeNF を用いた透明高熱伝導フィルムは，透明有機材料としては非常に高い熱伝導特性を有する[5~7]。図3に従来の透明樹脂の熱伝導率を示す。透明高熱伝導フィルムの面内方向の熱伝導率は，従来の透明樹脂の2~5倍に相当する 1.1 W/mK であり，透明高熱伝導フィルムが面内方向に非常に大きい熱伝導率を有することがわかる。この理由として，①CeNF の高熱伝導率（λ = 2.9 W/mK（繊維方向）），②CeNF のシート面内方向への優先配向，③CeNF の高アスペクト比（～20以上），が考えられる。図4に，CeNF のアスペクト比を1として計算した熱伝導率と，透明高熱伝導フィルムの熱伝導率の実測値（面内方向）を示す。熱伝導率の計算には，(1)式で示される Bruggeman 式[8] を用い，セルロースの熱伝導率は，繊維軸の面内配向を仮定した (2) 式の計算値である2.0を使用した。

第7章 熱硬化型の絶縁系コンポジット材料

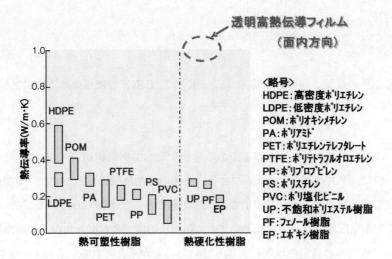

図3 従来の透明樹脂と透明高熱伝導フィルムの熱伝導率

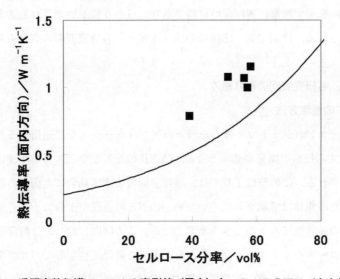

図4 透明高熱伝導フィルムの実測値（黒点）と，CeNFのアスペクト比を1と仮定した時の熱伝導率の計算値（実線）

$$1-\phi_f = \frac{(\lambda_f-\lambda)(\lambda_p/\lambda)^{\frac{1}{3}}}{\lambda_f-\lambda_p} \tag{1}$$

λ：コンポジットの熱伝導率 [W/mK]，λ_f：フィラーの熱伝導率 [W/mK]，λ_p：媒体の熱伝導率 [W/mK]，ϕ_f：フィラーの体積分率。

$$\lambda_f = \frac{\int_0^{\frac{\pi}{2}} \cos\varphi\, d\varphi}{\int_0^{\frac{\pi}{2}} d\varphi}(\lambda_l+\lambda_t) = \frac{2}{\pi}(2.9+0.24) = 2.0 \tag{2}$$

λ_l：CeNFの繊維方向の熱伝導率［W/mK］，λ_t：CeNFの繊維垂直方向の熱伝導率［W/mK］

図4から，CeNFのアスペクト比が1である場合と比べて実測値が3〜5割程度大きいことがわかる。一般に，アスペクト比の高いフィラーを用いた高熱伝導樹脂中では，樹脂／フィラー界面における熱抵抗が少なく，効率的な熱伝導が起こることが知られている。従って，CeNFを用いた透明高熱伝導フィルム中においても，CeNFの高アスペクト比が，透明高熱伝導フィルム中における効率の良い熱伝導に貢献していることが考えられる。このCeNFの高アスペクト比が，無機ガラスと同等の熱伝導率を実現した要因の1つであると考えられる。

このように，CeNFを用いた透明高熱伝導フィルムは，従来の透明樹脂の2〜5倍の熱伝導率（1.1W/mK）を示す非常に興味深い材料であり，可とう性が要求される透明放熱基板などへの応用が期待される。次項では，応用時の開発課題と，各研究機関の取り組みを概説する。

5.5 開発課題，各研究機関の取り組み

5.5.1 CeNFの量産方法

CeNFを用いたコンポジットフィルムを種々のアプリケーションに適用するためには，良質のCeNFを量産する技術の開発が必須となる。CeNFの原料となる木材パルプは，通常，乾燥工程を経て生産される。この乾燥工程では，繊維表面間の水素結合に起因する凝集体が形成しやすい。形成した凝集体は解繊されにくいため，CeNFの直径が十分に小さくできず，コンポジットフィルムの透明性にムラができる原因となる。この問題に対して，阿部らは，パルプ生産時のヘミセルロースやリグニンの除去方法を工夫して乾燥工程なしでパルプを作製し，セルロース中のミクロフィブリル束（植物細胞壁中における基本単位）と同等径（15 nm）で，直径の均一なCeNFが作製できることを報告している[9]。CeNFの小径化／直径均一化は，フィルムの透明度均一性／透明性向上に直結するため，本手法を用いて作製したCeNFを適用することにより，ムラがなく透明性の高い透明高熱伝導フィルムが作製できる。

一方，細菌を用いたCeNFの量産化に関する取り組みも報告されている。酢酸菌によるCeNFの生産効率は，酢酸菌の培養環境（静置／撹拌，栄養源，酸素（窒素）溶解量，pH，温度）などに左右される[10]。静置環境下よりも撹拌環境下における生産効率が高く[11]，栄養源としては，フルクトースやCSL（コーンスティープリカー）などが代表的である[12]。生産性の

第7章　熱硬化型の絶縁系コンポジット材料

更なる向上に向けて，培養槽の改良[13]や，酢酸菌の遺伝子操作[14]などの取り組みも行われている。

5.5.2　特性改善

(1)　熱伝導性

透明高熱伝導フィルムの更なる高熱伝導化を目指して，宮崎らは水酸化アルミニウムで表面修飾されたCeNFを用いて透明高熱伝導フィルムを作製し，熱伝導率が膜厚方向，面内方向ともに4割程度向上することを示した[15]。水酸化アルミニウムの屈折率はCeNFと同等の1.6程度であり，表面修飾によるフィルムの透明性悪化は見られなかった。透明高熱伝導フィルムの高熱伝導化には，①CeNFを修飾する方法，②媒体樹脂の熱伝導率を向上させる方法，及び③CeNFと媒体樹脂との密着性を向上させる方法が考えられる。いずれの方法を適用する際にも，他の特性（透明性，寸法安定性など）との相関を考慮する必要がある。

(2)　耐吸湿性

CeNFを用いた透明高熱伝導フィルムは，CeNF表面に多数の水酸基が存在するため吸湿性が高く，長期保存後にフィルムが白濁／劣化する可能性がある。この問題に対して，伊福らは，CeNF表面の水酸基の一部をアセチル化することで透明高熱伝導フィルムの吸湿を抑制できることを報告している[16]。さらに，水酸基のアセチル化により，媒体樹脂／CeNF界面の屈折率差が減少し，透明高熱伝導フィルムの透明性が向上することも併せて報告している。ただし，過度の表面修飾は，CeNF間の水素結合頻度を減少させ，透明高熱伝導フィルムの寸法安定性，力学特性を低下させる可能性があることに注意が必要である。

5.6　おわりに

本節では，セルロースナノファイバーを用いた透明高熱伝導フィルムを紹介した。本フィルムは，従来の透明樹脂と同等の透明性と可とう性を有しながら，寸法安定性，弾性率に優れ，無機ガラス並みの熱伝導率を示す非常に興味深い材料である。本フィルムの今後の応用展開とともに，バルク材への展開にも期待したい。

文　　献

1) I. Sakurada *et al.*, *J. Polym. Sci.*, **57**, 651（1962）
2) T. Nishino *et al.*, *Macromolecules*, **37**, 7683（2004）

3) 川端季雄, 繊維誌, **39**, T186 (1986)
4) H. Yano *et al.*, *Advanced Materials*, **17**, 153 (2005)
5) Y. Shimazaki *et al.*, *Biomacromolecules*, **8**, 2976 (2007)
6) 島﨑譲ほか, 電気学会研究会資料, DEI, 誘電・絶縁材料研究会, **55**, 47 (2007)
7) 宮崎靖夫ほか, 高分子学会予稿集, **56** (2), 3PA107 (2007)
8) L. Lim *et al.*, *Themochim. Acta*, **430**, 155 (2005)
9) K. Abe *et al.*, *Biomacromolecules*, **8**, 3276 (2007)
10) S. Bae *et al.*, *Biotech. Bioeng.*, **90**, 20 (2005)
11) N. Tonouchi *et al.*, *Biosci. Biotechnol. Biochem.*, **60**, 1377 (1996)
12) T. Naritomi *et al.*, *J. Ferment. Bioeng.*, **85**, 89 (1998)
13) Y. Chao *et al.*, *Biotechnol Tech.*, **11**, 829 (1997)
14) S. Bae *et al.*, *Appl. Microbiol. Biotechnol.*, **65**, 315 (2004)
15) Y. Miyazaki *et al.*, unpublished result
16) S. Ifuku *et al.*, *Biomacromolecules*, **8**, 1973 (2007)

第8章 熱可塑型およびその他の絶縁系コンポジット材料

1 フェーズチェンジタイプ放熱スペーサー

山縣利貴*

1.1 はじめに

近年，電子部品を搭載したパーソナルコンピューター，デジタル家電，ハイブリッド車等の普及に伴い，多くの電子部品が身の回りに使用されるようになってきた。そのような電子部品内の素子の小型化，高集積化に伴い，素子の発熱密度は増大する傾向にある。それに伴い，発熱する素子を故障せずに長期間機能させるためには，素子の冷却は必要不可欠である。通常，発熱素子を冷却するためには，熱の放散が可能な金属製のヒートシンクが用いられる。さらに熱を放散するヒートシンクに発熱素子の熱を効率よく伝えるために放熱材料が使用される。

本稿では電子部品内の素子を冷却する上で，重要な材料である放熱材料，およびその中でハンドリング性が優れ，高熱伝導性を示すフェーズチェンジタイプの放熱スペーサーについて，概要を解説する。

1.2 放熱材料

放熱材料は，CPU等の発熱素子とヒートシンクのような放冷材との間に用いられ，熱伝導性を向上させることができる（図1）。CPUとヒートシンクを直接接触させるとその界面には空気層が存在し，熱伝導性が低下する。そこで，そのような空気層の代わりに熱伝導性をもったポリマー・無機ハイブリッド材料である放熱材料を発熱部と放冷部の間に介在させることで，効率よく熱を伝達することができる。また，放熱材料はマトリックス樹脂に高熱伝導なセラミックス粉末や金属粉末を充填しており，マトリックス樹脂のもつ成形加工性や粘着性と，無機フィラーのもつ熱伝導性を併せ持つ材料である。高熱伝導性を示すセラミックス粉末としては，酸化亜鉛，酸化アルミニウム，窒化アルミニウム，窒化ホウ素等が挙げられる。また金属粉末としてはアルミニウム，銅，銀等が挙げられる。主に放熱材料中において，熱はセラミックス粉末や金属粉末等を介して，CPUからヒートシンクへ伝わる。

放熱材料には固体状でハンドリング性の良い放熱シートや放熱スペーサー，または液状で薄膜化し非常に熱伝導性の高い放熱グリースがあり，それぞれ用途によって使い分けられてき

---

* Toshitaka Yamagata 電気化学工業㈱ 電子材料総合研究所 精密材料研究部 先任研究員

た。しかし，両方の特性を併せ持った材料も要求されるようになり，ハンドリング性が良く，熱伝導性も良好なフェーズチェンジタイプの放熱スペーサーが開発された（ここで言うフェーズチェンジとは，加熱することで，マトリックス樹脂成分が溶融し，固体から液体へ相変化する材料のことを示している）。

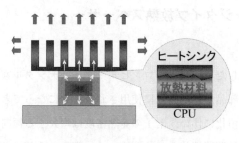

図1　冷却構造

1.3　放熱材料の熱伝導性と材料設計ポイント

放熱材料の熱伝導性を表すのに，熱伝導率λと熱抵抗Rがある。熱伝導率は温度一定の場合，物質固有の値を示す。熱抵抗は熱の伝わりにくさを表し，熱伝導率λ及び伝熱面積Aに反比例し，放熱材料の厚さLに比例する。また，熱抵抗は相手材と放熱材料の間の界面の熱抵抗 Ri も加味して示される。したがって，放熱材料の設計ポイントとして，①熱伝導率を上昇させるか，②厚みを薄くするか，③界面の熱抵抗を低減するかが重要となる。

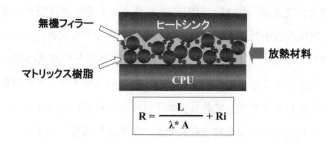

図2　放熱材料の構造と熱抵抗

1.4　熱伝導性測定装置

ポリマー・無機ハイブリッド材料である放熱材料の熱伝導性を評価する装置としては多くの装置が挙げられる。その中でも，物質固有の値である熱伝導率を測定する装置としてはレーザーフラッシュ法に分類される NETZSCH 社製「キセノンフラッシュアナライザーLFA447」が多く用いられている。さらに熱抵抗の測定を行う装置としては，日立製作所社製

第8章 熱可塑型およびその他の絶縁系コンポジット材料

「樹脂材料熱抵抗測定装置」に代表される ASTM D5470 に準拠した熱抵抗測定装置が用いられる。熱抵抗測定装置は相手材との界面の熱抵抗も加味した測定が可能なため、実使用条件に近い評価結果を求めることが可能である。

1.5 フェーズチェンジタイプ放熱スペーサーの特徴

フェーズチェンジタイプの放熱スペーサーはヒートシンクのような金属製の放冷材に室温で容易に貼り付けることが可能であるハンドリング性と粘着性をもつとともに、電子部品が発熱した際に容易に軟化して薄膜化し、高熱伝導性を示す材料設計を行っている（図3）。マトリックス樹脂としては、熱可塑性のオレフィン系樹脂が使用されており、その中に熱伝導性を示す無機フィラーが充填されている。またマトリックス樹脂と熱伝導性フィラーとの相溶性を向上させるために、界面活性剤等の添加が行われる。さらに、オレフィン系のフェーズチェンジタイプの放熱スペーサーは、オレフィン系の樹脂を使用することで、電子機器に悪影響を与える恐れがあるシロキサンが含まれておらず、低分子シロキサンを発生させないのも特徴である。

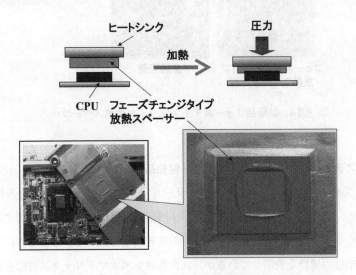

図3 フェーズチェンジタイプ放熱スペーサー

1.6 二層品フェーズチェンジタイプ放熱スペーサーの特徴

フェーズチェンジタイプ放熱スペーサーには、単層品だけではなく、金属箔とフェーズチェンジタイプの放熱スペーサーの二層タイプの放熱スペーサーも使用されている。使用方法として、最初にフェーズチェンジタイプの放熱スペーサー側を放冷材であるヒートシンクに貼り付け、その後に金属箔側が電子部品と接するように組み立てを行う。これにより、発熱する電子

部品に不具合が生じた場合も，フェーズチェンジタイプ放熱スペーサーを破壊することなく，電子部品を取り外し，別の電子部品に取り換え再度組み立てが可能となる。しかし，金属箔を使用することで二層になることにより，単層のフェーズチェンジタイプの放熱スペーサーと比べ熱伝導性が低下するため，熱伝導性の高い金属箔を選定することが必要である。金属箔としては，アルミニウム箔のような熱伝導性の高いものが使用され，さらにハンドリング性や成形加工性が可能な範囲で厚みの薄くしたものを使用する方が好ましい。

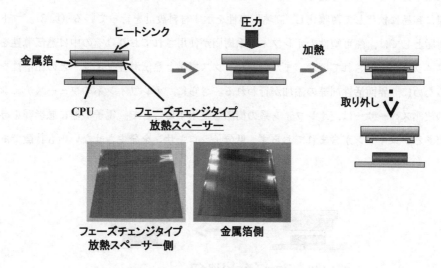

図4 二層品フェーズチェンジタイプ放熱スペーサー

1.7 フェーズチェンジタイプ放熱スペーサー開発品「PCA-E5」

当社フェーズチェンジタイプの放熱スペーサー「PCA」シリーズは，より薄膜化しやすいようにするため，数ミクロンの平均粒子径を示す熱伝導性無機フィラーを使用するとともに，粒度調整を行うことで，熱伝導性無機フィラーの高充填化を図っている。さらにマトリックス樹脂には熱可塑性の樹脂を使用しているが，高流動性を示すマトリックス樹脂を設計し，今回図5に示す「PCA-E5」を新規に開発した。

新規開発品「PCA-E5」の特性は表1に示した通りである。熱伝導率はNETZSCH社製「キセノンフラッシュアナライザーLFA447」を用いて，熱拡散率を測定し，比重，比熱値の積により算出を行った。また熱抵抗はASTM D5470に準拠した熱抵抗測定装置を用い，$6\,kg/cm^2$の荷重条件下で測定を行った。新規開発品「PCA-E5」は，当社製品である「PCA-B6」と比較し，$0.8\,W/mK$の熱伝導率の向上を示した。さらに注目する点は熱抵抗値が$0.06\,Kcm^2/W$を示し，市販されている高熱伝導性の放熱グリース並みの熱抵抗を示すことを確認することが

第8章　熱可塑型およびその他の絶縁系コンポジット材料

できた。これにより，これまで放熱グリースを塗布するためにディスペンサー等の装置を用意しなければならなかったのに対し，新規開発品「PCA-E5」は放熱グリース同等の熱伝導性を示し，容易にハンドリング可能であるため，多くの用途へ使用されることが期待できる。

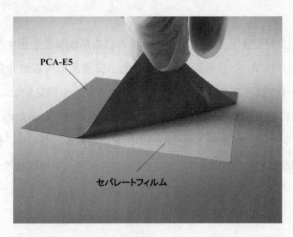

図5　フェーズチェンジタイプ放熱スペーサー開発品「PCA-E5」

表1　フェーズチェンジタイプ放熱スペーサー開発品「PCA-E5」の特性

製品名		PCA-B6	新規開発品 PCA-E5
外観	−	灰色	灰色
厚み	μm	150, 250	150, 250
比重	−	2.6	2.8
フェーズチェンジ温度	℃	60	50
熱伝導率	W/mK	3.0	3.8
熱抵抗	Kcm^2/W	0.08	0.06

1.8　二層品フェーズチェンジタイプ放熱スペーサー「PCA-Y12」

当社フェーズチェンジタイプの放熱スペーサー「PCA-Y」シリーズは，金属箔との二層品である。その中でも，新規開発品「PCA-Y12」は，フェーズチェンジタイプの放熱スペーサー層に上記の高熱伝導性を示す「PCA-E5」を用い，金属箔層に錫箔を用いているのが特徴である。錫箔はアルミニウム箔の熱伝導率240 W/mKに対し，熱伝導率70 W/mKであり，低い値を示す。しかし，錫箔の方がアルミニウム箔と比べ，低硬度を示し，これにより相手材との

接触熱抵抗を低減することができ，アルミニウム箔より高熱伝導性を示す。このような理由で最も低熱抵抗である二層品フェーズチェンジタイプの放熱スペーサーとして，錫箔と「PCA-E5」の二層品である「PCA-Y12」を開発した。

1.9 おわりに

ハンドリング性が良好であり，放熱グリース並みの高熱伝導性を示すフェーズチェンジタイプ放熱スペーサー「PCA-E5」を開発した。また，二層品であるが非常に熱伝導性の高いフェーズチェンジタイプ放熱スペーサーである「PCA-Y12」を開発した。

今後も，電子部品に使用される素子の発熱密度の上昇が予測されるため，より高熱伝導性を示すフェーズチェンジタイプの放熱スペーサーの開発を進める。さらに，使用動作範囲が高温な用途でも使用可能な耐熱性を向上したフェーズチェンジタイプの放熱スペーサーの開発も進める。

文　献

1) 川野正人，放熱材料のニーズとフィラー展開，プラスチックエージ，53, 4, 91-95 (2007)
2) 電子機器・部品用放熱材料の高熱伝導化および熱伝導性の測定・評価技術，東京，技術情報協会，284P (2003)
3) 小野義昭，シリコーン　広がる応用分野と技術動向，化学工業日報社 (2003)
4) 宮田建治，山縣利貴，阿尻雅文，ポリファイル，47 (2), 24-29 (2010-02)
5) 山縣利貴，高分子，**59** (2), 94-95 (2010)

2 液晶ポリマーの熱伝導性と応用

岡本　敏*

2.1 はじめに

電子部品や電子機器の分野では，IC集積度の増大および動作の高速化により，消費電力が増大し，それに伴い発熱量も増加し，部品の小型化とも相まって，発熱密度の上昇による電子素子の不具合が顕著になってきている。こういった観点から，放熱対策は不可欠であり，省エネルギーや環境の保護，人体に対する配慮など様々な観点からも熱制御を適正化する必要性がでてきている。

電子機器に実装された部品の温度を低減する方法としては，下記の4つの手段がある。

① 発熱体の発熱量の低減
② 有効表面積の増加
③ 熱伝導率の増加
④ 周囲空気温度の低減

①，②は記述のとおり，最近のデバイスの動向として回避しがたく，④と比較して③の熱伝導は，巨視的な物質の移動を伴わず，熱を高温側から低温側へ移す手段として有効である。熱の伝播を担う主なキャリアは，①自由電子（電子伝導），②フォノン（格子振動），③フォトン（電磁波放射）であり，これらの寄与が重なって物質全体の熱伝導が決定される。従って，電気伝導度が高く，かつ単結晶により近いほど熱伝導度の高い物質となる（図1）。

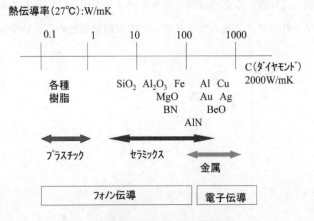

図1　各種物質の熱伝導率と熱伝達

---

*　Satoshi Okamoto　住友化学㈱　情報電子化学品研究所　グループマネージャー

高熱伝導性コンポジット材料

　実際は，電子部品や電子機器の熱設計では，発熱体内部で発生した熱を，いかに効率よく大気中まで運ぶかという問題が課題になる。熱伝達材料として必要とされるもの中には，グリースやフェーズチェンジシートのようにCPUなど発熱体から発生する熱をヒートスプレッダやヒートシンクなど金属系の放熱材料へ熱を伝える役割を行うものがある。この際，発熱体，放熱材料の両者の熱変形に柔軟に追従することが重要であるが，①電子伝導性に優れる金，銀などの金属や，②フォノン伝導性に優れるダイヤモンド，黒鉛，窒化アルミなどの結晶性無機材料などは非常に硬く，追従できない（図2）。一方で柔軟性に優れるグリースやプラスチック（樹脂）材料は，フォノン散乱が大きく，熱伝導率が劣る。このように単一材料で熱伝導率と柔軟性（追従性）を満足させることができず，熱伝導性フィラーを樹脂中に分散させたコンポジット材料が検討されている[1]。熱伝導性フィラーとしてはグラファイト等，導電性を有するものが主となるが，ここでの樹脂材料の重要な役割は熱伝導フィラーの熱伝導を極力妨げないことに加え，柔軟性を付与することにある。

　また熱伝達材料として，アルミ基板を含むメタルベース基板など，放熱機能を有する回路基板の絶縁層も含むことができる（図3）。ここでも，熱伝導性フィラーを樹脂中に分散させたコンポジット材料が検討されているが，熱伝導性フィラーとしては絶縁性を有するセラミック（酸化物や窒化物系）が主役となる。この中でプラスチックは回路形成に必要な銅などとの接着機能や，大電流に耐え得る絶縁性に関しても重要な役割を担っている。

　その他にもモーター，リレーなど各種発熱部品のケースやDVDドライブ部品等の成形材料としても熱伝導性フィラーを樹脂中に分散させたコンポジット材料が検討されており[2]，機械物性，成形加工性（流動性）などの役割をプラスチックが担っているものもある。表1に熱伝達材料としてのマトリックスであるプラスチックの役割をまとめる。いずれもプラスチックは

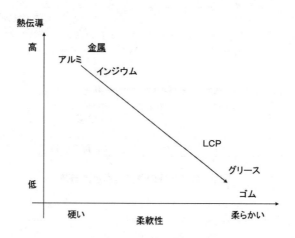

図2　各種材料の熱伝導と柔軟性の関係

第8章　熱可塑型およびその他の絶縁系コンポジット材料

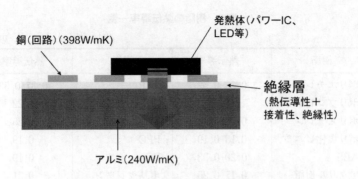

図3　金属ベース基板の構成と絶縁層の役割

表1　熱伝達材マトリックスとしての樹脂の役割

	放熱シート（TIM）	金属ベース基板	放熱部品
樹脂の役割	・熱伝導 ・柔軟性 ・（絶縁性）	・熱伝導 ・絶縁性 ・接着強度 ・信頼性	・熱伝導 ・成形性 ・機械強度

熱伝導を最大化した上で，その他必要特性を満足することが重要であり，そのバランスに当社が開発している各種液晶ポリマーは非常に優れている。本稿ではこれらの点について述べる。

2.2　熱伝達材マトリックスとしての液晶ポリマーのポテンシャル

　上記のとおり，熱伝達材料には熱伝導フィラーとプラスチックのコンポジット材料が用いられ，熱伝導は主にフィラーがその役割を担うかに見える。しかしながら，コンポジット材料の場合，マトリックスに用いるプラスチック材料の熱抵抗が大きく，実際はプラスチック材料の熱伝導が及ぼす複合材料への影響が支配的である。その為，マトリックス材料自身の熱伝導を向上させる試みが多くなされている[3]。

　一般にマトリックスに用いられる樹脂は，熱伝導に有利な自由電子を持つ金属とは違い，自由電子を持たない為，その熱伝導はフォノンによる伝導が支配することが知られている。フォノン伝導は自由電子による電子伝導と比較して熱伝導が小さいが，中でも樹脂は非晶領域が多く，ファンデアワールス力などで凝集しているため，熱の伝播を担うフォノンが散乱を受けやすく，その熱伝導は各種材料と比較して熱伝導率は小さいことが知られている（図1）。

　このフォノン散乱を抑制すべく，樹脂材料中の構造をナノレベルで制御することができれば，樹脂自身の高熱伝導化も可能であると考えられ，その具体的手段として液晶ポリマーの配

表2 樹脂の熱伝導率一覧

熱伝導率（27℃, W/mK）

樹脂	熱伝導率	樹脂	熱伝導率
ポリエチレン	0.33-0.52	LCP	0.37-0.52
ポリプロピレン	0.12	PPS	0.22
ポリスチレン	0.08-0.14	PA	0.25
ポリ塩化ビニル	0.13-0.19	PPO	0.19
ABS	0.20-0.33	PC	0.19
アクリル樹脂	0.17-0.25	ポリウレタン	0.31
POM	0.23	フェノール樹脂	0.13-0.25
PBT	0.1-80.29	エポキシ樹脂	0.17-0.21
PET	0.15	PTFE	0.35-0.42
PI	0.20		

樹脂は平均で0.2 W/mK程度

向制御が研究されている。液晶ポリマーは表2に示したとおり，ミクロに周期的に分子が並んだ秩序性の高い結晶性構造であることと，アモルファス構造と結晶性構造が相分離しておらず界面が存在しないことから，マクロには分子が並んだ状態でなくとも通常の樹脂の約2倍以上の熱伝導率を示すが，この樹脂を磁場配向により，配向制御することで熱伝導率として樹脂単独でも2.5 W以上の高い熱伝導率を示すことが既にNEDOのプロジェクトで報告されている[4]（図4，表3，表4）。実際，液晶ポリマーは高配向させることで，既にアラミド，ポリアリレート，ポリベンゾオキサゾールなどの高強度・高弾性率繊維が商品化されており，材料として工業レベルで配向を制御した例も見られる。液晶ポリマーの高熱伝導材料のマトリックス樹脂としての有用性は非常に高い。

2.3 LCP／フィラーコンポジットの高熱伝導化の可能性

樹脂／フィラーコンポジットの熱伝導率は，そのモデルにより並列モデル，直列モデル，分散モデルなどに分類されるが[5]（図5），いずれのモデルも高熱伝導率化を図るためには，高熱伝導率のフィラーの高充填化が必要となる。図6（a），（b）には分散モデルを採用し，金成の式[6]を用いて計算したフィラーの充填率と熱伝導率の関係を示す。コンポジットの内部では，主に熱伝導率の高いフィラーを介して熱が伝わるが，フィラー間の界面はマトリックスとなる樹脂で隔てられる。その為，熱の伝達経路ではマトリックス樹脂の伝熱が律速となり，フィラーの熱伝導率を上げるよりもマトリックス樹脂の高熱伝導化を図ることが効果的となる。図7には具体的にマトリックス樹脂をエポキシ樹脂（0.2 W/mK）と液晶ポリマー（0.4 W/mK）とし，フィラーを窒化アルミ（250 W/mK）とした場合の計算結果を示す。同じ窒化アルミの

第8章 熱可塑型およびその他の絶縁系コンポジット材料

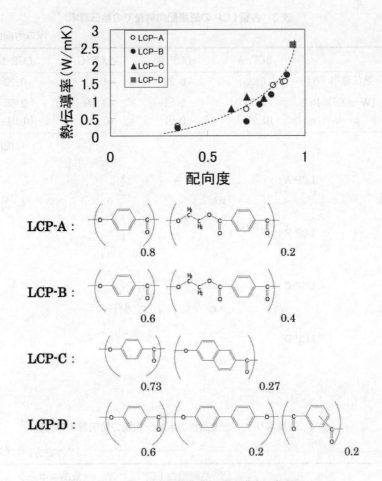

図4 液晶ポリマーの配向度と熱伝導率の相関

充填率でも顕著に熱伝導率が異なることが分かる。LCPでは30 W/mKを超えることが可能であるが,エポキシ樹脂では困難である。また上述のとおり配向制御により,液晶ポリマーは3 W/mK近い熱伝導率の発現が可能であり,窒化アルミなどの高熱伝導フィラーを高充填した場合のコンポジットとしての理論上のポテンシャルは50 W/mKを超えるレベルに達することも確認することができる。

　実用面でも,より少ないフィラー充填量で同じ熱伝導(放熱性)を実現可能であることから,高熱伝導性を示すLCPをマトリックス材に用いることで,プリント配線板などの構成部材に求められる導体との接着性,タック性,柔軟性,強度など樹脂の特徴を生かすことが可能な,材料マージンをより広げることが可能となる。

表3 各種LCPの磁場配向前後での熱伝導率

厚み方向印加

		LCP-A	LCP-B	LCP-C	LCP-D
熱伝導率	0T	0.26	0.28	0.41	0.20
(W/mK)	10T	1.71	1.51	1.09	2.56
		(0.91)	(0.9)	(0.79)	(0.94)

( ) は配向度

LCP-A : (−◯−⌬−◯−C(=O)−)₀.₈ (−◯−CH₂CH₂−◯−C(=O)−⌬−C(=O)−)₀.₂

LCP-B : (−◯−⌬−◯−C(=O)−)₀.₆ (−◯−CH₂CH₂−◯−C(=O)−⌬−C(=O)−)₀.₄

LCP-C : (−◯−⌬−◯−C(=O)−)₀.₇₃ (−◯−ナフタレン−C(=O)−)₀.₂₇

LCP-D : (−⌬−C(=O)−)₀.₆ (−◯−⌬−⌬−◯−)₀.₂ (−⌬−C(=O)−)₀.₂

表4 液晶ポリマーと液晶性エポキシ樹脂の熱伝導率の比較

10T 厚さ方向に印加

	熱可塑性 LCP	液晶エポキシ
熱伝導率 (W/mK)		
面内 (x 方向)	0.21	0.19
面内 (y 方向)	0.24	0.32
厚さ (z 方向)	1.55	0.69

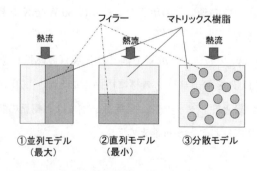

図5 複合材料の熱伝導性理論モデル

第8章 熱可塑型およびその他の絶縁系コンポジット材料

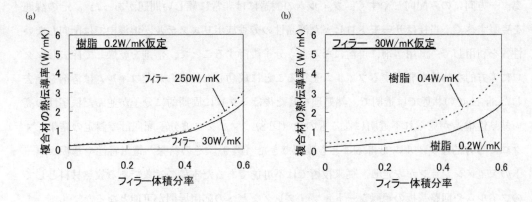

図6 分散モデルより算出したフィラー量と熱伝導率の相関
(a) 樹脂を固定し，フィラーの熱伝導率を変えた場合
(b) フィラーを固定し，樹脂の熱伝導率を変えた場合

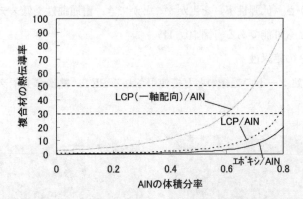

図7 分散モデルにおける LCP とエポキシ樹脂の熱伝導率の比較
（フィラーは窒化アルミ（AlN=250 W/mK を仮定））

2.4 実用面で熱伝達材マトリックスとして有益な液晶ポリマーの開発

2.2項，2.3項で液晶ポリマーの熱伝達材マトリックスとしての熱伝導性を生かすことの有用性について述べた。2.1項で述べたようにマトリックスとしての樹脂の役割は熱伝導性を生かすのみでなく，柔軟性の付与や（放熱シート），絶縁性，密着性の確保（放熱基板），成形性や機械強度（放熱部品）などの機能を併せ持つ材料でなければならない。当社では従来のLCPに，それら特性を併せもつべく，材料を分子設計，コンポジット設計の様々な角度から要素技術の開発に取り組んでいる。その取り組みの一端を紹介する。

2.4.1 可溶性LCP

液晶ポリマーはフィルムなどに加工する場合，樹脂が溶融時に非常に配向しやすい性質の

為，一方向にのみ配向しやすく，フィルムの製造には非常に難しい問題があった[7]。その課題を克服すべく，当社はサーモトロピック液晶性の芳香族ポリエステルが溶液中では配向しない性質を利用して，汎用溶剤に可溶になるよう分子設計することで，溶剤を乾燥して除去しマクロに等方的な物性を発現するフィルムを得ることに成功した。得られたフィルムは溶剤を除去した as cast の状態では透明で，熱処理をした後はミクロに周期的に分子が並んだ秩序性の高い結晶性構造が見られ不透明になるものの（図8），マイクロ波分子配向計で測定の結果，マクロに等方的なフィルムを得ることも確認できた（図9）。その結果，電気特性や基板，シートのディメンジョンが安定し，従来技術では不可能であった本稿の対象である放熱材料としてのフィルムや回路基板の絶縁シート，プリプレグなどへの応用展開が可能となった[8~22]。

(1) 可溶性LCPの柔軟性

可溶性LCPを用い，溶液キャスト法により製膜することでLCPを容易に25 μm以下の膜厚でも加工できる。薄膜に加工できることで，熱抵抗を小さくしながらLCPの有する熱可塑性樹脂特有のしなやかさ（低弾性率）を生かすことができ，耐屈曲性や低スティフネスに優れた材料を設計することも可能である（図10，11）。

(2) 可溶性LCPの絶縁性

可溶性LCPと放熱シートの絶縁層として使用されるPET，熱伝導フィラーとのコンポジッ

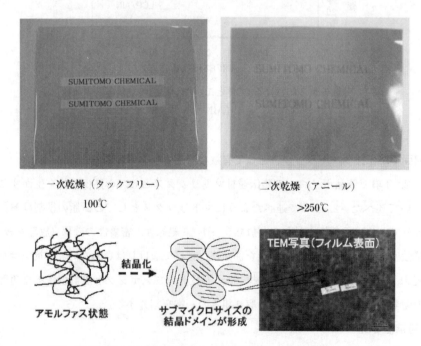

図8 液晶ポリマーキャストフィルムの外観および結晶ドメインサイズ

第8章　熱可塑型およびその他の絶縁系コンポジット材料

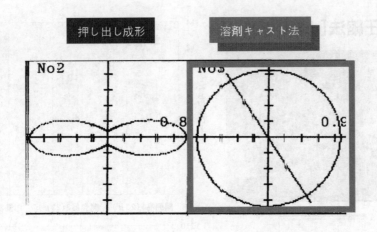

図9　液晶ポリマーフィルムの異方性の比較（マイクロ波分子配向計）

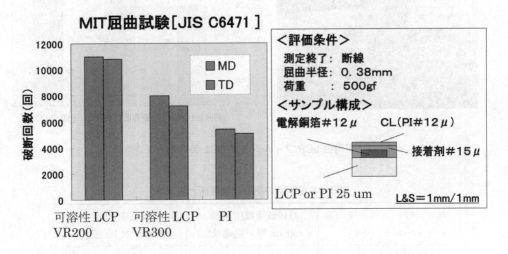

図10　可溶性 LCP フィルムの MIT 屈曲性のポリイミド（PI）との比較

トのマトリックスとして使用されるエポキシとの絶縁性の比較を，破壊電圧を測定することで行った。可溶性 LCP はいずれに比較しても優れた絶縁性を示すことが明らかとなった。吸湿性などもこれら材料と比較し低く，環境安定性にも優れることから優れた絶縁性を示す材料であることが分かる（表5）。

(3)　可溶性 LCP の接着性

可溶性 LCP を用いて銅箔上に塗布した後，溶媒を除去して得られる樹脂付銅箔は，図12に示す断面観察結果の押出溶融成形法との比較で明らかなように，異方性に起因した層構造を

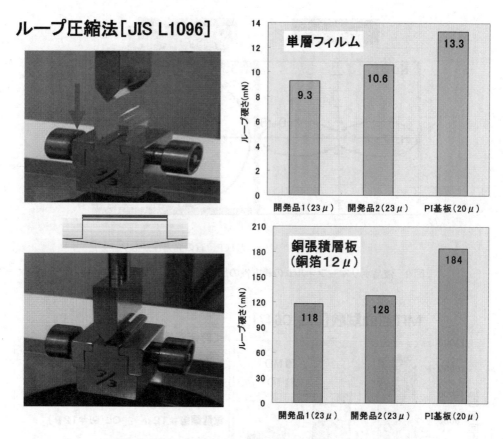

図11 可溶性LCPフィルム及びCCLのスティッフネス

表5 各種樹脂の絶縁破壊電圧と吸水率

	絶縁破壊電圧（kV） （50μm厚／絶乾状態）	吸水率（%） （23℃／24Hr浸漬）
可溶性LCP	7.5	0.1
エポキシ樹脂	6.2	1.2
PET	5.9	0.6

樹脂内部に有しないため，低粗度の特殊電解銅箔や圧延銅箔とも優れた密着性を有する（表6）。

(4) 可溶性LCPを生かした高熱伝導プリント配線板

可溶性LCPは放熱シート，放熱基板などに必要な特性として上記の柔軟性，絶縁性，接着性の他にも低熱膨張性や耐加水分解性なども有している。当社（住友化学㈱）では独自に開発したこの可溶性LCPを用い，高熱伝導フィラーと組み合わせることで高熱伝導性を有する材

第 8 章　熱可塑型およびその他の絶縁系コンポジット材料

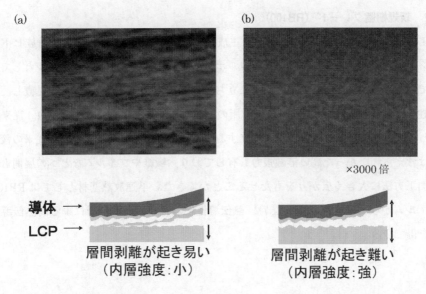

図 12　LCP の断面 SEM 写真　((a) 溶融押出し (b) 溶液キャスト (可溶性 LCP))

表 6　可溶性 LCP の銅箔との接着性

	電解銅箔♯ 18 μm (Rz = 2.1 μm)	圧延銅箔♯ 18 μm (Rz = 0.7 μm)
90°ピール (N/cm)	＞ 12	＞ 12

料の開発に着手し，高熱伝導性を発現するアルミ基板の開発や，メタルベース基板，グラファイトとの複合シートの開発などに目処を得ている。今後 LED やパワーデバイス等の電子回路の温度上昇の抑制を実現可能な優れた放熱性を有する基板としての展開を加速していきたいと考えている（図 13）。

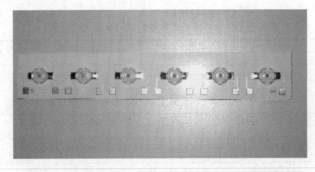

図 13　可溶性 LCP を用いて作製した LED 放熱基板

2.4.2 新規樹脂グレード（RB100）[23]

従来LCPはパラヒドロキシ安息香酸を主成分（50モル％以上）とする芳香族ヒドロキシカルボン酸，芳香族ジオール，芳香族ジカルボン酸からなる共重合ポリエステルとして分子設計されていた。当社は液晶性発現の原点に立ち返り，この分子設計を根本的に見直し，新たに熱伝導性としてはLCPで最高レベルの樹脂の開発に成功した（図14）。その他，従来達成し得なかった高耐熱性と耐加水分解性も両立することができた。また加工面で，従来の液晶ポリマーでは考えられなかった高い溶融張力も有しており，繊維やフィルムなどへの展開も容易になり，加工方法に大きく広がりをもたせることができた。早速放熱基材としてはRB100を用いたフィルムが収縮率も小さく（表7），熱伝導性粘着材などとの積層による高熱伝導シートで好評を得ている。

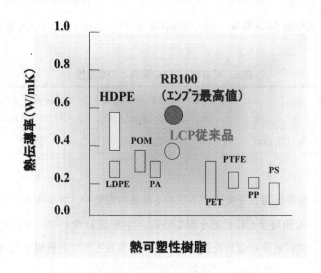

図14 各種樹脂の熱伝導率とRB100の位置づけ

表7 LCPフィルムの熱収縮率（他材との比較）

			LCP（25μm）	PPS（25μm）	PI（25μm）
熱収縮率	150℃×20分	MD	0.1%	1.3%	0.2%
		TD	−0.1%	−0.3%	−0.1%
	200℃×20分	MD	0.0%	2.3%	0.3%
		TD	0.0%	0.3%	0.2%

20 mm×150 mm（標線100 mm）

第8章 熱可塑型およびその他の絶縁系コンポジット材料

表8 高熱伝導LCPグレード(開発品)の主要物性

		E6000HFシリーズ 高流動		E4000シリーズ 高耐熱	通常グレード
		SCG-202	SCG-206	HT-K	E6808UHF Z
熱伝導率[1] MD	W/mK	10.0	3.2%	3.3%	2.0%
TD		2.0	2.0	2.2	0.3
比重		2.20	2.30	2.27	1.72
引張強度	MPa	95	90	85	100
伸び	%	3.3	3.7	3.0	5.0
曲げ強度	MPa	110	100	95	120
曲げ弾性率	MPa	15500	12100	11600	94000
Izod衝撃強度[2]	J/m	140	110	100	350
薄肉流動長[3]	mm	70	90	85	200
体積固有抵抗	$\Omega \cdot m$	10^{13}	10^{13}	10^{14}	10^{13}
絶縁破壊電圧[4]	kV/mm	4	40	30	45
耐熱性(DTUL)	℃	250	250	300	240

1) 試験片厚み:1mm, レーザーフラッシュ法(JIS R1611) MD:樹脂の流動方向, TD:流動方向に対して直角方向
2) ノッチなし
3) 金型形状(スパイラルフロー):幅8.0mm×厚み0.3mm, 試験温度:E6000HF 360℃, E4000 400℃
4) JIS C2110(短時間破壊法)、試験片厚み:1mm
　高熱伝導グレードの物性値は試作品の代表値です。今後, 変更することがあります。

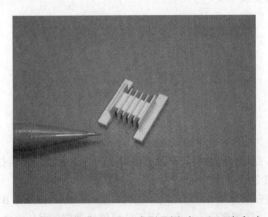

図15 高熱伝導グレードの成形品例(コイルボビン)

2.4.3 新規コンパウンド高熱伝導グレード[18]

当社は，LCPに熱伝導性フィラーの分散技術を組み合わせた高熱伝導材料を開発し，既にサンプルワークを開始している。これまでLCPが使用されてきた分野の背景を考慮し，以下のポイントを重視した設計としている。

- 電気絶縁性（導電性の設計も可能）
- 優れた成形加工性（高流動性と低バリ性）
- 優れた耐熱性
- 実用上必要な強度
- 厚み方向への熱伝導性

表8に代表サンプルの諸特性，ならびに，図15に薄肉部を有する成形品例を挙げたが，厚み方向で2W/mK以上の熱伝導性に，薄肉での高流動性，さらに，高い荷重たわみ温度を有している。従来，高熱伝導性の熱可塑性樹脂は，著しく成形加工性が損なわれ，強度は低下し，かつ比重が大きいとされてきたが，本開発品は従来にない性能バランスを有していることが分かる。

2.5 むすびに

本稿では放熱材料における熱伝達材としてのプラスチックの重要性とその要求を満たす当社の液晶ポリマー関連の開発品について各種報告した。今後も当社は現業のコネクター，リレー，光ピックアップレンズホルダー，LED部品などを中心とした射出成形用途（コンパウンドベースで14,000トン）での精密電子部品の成長を重合技術，コンパウンド技術を駆使して支えると同時に[24]，放熱基板を含む様々な分野で，技術革新により新たな展開の構築をすすめ，LCPの市場の成長を促していきたい。

文献

1) 山本礼ほか，エレクトロニクス実装学会誌，**13**（6），462（2010）
2) 宮下貴之，放熱・高熱伝導材料，部品の開発と特性および熱対策技術，p.163，技術情報協会，2010年4月30日発行
3) 特許から見た放熱有機材料の最新動向，住ベリサーチ㈱，2009年8月発行
4) 平成13,14,15-16，「精密高分子技術」NEDO評価報告書，ポリマテック㈱
5) 宮下貴之，Polyfile，2009（9），21（2009）

6) 金成, 高分子, **26**, 557 (1977)
7) 末永, 成形・設計のための液晶ポリマー, p.150, シグマ出版 (2002)
8) 岡本敏ほか, 住友化学技術誌, 2005-I, 4 (2005)
9) 片桐史郎, 伊藤豊誠, 岡本敏, 第16回マイクロエレクトロニクスシンポジウム, 115 (2006)
10) 岡本敏ほか, "低損失液晶ポリマー上に作製したループ付広帯域自己補対アンテナの特性", 信学会全国大会 (2007)
11) 岡本敏, 伊藤豊誠, 小日向雄作, 超高速高周波エレクトロニクス実装研究会, 7, No.1, 9 (2007)
12) 伊藤豊誠, 岡本敏, 第15回マイクロエレクトロニクスシンポジウム, 77 (2007)
13) 岡本敏, "液晶ポリマーの改質と最新応用技術", 技術情報協会, 153 (2006)
14) 岡本敏, "フレキシブル基板材料の開発技術", 技術情報協会, 71 (2006)
15) 岡本敏, コンバーテック, **84**, 409 (2007)
16) 岡本敏, "成形加工", プラスチック成形加工学会, **20**, 270 (2008)
17) 沈昌補, 第18回マイクロエレクトロニクスシンポジウム (MES2008), 京都 (2008)
18) 岡本敏, "製品高付加価値化のためのエレクトロニクス材料", 第4章3節, p.140, シーエムシー出版 (2009)
19) 岡本敏, 放熱・高熱伝導材料, 部品の開発と特性および熱対策技術, 第3章4節, p.261, 技術情報協会 (2010)
20) 岡本敏, 剥離対策と接着・密着性の向上, 第4章3節, p.230, サイエンス&テクノロジー出版 (2010)
21) 岡本敏, *Material Stage*, Vol.9, p.1 (2010)
22) 岡本敏, 高分子絶縁材料技術とその実例・評価, 第2章2節 (2), p.108, 技術情報センター (2010)
23) 岡本敏, プラスチックエージ, Vol.56, p.42 (2010)
24) 山内宏泰, プラスチックス, vol.61, p.91 (2010)

3 高熱伝導性バイオプラスチックの開発

位地正年*

3.1 はじめに

近年，電子機器用の新しい環境適合素材として，再生可能な植物を原料としたバイオプラスチックへの関心が高まっている。特にトウモロコシを原料にしたポリ乳酸は，耐熱性や剛性が比較的高く，量産化も開始されているので，食器や繊維などの一般消費材に加え，電子機器や自動車用の耐久材としても利用が一部開始されている[1,2]。

しかし，通常のポリ乳酸樹脂は，これまでの石油原料系のプラスチック（石油系プラスチック）に比べて耐久性が十分ではない上，製造コストが高いため，耐久材として広く代替していくことが難しい。それゆえ，ポリ乳酸の利用拡大には，コストに見合った付加価値の創出，すなわち，本来の優れた環境調和性に加えて，従来の石油系プラスチックを上回る機能の付与が重要になると考える。

そこでNECでは，ポリ乳酸樹脂を電子機器などの耐久材に応用するため，ポリ乳酸の高機能化技術の開発を進めてきた[3〜6]（図1）。

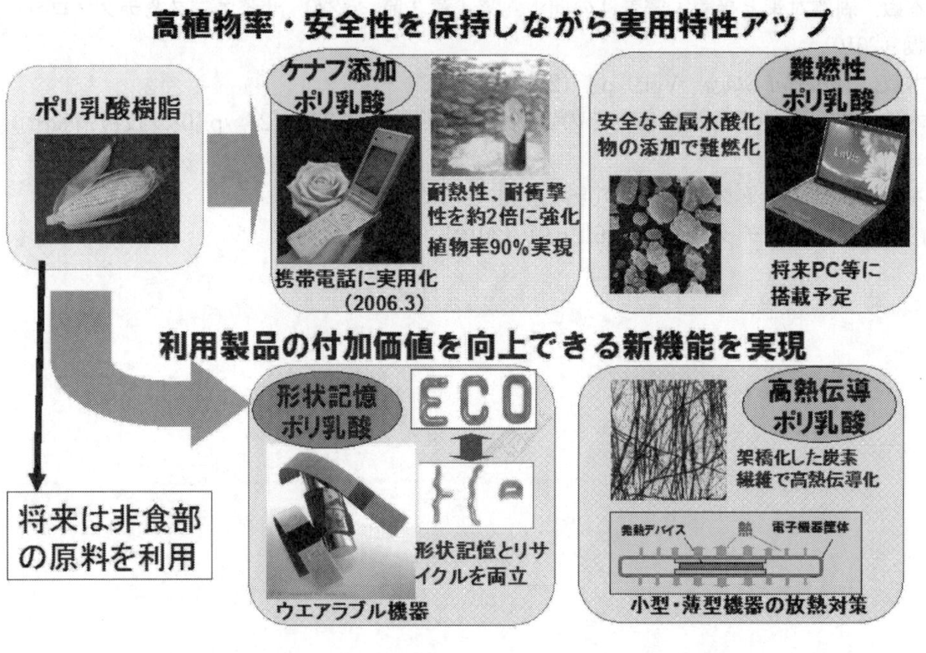

図1　NECの高機能バイオプラスチックの開発

* Masatoshi Iji　日本電気㈱　グリーンイノベーション研究所　主席研究員

第8章 熱可塑型およびその他の絶縁系コンポジット材料

すなわち，地球温暖化防止効果の高いケナフや植物由来の添加剤を使用して，90％以上の高い植物成分率で高耐熱性を実現するケナフ繊維添加ポリ乳酸コンポジットを開発し，携帯電話の筐体材料として実用化した。さらに，パソコンなどの電子機器に広く利用するため，土壌成分の安全な金属水酸化物などを配合することにより，高度な難燃化技術を開発した。また，ポリ乳酸の分子構造中に熱可逆結合を付与させることにより，石油系樹脂では達成できなかった，リサイクル可能な形状記憶性を実現し，将来のウェアラブル機器等への応用を目指している。

そして今回，最近の電子機器で特に重要な課題になっている放熱対策に貢献するため，高熱伝導性の新規ポリ乳酸複合材を開発した。すなわち，小型化や薄型化が進められる最新の電子機器では，内部のデバイスの発熱による筐体の高温化が問題になっているが，これらの電子機器では，機器内部の設置スペースが限られるため，従来のファンやシート等の放熱部品の適用は難しくなっている。また，ステンレスなどの金属を筐体材料に利用した場合には，厚み方向の伝熱性が高いため，デバイス周辺部に局所的な高温部が生じ，使用時の不快感を招きやすくなる。しかも，金属はプラスチックに比べて比重が大きいため，軽量化しにくく，複雑な形状の成形に手間がかかるという課題もある。

これに対し，従来からプラスチックを高熱伝導化する方法は数多く検討されている。しかし，そのほとんどが石油系プラスチックに熱伝導性の高い充填剤（金属やセラミックス，炭素等の粉体や繊維）を高配合（50重量％以上）する方法であった。すなわち，樹脂領域の熱抵抗が極めて大きいので，効率的な伝熱のためにはこれらの充填材を大量に配合して充填材同士を直接接触させる必要があったからである。この結果，成形性や強度の低下，比重の増加という実用上の大きな問題が生じており，さらに，プラスチック自体が石油原料であるために，環境対策が不十分という課題もあった。

このような難しい技術的課題を持つプラスチックの高熱伝導化に対して，我々は環境調和性の高いバイオプラスチックのポリ乳酸樹脂をベースに，独自な植物原料の結合剤を用いて炭素繊維を樹脂中で網目状に結合（架橋化）させ，従来に比べて大幅に少ない炭素繊維の添加量（10重量％～）でポリ乳酸樹脂を高熱伝導化させることに成功した。本開発材は，ポリ乳酸とほぼ同等の低い比重（～1.3）を保持しながら，ステンレスと同等以上の熱拡散性を有し，さらに，金属にはない平面方向への異方的な伝熱特性を持つため，最新の薄型電子機器の筐体材料などに利用した場合には，局部的な高温化を防ぎながら筐体全体で放熱することが可能である（図2）。以下にこの詳細を述べる。

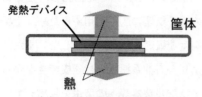 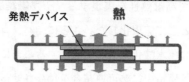

図2　小型・薄型機器の放熱問題と対策

3.2 ポリ乳酸中での炭素繊維の架橋化による高熱伝導化

　プラスチック中で炭素繊維を架橋化する（連結する）試みは，導電性を付与することを主目的として検討されてきた。しかし炭素繊維は，表面の極性が通常の樹脂に比べて著しく低いため，樹脂中では凝集しやすく，効率的な分散や架橋化は難しい課題とされてきた。特にポリ乳酸のようなバイオプラスチック中での炭素繊維の架橋化はまだ実現されていなかった。

　これに対し我々は，独自な植物原料の結合剤を適用することにより，極性の高いポリ乳酸中でも炭素繊維を高分散化させ，さらに炭素繊維同士を効率的に架橋化させることに成功した[7]。すなわち，低極性の炭素繊維に対して高い親和性を持ち，さらに，高極性のポリ乳酸とも適度な親和性をもつ天然素材の有機化合物（特定構造のアミド化合物）を結合剤として開発した。この結合剤のポリ乳酸への添加により，極性の高いポリ乳酸中でも炭素繊維を高分散させ，同時に炭素繊維を効率的に架橋化させることに成功した。すなわち，本結合剤は，ポリ乳酸よりも適度に極性が低いため，ポリ乳酸中では，図3に示すように，ミクロンサイズの粒子状で分散して海島構造を形成する。一方，炭素繊維の表面に対しては，高い親和性により選択的に吸着し，その結果，ポリ乳酸中での炭素繊維の架橋化（可逆的な物理的架橋）が可能になっている。

　炭素繊維の架橋化による熱伝導性の向上は，赤外線カメラを用いた熱拡散性（温度の伝達性）の直接観察により確認した。図4には，プレス成形した試験片の下端部にヒーター（70℃）を接触させた時のサーモグラフを示すが，結合剤を加えない場合に比べて熱拡散性が大幅に向上した。この大きさは，炭素繊維が10重量％の添加で，ステンレス同等以上，さらに炭素繊維が30重量％の添加で，ステンレスの2倍以上となった。また，この試験片の平面方向の伝熱性は，ステンレスよりも大幅に優れており，サーモグラフで観察される熱源からの温度の広がりは，ステンレスよりも2倍以上大きく，定常加熱での裏面の中心温度の上昇も十分に抑制できた（図5）。これは，成形時に炭素繊維が平面内に配向することにより，熱も平

第8章　熱可塑型およびその他の絶縁系コンポジット材料

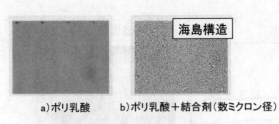

図3　ポリ乳酸樹脂中での炭素繊維の架橋形成

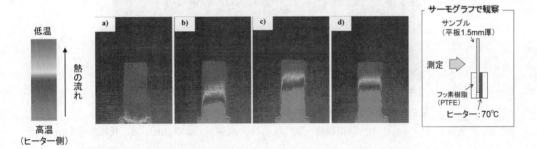

図4　ポリ乳酸樹脂中での炭素繊維の架橋化による高熱伝導化
a）ポリ乳酸樹脂のみ，b）炭素繊維10%添加，
c）新規ポリ乳酸複合材，d）ステンレス（SUS304）（炭素繊維10%＋結合剤5%添加）

面方向に優先的に伝導し，ステンレスよりも放熱性が優れているためと考えられる。このような平面方向に良好な伝熱性を持つ開発材を筐体に使用した場合には，筐体面全体で放熱しやすくなり，デバイス周辺部での局所的な高温化が生じにくくなる。

3.3　新規ポリ乳酸複合材の熱伝導性への炭素繊維のサイズの影響
　炭素繊維は，それ自体の熱伝導性だけでなく，そのサイズが本開発材の伝熱性に大きく影響する。例えば，導電性付与においては，幾何学的な連結に有利な高アスペクト比（繊維長／繊維径）の微細繊維が適することが知られている。しかし，熱伝導性の付与においては，微細な繊維の架橋化では，炭素繊維間の連結部（不連続部）が増加することになるため，むしろ連続

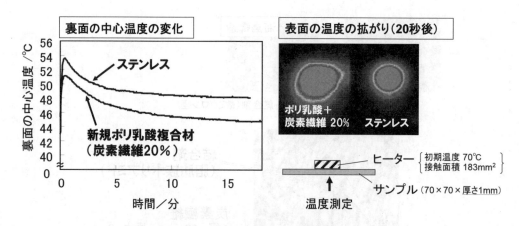

図5 定常加熱の際の成形体裏面の温度変化

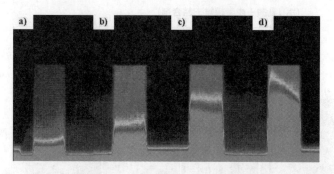

図6 新規ポリ乳酸複合材の熱伝導性への炭素繊維のサイズの影響
a) 炭素粒子（15 μm），b) 微細繊維（20 μm），c) 短繊維（200 μm），d) 長繊維（6 mm）

性に有利な長い炭素繊維が適することが予想できる。実験的にも，図6に示すように，繊維長が長いほど，新規ポリ乳酸複合材の熱拡散性は高くなっており，粒子状よりも繊維状，さらに微細な繊維（20 μm）よりも適度に長い繊維（200 μm と 6 mm）が，熱伝導性の向上に適することが判明した。ただし，繊維長が長すぎると，成形に悪影響が生じるため，実際の成形ではこれらの影響を考慮することが必要であるため，6 mm 程度を選択した。

3.4 機械的特性の改善効果

本開発材の機械的特性は，架橋化した炭素繊維の含有により，図7に示すとおり，耐熱性，耐衝撃性，および曲げ特性のいずれも元のポリ乳酸より大幅に向上し，実用的なレベルをほぼ達成した（従来の薄型成形用の石油原料系ポリカーボネート／ABS アロイ樹脂程度）。今後は，各種の添加剤を最終的に調整して実用的組成に仕上げる。

第8章　熱可塑型およびその他の絶縁系コンポジット材料

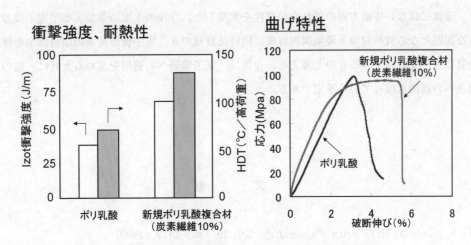

図7　架橋型炭素繊維を含む新規ポリ乳酸複合材の機械的特性

図8　新規ポリ乳酸複合材で射出成形した携帯機器筐体の成形体（厚み1mm以下）

3.5　実用化技術の開発

本開発材の実用化では，製造時における樹脂と炭素繊維の混練機での混合や，成形加工，特に射出成形の際に，炭素繊維が破断してしまうことが最大の課題であった。これに対して，用いる炭素繊維の硬さやサイズ（直径，長さ），さらに他の添加剤の最適化，加えて，混練機や成形機の機構や運転条件の最適化により，この破断を防止できる技術を開発し，本開発材の量産と通常の射出成形での成形が可能になった（図8）。現在，さらに複雑な形状の成形体にも対応すべく，本技術の一層の高度化を図っている。

3.6　まとめと今後の展開

高熱伝導性のバイオプラスチックとして，新規ポリ乳酸-炭素繊維複合材を開発した。独自な植物系結合剤により樹脂中での炭素繊維の架橋化に成功し，ステンレスを上回る熱拡散性

と，金属にはない平面方向の優れた伝熱性を実現した。今後の主流の薄型・小型電子機器で大きな課題となる放熱対策と環境調和対策に同時に貢献でき，電子機器産業の環境保全を伴った発展に大きく寄与できるものと考える。今後は，電子機器への適用を進めると共に，他の産業用途への展開も図っていく予定である。

文　献

1) S. Jacobsen, H. G. Fritz, *Polym. Eng. Sci.*, **39**, 1303-1319（1999）
2) 位地正年，未来材料，**6**, 22-26（2006）
3) 井上和彦ら，高分子論文集，**62**, 261-267（2005）
4) S. Serizawa *et al.*, *J. Applied Polym. Sci.*, **100**, 618-624（2006）
5) 位地正年，工業材料，**56**, 2, 45-49（2008）
6) 位地正年，電子材料，**9**, 25-31（2008）
7) A. Nakamura, M. Iji, *J. Mater. Sci.*, **44**, 4572-4576（2009）

第9章 熱硬化型の非絶縁系コンポジット材料

1 導電性接着剤の熱伝導特性

井上雅博*

1.1 はじめに

Agなどの金属フィラーを含有する導電性接着剤は本来電気的接続を目的とした接着剤であるが，比較的高い熱伝導率を実現できることから熱伝導性接着剤（Thermal conductive adhesives）として使用することも期待されている。具体的な材料開発の事例などについては他の詳しい総説[1]を参照いただくとして，本稿では導電性接着剤の熱伝導特性を決定している因子について考察するとともに材料開発の方向性について議論する。

1.2 導電性接着剤の熱伝導率解析の理論的背景

1.2.1 複合材料の熱伝導特性の解析理論

導電性接着剤について考える前に，一般的な複合材料の熱伝導特性の解析理論について述べることにする。複合材料の熱伝導特性を解析するために多数の理論が提案されているが，最も良く使われている理論は有効媒質理論[2,3]である。本来，有効媒質理論は熱伝導解析のみに適用できる考え方ではなく，電気伝導，誘電分極，ホール移動度など様々な輸送現象の解析に応用できる近似モデルである。

図1のように熱伝導率がλ_fとλ_mの物質がランダムに混合している複合材料を考える。この複合材料中の一つの領域（例えば図1中のA）に着目し，これを球で置き換える。さらに，残りの部分は複合材料の熱伝導率λ_cを有する一様な媒質であると仮定する。このように考えると，複合材料を一様な媒質の中に1個の球を埋め込んだモデルで表現することができる（有効媒質近似モデル）。複合材料中に存在するすべての領域が熱伝導特性に対して独立に作用すると考え，すべての領域に対して同様のモデル化を行う。詳細は割愛するが，このモデルの熱伝導率解析を行うことでBruggemanの式を誘導することができる[4]。また，金成[4]は球状以外の形状のフィラーに対してBruggemanの式を拡張し，(1)式を導いた。

$$1 - V_f = \frac{\lambda_c - \lambda_f}{\lambda_m - \lambda_f} \left(\frac{\lambda_m}{\lambda_c} \right)^{\frac{1}{n}} \tag{1}$$

---

* Masahiro Inoue　大阪大学　産業科学研究所　助教

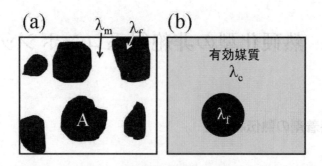

図1　有効媒質理論の基本概念
（a）不均質混合系と（b）それに基づく有効媒質近似モデル

ここで，V_f はフィラーの体積分率，λ_f および λ_m はそれぞれフィラーおよびマトリックスの熱伝導率である。n はフィラー粒子の形状因子[5]であり，粒子の球形度 ψ を用いて（2）式のように表される。ψ は粒子体積と等しい体積を有する球の表面積を実際の粒子の表面積で割った値である。

$$n = \frac{3}{\psi} \tag{2}$$

さて，この有効媒質理論は多くの複合材料の解析に用いられてきたのであるが，ここでこの理論が成立する前提条件について考えてみたい。この理論では複合材料中のフィラーを1個取り出して一様な媒質中に埋め込むのであるが，この操作はすべてのフィラー粒子が複合材料の輸送現象に対して独立に作用する場合にのみ可能になる[2]。したがって，この理論は隣接するフィラー間の相互作用が比較的弱い複合材料に対して有効な近似モデルを与えると考えることができる。

高分子バインダー中に電気的絶縁性を有するフィラーを混合した複合材料の熱伝導率にはフォノンのみが寄与する。フォノンは界面で強く散乱されるため，このような複合材料においてはフィラー間の相互作用は比較的小さいと考えられる。したがって，有効媒質理論に基づく熱伝導率解析が有効になる場合が多い。

1.2.2　導電性接着剤の熱伝導特性に対する考察

金属のような電子をキャリアとする導電体の熱伝導率には伝導電子とフォノンの両方が寄与する。ここでは伝導電子の寄与のみに着目する。金属中の伝導電子のすべての散乱過程が弾性散乱か，あるいは準弾性散乱とみなせる場合，伝導電子の寄与による部分熱伝導率（全熱伝導率ではないことに注意）は Wiedemann-Franz 則（以下，W-F 則）によって見積もることが可能である[5〜7]。

第9章　熱硬化型の非絶縁系コンポジット材料

$$\lambda_e = L\sigma T \tag{3}$$

ここで，λ_e, σ, T はそれぞれ伝導電子の寄与による部分熱伝導率，電気伝導率，温度である。L はローレンツ数である。この考え方はマクロスケールからナノスケールに至るすべての空間スケールを輸送される伝導電子に対して普遍的に適用できる。

W-F 則は19世紀半ばに金属の熱伝導率と電気伝導率の間に成立する経験則として提案された経緯があるために誤解されることがあるが，現在ではこの法則の理論的背景は明らかにされており，金属の熱伝導率を表す経験則としてではなく，ある媒質中を運動する伝導電子系の熱伝導率を表す法則と解釈すべきである。したがって，材料中を運動する伝導電子の散乱過程が弾性散乱あるいは準弾性散乱とみなすことができる場合には，(3) 式から伝導電子の寄与による部分熱伝導率を見積もることができる。

導電性接着剤の場合には，フィラーのパーコレーションネットワーク中を伝導電子が輸送されることで導電性が発現する。この導電性接着剤中の伝導電子に対してW-F則が適用可能であるか，考えてみたい。この考え方は，導電性接着剤をある一定の電気抵抗率を与える媒質中を電子が移動する粗視化モデルに置き換えて，熱伝導率に対する伝導電子の寄与を定量的に考察しようとするものである。導電性接着剤の電気抵抗はフィラー内抵抗成分と界面抵抗成分に大別され，さらに後者は主として集中抵抗成分とトンネル抵抗成分から構成される[8]。導電性接着剤が使用される室温近傍の温度域はフィラーに用いる金属のデバイ温度より十分高いため，この温度域ではフィラー内抵抗と集中抵抗については準弾性散乱過程[5]とみなすことができる。また，界面で弾性トンネル伝導が起こるとすると，通常の使用環境下では導電性接着剤中の伝導電子に対してW-F則を適用することは可能であると考えられる。

図2にW-F則から見積もった伝導電子の寄与による部分熱伝導率と電気抵抗率の関係[9]を示す。この図によると，$1\,\mathrm{m\Omega cm}$ より高抵抗率の領域では伝導電子の寄与は無視できるほど小さいことがわかる。言い換えるなら，このような高抵抗率の接着剤の場合，熱流の観点から見ると自由電子はフィラー内に局在していると近似しても差し支えない。したがって，このような接着剤の熱伝導率は，絶縁フィラーを用いた複合材料と同様に有効媒質理論により解析が可能であると考えられる。

一方，現在，一般的に使用されている導電性接着剤の電気抵抗率は $10\sim100\,\mu\Omega\mathrm{cm}$ であるが，図2によると，この領域では熱伝導率への伝導電子の寄与が顕在化し始めることがわかる。さらに，電気抵抗率が $10\,\mu\Omega\mathrm{cm}$ 台前半より低くなると，伝導電子の寄与が急激に増加し，熱伝導率を決定する支配的な因子となると考えられる。伝導電子の寄与が支配的になる接着剤ではフィラー間の相互作用が非常に強くなり，有効媒質近似の前提条件が成り立たなくな

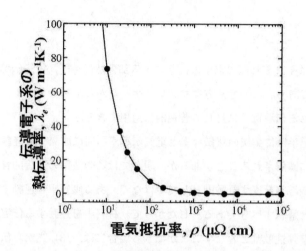

図2 W-F則から見積もった伝導電子の寄与による部分熱伝導率

るため,有効媒質理論とは異なるモデルを用いた熱伝導率解析が必要となる。

1.3 導電性接着剤の熱伝導率の解析例

1.3.1 エポキシ／Cu系接着剤の熱伝導率解析

エポキシ樹脂バインダー中にCuフレークおよびマイクロ球状粒子をランダムに分散させた接着剤を試作し熱伝導率の解析を行った[10,11]。ここで用いたCuフィラーの表面分析を行ったところ酸化皮膜が形成されていることが明らかとなったが,この酸化皮膜の影響で硬化後の接着剤の電気抵抗率は100 mΩcm程度の比較的高い値となった。

図3に,レーザーフラッシュ法により測定した熱伝導率とフィラー体積分率の関係を示す。この結果から,ランダムな分散状態が実現される場合には,フィラーとして球状粒子よりフレークを用いたほうが熱伝導率を上昇させるのに有効であると言える。

図2のW-F則からの予測によると,この接着剤では熱伝導率に対する伝導電子の寄与は無視できると考えられるので,有効媒質近似により導かれた(1)式を用いて解析を行った。なお,これらの試料中にはボイドが残存していたので,ボイドの熱伝導率への影響についても有効媒質近似モデルを適用して補正を行った。熱伝導率の解析結果を見るとCuの体積分率が40 vol%以下の領域では,有効媒質近似に基づく(1)式で計算した値が実験値とよく一致していることがわかる。それよりも高体積分率の領域では計算値と実験値にずれが見られるようになるが,このエポキシ／Cu複合材料の熱伝導率の解析には有効媒質理論が適用可能であると言って良い。

第9章 熱硬化型の非絶縁系コンポジット材料

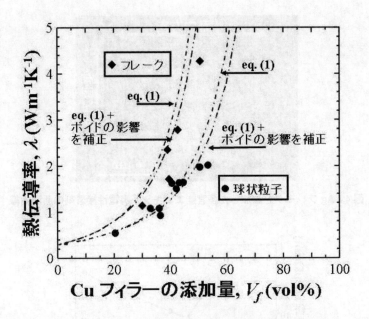

図3 エポキシ／Cu系接着剤の熱伝導率解析結果の一例

1.3.2 エポキシ／Ag系接着剤の熱伝導率解析

現在開発されているAgフィラーを用いた導電性接着剤では数十 $\mu\Omega$cm程度の低い電気抵抗率を示すものも珍しくない。このような接着剤では，伝導電子の寄与による部分熱伝導率だけでも $10\ Wm^{-1}K^{-1}$ を超えることが予想され，非常に高い熱伝導率の実現が期待できる。ここでは，数十〜数百 $\mu\Omega$cm の電気抵抗率を示す導電性接着剤の熱伝導率の解析例[12,13]を紹介する。

試料として反応性希釈剤を含有する多官能エポキシ樹脂バインダーにAgフィラーを添加した導電性接着剤を用いた。なお，Agフィラーは，Agフレーク（3〜10 μm）およびマイクロ球状粒子（平均粒径3 μm）を全体で85 wt%になるように種々の比率で配合後，バインダーに添加した。その後，この接着剤ペーストを厚さ50〜250 μmになるように成形・加熱硬化させた。図4にAgフレークのみを含有する試料の硬化後の断面組織を示す。Agフレークが面内方向に配向する形で分散している様子が明確に確認された。

図5に150℃で硬化させた試料とそれをさらに200℃でポストアニールした試料の面内方向の電気抵抗率を示す。測定はvan der Pauw法を用いて25℃で実施した。この図の横軸は全フィラー添加量中のマイクロ球状粒子の重量分率を示している。面内方向の電気抵抗率は球状粒子の含有量が多くなるにつれて上昇する傾向がある。これは，球状粒子をフィラーとして用いた場合，フィラー間の界面抵抗が高くなるために起こる現象である。200℃でポストアニールを行うとバインダーの非可逆的緩和現象[12,13]にともなって電気抵抗率の低下が見られるが，

高熱伝導性コンポジット材料

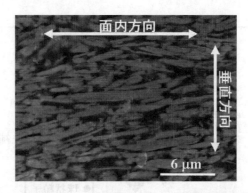

図4　Agフレークを添加した多官能エポキシ系導電性接着剤の断面組織

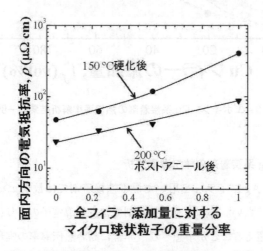

図5　Agフレークおよびマイクロ球状粒子を種々の配合率で混合し，全体で85wt%になるように添加した多官能エポキシ系導電性接着剤の面内方向の電気抵抗率
横軸は全フィラー添加量に対する球状粒子の重量分率を示している。

依然として球状粒子の含有量の増加とともに電気抵抗率は増加する傾向がある。

次に厚さ250 μm の自立薄片試料を用いて，レーザーフラッシュ法により熱伝導率測定を行った。図6に150℃で硬化させた試料の25℃における面内方向および垂直方向の熱伝導率測定結果を示す。フレークを含有する試料では熱伝導率の異方性が見られ，垂直方向に比べ面内方向で高い熱伝導率を示すことがわかる。これは，図5に示したAgフレークの配向分散に起因すると考えられる。接着剤が実際に使用される場合には垂直方向の熱伝導率が重要な要求性能となるので，この熱伝導率の異方性は実用上問題となる。球状粒子のみを添加した試料ではフィラーの分散状態の異方性が解消されるので等方的な熱伝導特性が実現されている。

ここで面内方向での電気抵抗率と熱伝導率の関係を見てみる。電気抵抗率の増加に伴って熱伝導率が減少する傾向が見られることから，両者には相関関係があることが示唆される。ま

第9章　熱硬化型の非絶縁系コンポジット材料

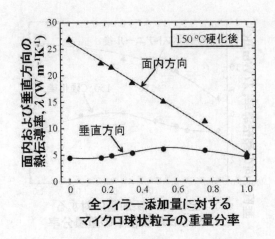

図6　図5に示した導電性接着剤サンプルを150℃で加熱硬化させた場合の
面内方向および垂直方向の熱伝導率

た，電気抵抗率のデータから熱伝導率における伝導電子の寄与の割合を見積もると，フレークのみを用いた試料では全熱伝導率のうち約70％が伝導電子の寄与によるものであることがわかった。球状粒子の含有量が増加するにつれて伝導電子の寄与の割合は低下していき，球状粒子のみを用いた試料では約40％となった。したがって，電気抵抗率が低い接着剤ほど熱伝導率における伝導電子の寄与の重要性が高くなるということが言える。

　一方，150℃で硬化させた試料の面内方向の熱伝導率は球状粒子の含有量が増えるにしたがって増加する傾向があるが，球状粒子の含有量が全フィラー添加量に対して50～60 wt％に達するとピークを示し，それ以上の球状粒子の含有量を増やしても熱伝導率は逆に低下した。

　Agフレークを添加した接着剤において，面内方向に比べて垂直方向で熱伝導率が低くなるのは，フレークの配向分散によりフィラー間界面数が垂直方向で多くなることに起因している。界面熱抵抗がフィラー配合率によって変化しないと考えると，球状粒子の含有量が増えるにしたがって垂直方向の界面数が減少するため熱伝導率は増加すると予想される。しかし，球状粒子含有量の増加に伴う界面電気抵抗の増加により，熱伝導に対する伝導電子の寄与は必然的に減少することになる。したがって，球状粒子の含有量の増加にともなって界面熱抵抗は増加することになる。この界面熱抵抗の増加の影響が顕在化したことが，球状粒子含有量50～60 wt％以上の領域での面内方向の熱伝導率の減少を引き起こしたものと考えられる。

　硬化後の試料を200℃でポストアニールすると界面電気抵抗は減少するが，同時に伝導電子の寄与の増加に伴って界面熱抵抗は減少する。図7にポストアニールによる面内方向の熱伝導率の変化を示す。すべてのフィラー配合率において接着剤の熱伝導率はポストアニールにより増加しているだけでなく，ポストアニール後の試料では球状粒子のみをフィラーとして添加し

高熱伝導性コンポジット材料

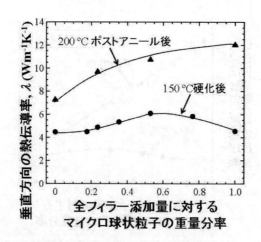

図7　図6に示した導電性接着剤サンプルを200℃でポストアニールした場合の垂直方向の熱伝導率の変化

たものが最も高い熱伝導率を示した。この結果からも低い電気抵抗率を示す導電性接着剤の熱伝導特性に対する伝導電子の寄与の重要性を窺い知ることができる。

1.4　高熱伝導性の導電性接着剤の開発指針

ここで以上の検討内容を整理するとともに高熱伝導性導電性接着剤の開発指針を考えてみたい。まず，導電性接着剤を電気抵抗率のレベルによって2つのカテゴリーに分けて考える必要がある。ひとつは，数mΩcmより高抵抗率を示す接着剤である。このタイプの接着剤はフィラーの種類に関わらず，熱伝導率に対する伝導電子の寄与を無視することができるので，古典的な有効媒質理論を適用して材料開発の指針を考えることができる。(1)式からわかるように，フィラーの充填密度をできるだけ高くすることと[14]，非球状フィラーをランダムに分散させるなどの方策が有効であると考えられる。フレークなどのアスペクト比が高いフィラーが面内方向に配向分散する場合には，垂直方向の熱伝導率が面内方向に対して低くなるので，粒径分布などを考慮したフィラー配合率の調整が重要なポイントになると考えられる。

一方，数十μΩcmより低い電気抵抗率を示す接着剤では熱伝導率に対する伝導電子の寄与を念頭に置き，電気抵抗率をできるだけ低下させる方向で材料設計を行うことが必要である。しかし，Agフレークが面内方向に配向分散する場合には，面内方向では高い熱伝導率が実現されるとしても垂直方向では比較的低い熱伝導率しか実現できない。したがって，粒径分布などを考慮したフィラー配合率の調整を行うとともに，フィラー間界面の導電コンタクトの状態の最適化により界面電気抵抗および界面熱抵抗を減少させることが材料設計のポイントとなる。

第9章　熱硬化型の非絶縁系コンポジット材料

1. 5　おわりに

　ここでは導電性接着剤を電気抵抗率のレベルに応じて2つのカテゴリーに分類し，高熱伝導率化のポイントを考察したが，数十 $\mu\Omega$cm より低い電気抵抗率を有する接着剤のほうがより高い熱伝導率を実現可能であることから，今後は電気的輸送現象と熱的輸送現象をリンクさせた発想からの材料設計が重要になると考えている。導電性接着剤の電気伝導特性はフィラーのパーコレーションネットワークの形成によって発現することは間違いないが，より高性能の接着剤を実現するためにはこのネットワークの質を高めていくことを考えていかなくてはならない。そのためには，フィラー間の導電コンタクトの状態の理解とその制御は避けて通れない課題となる。導電性接着剤中の導電コンタクトについては様々な議論[8]が行われてきたが，その実態については完全に解明されたわけではない。従来は，フィラー同士が機械的に接触し，その接触状態が樹脂バインダーにより固定されているというモデルで導電コンタクトを考えるのが普通であった。しかし，最近では金属ナノ粒子の低温焼結性を利用した焼結型コンタクトが実現されるようになった[15]だけでなく，ミクロンサイズのフィラーでも条件によっては焼結型コンタクトを作り得ることが指摘されている[1]。今後は，フィラーの充填性のみに特化するのではなく，導電コンタクトの制御も考慮して高熱伝導性の導電性接着剤を設計していく必要がある。

文　　献

1) 小日向茂，日本接着学会誌，**43**, 166（2007）
2) N. E. キューサック，"構造不規則系の物理（下）"，吉岡書店，300（1994）
3) 河村純一，神嶋修，前川英己，"ナノイオニクス　最新技術とその展望"，シーエムシー出版，80（2008）
4) 金成克彦，高分子，**26**, 557（1977）
5) 水谷宇一郎，金属，**71**, 421（2001）
6) N. W. Ashcroft, N. D. Mermin, "Solid state physics", Thomson Learning（1976）
7) R. Holm, "Electric contacts : theory and application", Springer-Verlag（1967）
8) J. E. Morris, "Conductive adhesives for electronics packaging", ed. by J. Liu, Electrochemical Publications, 36（1999）
9) M. Inoue, H. Muta, T. Maekawa, S. Yamanaka, K. Suganuma, *J. Electron. Mater.*, **38**, 430（2009）
10) 杉村貴弘，井上雅博，山下宗哲，山口俊郎，菅沼克昭，エレクトロニクス実装学会誌，**7**,

147 (2004)
11) M. Inoue, T. Sugimura, M. Yamashita, S. Yamaguchi, K. Suganuma, *J. Electron. Mater.*, **34**, 1586 (2005)
12) M. Inoue, J. Liu, *J. Jpn. Inst. Electronics Packaging*, **2**, 125 (2009)
13) M. Inoue, H. Muta, S. Yamanaka, *J. Liu, Proc. ICEP2010*, 523 (2010)
14) H. Ishida, S. Rimdusit, *Thermochimica Acta*, **320**, 177 (1998)
15) H. Jiang, K.-S. Moon, Y. Li, C. P. Wong, *Proc. ECTC 2006*, 485 (2006)

2 酸化銀マイクロ粒子を用いた高熱伝導接合材料

守田俊章*

2.1 はじめに

　高温環境に対応した高熱伝導接合技術として，筆者らは低コストな酸化銀マイクロ粒子を用いた接合技術を提案している[1~3]。この技術は，酸化銀粒子は還元雰囲気を用いずとも大気中加熱のみで還元する性質[4~10]を発展させたもので，酸化銀粒子に還元促進剤としてアルコール系溶剤を加えて大気中で加熱し，加圧を併用して接合させる技術である。酸化銀がアルコールによって還元される際，還元反応熱により還元反応が促進され，さらに in-situ で数ナノメートルサイズの銀粒子が生成し，銀ナノ粒子接合法[11~13]と同様の低温融合，及び接合が達成できる。

　本稿では，還元時における酸化銀粒子の状態変化，および相手電極との接合機構を述べる。さらに本技術を用いたパワー半導体モジュールを試作して放熱性，信頼性を評価し，実用性を検討した結果も述べる。

2.2 酸化銀の還元温度

　図1に(a)酸化銀粒子単体（平均粒径：2~3 μm），及び(b)還元促進剤としてミリスチルアルコール（$C_{14}H_{24}OH$；融点38℃）を 10 mass％添加した酸化銀粒子（以下，酸化銀接合材と記す）のTG・DTA曲線を示す。酸化銀粒子単体の場合，400℃付近においてDTA曲線には吸熱ピークが確認でき，かつTG曲線には約8 mass％の重量減少が確認できた。これは酸化銀粒子が還元され，銀が生成されたためと考えられる。一方酸化銀接合材の場合では，150℃付近でDTA曲線には発熱ピークが観察でき，TG曲線からは約20 mass％，重量減少していた。

　図2に図1(b)の発熱ピーク前後の酸化銀接合材に対するX線回折結果を示す。140℃では酸化銀のピークのみが確認できるが，180℃では酸化銀のピークが消失し，銀のピークのみが確認できた。この結果より，150℃の発熱ピークおよび重量減少は酸化銀接合材の還元反応によると考えられる。本結果から，大気中加熱において，約400℃の酸化銀粒子単体の還元温度が，ミリスチルアルコールを添加したことで約150℃に低温化できることが示唆された。なおXRD結果には銅のピークが確認できるが，これは下地素材からのものである。

　＊　Toshiaki Morita　㈱日立製作所　材料研究所　電子材料研究部　主任研究員

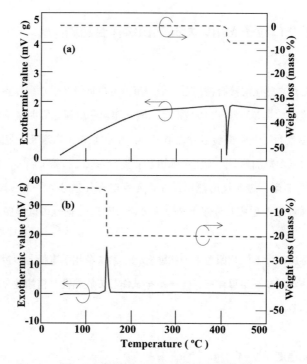

図1　加熱温度に対するTG-DTA曲線
(a)酸化銀粒子のみ，(b)ミリスチルアルコール添加酸化銀粒子

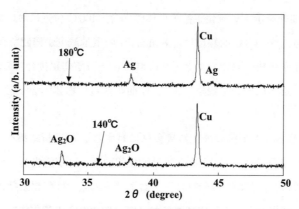

図2　140℃，及び180℃加熱時のミリスチルアルコール添加酸化銀粒子に対するX線回折図

2．3　酸化銀粒子の還元，及び焼結挙動

　図3(a)と(b)に図1(b)の発熱ピーク温度前後の酸化銀接合材表面状態を示す。発熱ピーク温度前の140℃(a)では粒子表面に顕著な変化は確認できないが，発熱ピーク温度後の180℃(b)では，粒子表面に10 nm程度の粒状凹凸が多数あることが判った。これは酸化銀接合材の

第 9 章 熱硬化型の非絶縁系コンポジット材料

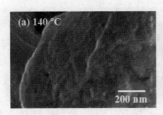 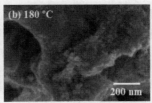

図3　(a) 140℃,及び (b) 180℃ 加熱時のミリスチルアルコール
　　　添加酸化銀粒子の表面状態

還元反応時に生成された銀ナノ粒子であると考えられる。

2.4　接合強度評価

図4に接合温度に対する接合強度評価結果を示す。表面を金，または銀めっきした接合試験サンプルを用意し，このサンプルを酸化銀接合材を用いて大気中で 2.5 MPa 加圧，2.5 分間所定温度で保持して接合した。比較のため，アルコールを加えない酸化銀粒子単体も評価した。

アルコールを加えない酸化銀粒子では（銀めっきのみ実施），接合温度を上げても接合強度は低いまま変化せず，接合できないことが判った。一方アルコールを加えた酸化銀接合材では，銀めっき面に対しては 250℃ で約 18 MPa，300℃ 以上では平均 20 MPa の接合強度を示した。金めっきに対しては銀めっきの場合と同様の傾向を示し，せん断強度の値もほぼ同等であった。

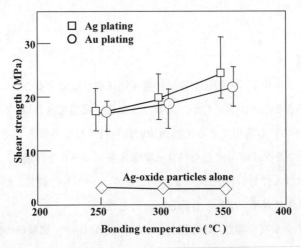

図4　接合温度に対するせん断強度評価結果

高熱伝導性コンポジット材料

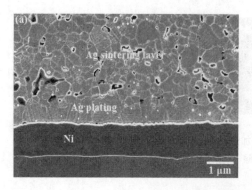 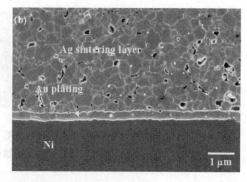

図5　300℃接合時の接合部界面SEM像
(a)銀めっき膜と焼結銀界面，(b)金めっき膜と焼界面

　図5に接合温度300℃時の銀めっき，及び金めっき試料の接合部断面SEM像を示す。両者とも焼結した銀層中に微細なボイドが点在しているが，銀焼結層は数100 nm程度の粒で構成され，緻密に焼結していた。前述した酸化銀の還元時における銀ナノ粒子化により，従来報告されている銀ナノ粒子接合と同様の効果が得られたと考えられる。

　図6に，図5で観察した試料の各めっき膜と銀接合層界面のTEM像を示す。(a)銀めっき，(b)金めっきとも欠陥は無く，良好に接合できていることが確認できた。銀めっきの場合は界面が区別できず，同一結晶粒化した構造であった。金めっきの場合，銀焼結層から金めっき膜にかけて同一方向の結晶粒が確認できた（(b)の○部）。(c)は(b)の界面に対する高分解能TEM像である（視野は(b)像とは異なる）。(c)では結晶方位が一致していることが判った。銀と金は共に面心立方構造であり，さらに格子定数の差が小さい（銀；4.086 Å，金；4.079 Å）ことから，金めっき面の方位に合うように銀ナノ粒子がエピタキシャル成長したと考えられる。

2.5　放熱性評価

　数マイクロメートルサイズの酸化銀粒子に還元促進剤を添加することにより金，銀メタライズに対して接合できることが判ったが，良好な放熱性も実現できれば，SiCデバイス，あるいは現行のSiデバイスにも適用できる付加価値の高い技術になり得る。そこで酸化銀接合材を用いて半導体チップをダイボンドしたパワー半導体モジュールを作製し，熱抵抗を測定した。比較として，従来はんだ材（Pb-5Sn）を用いたモジュールも作製し，評価に供した。なお，ダイボンド部の厚さは両サンプルとも約80 μmとした。

　図7に温度サイクル（-40℃ 30分保持，125℃ 30分保持）試験後の熱抵抗特性結果を示す。横軸は温度サイクル回数であり，(a)は酸化銀接合材でダイボンドしたモジュール，(b)

第9章　熱硬化型の非絶縁系コンポジット材料

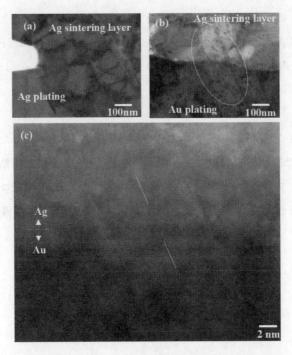

図6　銀，金めっき膜と焼結銀接合部界面のTEM像
(a)銀めっき膜／焼結銀界面の低倍像，(b)金めっき膜／焼結銀界面の低倍像，
(c)金めっき／焼結銀界面の高分解能像

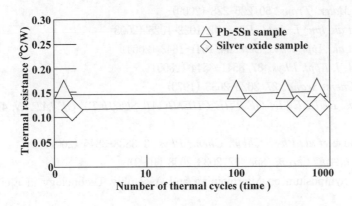

図7　温度サイクル数に対する熱抵抗の変化

はPb-5Snはんだでダイボンドしたモジュールのデータである。初期の熱抵抗値を比較すると，従来モジュール(a)は約0.15℃/Wであり，酸化銀粒子接合モジュール(b)は約0.12℃/Wと従来モジュールに比べ約20%向上した。これは，接合層が銀で構成された焼結層でSnPb系に比べて熱伝導性に優れていたこと，及び接合部界面は金属接合であることによると考えら

れる.また1000回までの温度サイクル回数に対する熱抵抗値は,(a)(b)とも上昇せず,両者は同等の信頼性を示した.なお,光交流法によって測定した熱伝導率は,Pb-5Snはんだ材が約40 W/mK,焼結後の銀ナノ粒子接合材では約140 W/mK であった.

2.6 まとめ

本稿で紹介したマイクロメートルサイズ酸化銀粒子の還元反応を利用した接合法は,液相を介さずに低温で接合できる技術であり,接合後の接合部は高い放熱性と耐熱性を持つ.実用化に向けては接合材料,プロセスともに多くの課題を残している.しかし低コストな高放熱高耐熱Pbフリー接合技術として,LSIや,発熱の大きいパワーデバイス系半導体の実装に展開でき得ると考えている.

文　　献

1) 守田ほか, 14 th Symposium on Microjoining and Assembly Technology in Electronics, 185-190 (2008)
2) T. Morita *et al., Mater. Trans.*, **49**, 2875-2880 (2008)
3) T. Morita *et al., Mater. Trans.*, **50**, 226-228 (2009)
4) A. V. Kolobov *et al., Jpn. J. Appl. Phys.*, **42**, 1022-1025 (2003)
5) A. V. Kolobov *et al., Appl. Phys. Lett.*, **84**, 1641-1643 (2004)
6) S. Banerjee *et al., J. Appl. Phys.*, **87**, 8541-8544 (2000)
7) G. Schon, *Acta Chem. Scand.*, **27**, 2623-2633 (1973)
8) I. Nakamori *et al., BULLETIN OF THE CHEMICAL SOCIETY OF JAPAN*, **47**, 1827-1832 (1974)
9) G. I. N. Waterhouse *et al., Phys. Chem. Chem. Phys.*, **3**, 3838-3845 (2001)
10) R. Suzuki *et al., J. Am. Ceram. Soc.*, **82**, 2033-2038 (1999)
11) 赤田ほか, 14 th Symposium on Microjoining and Assembly Technology in Electronics, 179-184 (2008)
12) Y. Akada *et al., Mater. Trans.*, **49**, 1537-1545 (2008)
13) T. Morita *et al., Jpn. J. Appl. Phys.*, **47**, 6615-6622 (2008)

3 金属系(銀/銅)フィラーによる高熱伝導化技術

吉武正義*

3.1 はじめに

　金属は比較的加工しやすい素材なので,粉状,箔状,繊維状などにすることができる。その中で金属粉は顔料や触媒,粉末冶金用に使用量が増加してきた。エレクトロニクス分野においても高分子に導電性や熱伝導性を付加するフィラーとして,近年用途が拡大している。ここでは金属系フィラーの概要を解説するとともに,銀および銅フィラーについて紹介する。

3.2 金属系フィラーの種類

　金属組成や加工方法で分類する方法もあるが,ここでは形状を「金属粉」「金属箔片」「金属繊維」として分類し,それぞれの特徴について述べる。フィラーの形状は複合材料の機能に影響を与えるので,金属組成とともに選定が重要である。

3.2.1 金属粉

　金属粉工業の歴史は長く,さまざまな方法[1]で金属粉が製造されてきた。工業的に多く利用している製造方法と得られる金属粉の特徴を表1に示す。代表的な金属粉の形状を図1に示す。金属粉の形状は製造方法で決まる場合が多い。また,目的とする粒径や形状の粉を効率よく製造するために,2〜3種の製造方法を組み合わせて作る場合も多い。金属粉は高分子への混練,分散が比較的容易で,しかも成形加工性,流動性,機械的物性もあまり悪くしないので,複合材料用フィラーとしてさまざまな用途で使用されている。

3.2.2 金属箔片

　ここでは一辺が1mm以上の大きな片状金属を金属箔片とする。溶融金属をオリフィスから冷却ドラムに落下する「メルト・スピン法」,金属粒をロールで圧延する「圧延法」,金属箔を切断加工する「切断法」などで金属箔片は製造される。金属箔片は金属繊維より分散しやすく,プラスチック混練工程中でもあまり切断されず高アスペクト比が維持できるフィラーである。しかし,大きな箔片なので高充填すると成形品の外観不良やフィラーの配向性などで複合材料の物性劣化が生じることがある。プラスチックやゴムの導電性フィラー,電磁波シールド塗料にアルミニウム,銀,亜鉛の箔片が使用された。

3.2.3 金属繊維

　金属線材をダイスで引き抜く「線引き法」や金属ブロックを切削加工する「切削法」などで,さまざまな線径の金属繊維が製造され,フィルターや摩擦材などに使用されている。代表

＊ Masayoshi Yoshitake　福田金属箔粉工業㈱　研究開発部　調査役

高熱伝導性コンポジット材料

表1　金属粉の主な製造方法と特徴

製造方法	得られる金属粉の特徴
「機械粉砕法」 粉砕機にて機械的に固体原料を粉にする	（金属組成）Al, Cu, Cu-Zn が多いが、Sn, Pb, Mn, Co, Si, Zn, Ag, Fe その他の金属、合金が可 ① やわらかい金属は片状形状 ② 一般に潤滑剤を含む
「アトマイズ法」 溶融金属を高速の流体によって、飛散、凝固して粉にする	（金属組成）Fe, Cu, Al, Pb, Sn その他の金属、合金が可 ①球状形状が得られる ②微粉がつくりにくい
「高温ガス還元法」 酸化物を高温において、水素、天然ガスなどの気体で還元して、金属粉にする	（金属組成）Fe, Cu, W, Mo など ①多孔質の粉が得られる ②酸化物が介在しやすい
「塩類溶液還元法」 金属の塩類水溶液に還元剤を加えて還元し、金属粉にする	（金属組成）Ag, Pt, Cu など ①微細粒状粉が得られる
「水溶液電解法」 金属イオンを含む水溶液を電解し、陰極に金属を析出して粉にする	（金属組成）Cu, Ag, Ni, Fe など ①樹枝状の粉が得られる ②一般に純度が良い
「カーボニル法」 カーボニル化合物を分解して、金属粉にする	（金属組成）Fe, Ni ①微細粒状粉が得られる
「気相法、蒸発・凝縮法」 高温で反応合成あるいは蒸発ガスを急冷・凝縮して粉にする	（金属組成）Ag, Cu, Ni, Au など ①超微粒子が得られる

的な金属繊維の形状を図2に示す。金属粉よりアスペクト比が大きいので、少ない充填量でも導電や熱伝導路が高分子中に形成しやすい。一般に繊維径が細くなるほど少ない充填量で機能が発現しやすいが、繊維同士の絡み合いが強くなり、繊維自体の分散が難しくなる。また、高分子に混練中にもスクリューによるせん断力で繊維が切断されやすく、高アスペクト比の維持が難しくなる。プラスチック射出成形板中の金属繊維の分散状態を比較した例を図3に示す。金属繊維が均一に分散した成形板中の繊維は切断され短い繊維となっている。一方、分散不良の成形板中の金属繊維は高アスペクト比を維持している繊維が多く存在している。

3.3　高熱伝導性フィラー

　金属は電子の動きが自由で熱の良導体である。代表的な金属の熱伝導率、温度伝導率を表2

第9章 熱硬化型の非絶縁系コンポジット材料

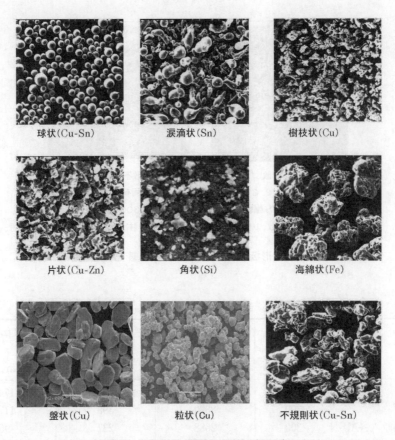

図1 代表的な金属粉の形状（SEM）

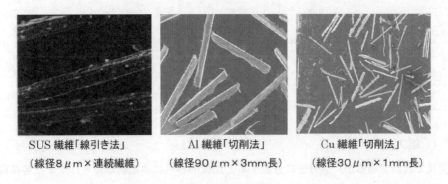

図2 代表的な金属繊維の形状（SEM）

に示す[2]。金属フィラーの組成としては，少ない充填量で体積率が上げられるアルミニウムが有利であるが，表面積が大きくなると発火や燃焼の危険性が高くなり，取扱い上の問題を有している。熱伝導率の高い銀や銅が高熱伝導性フィラーとして検討されている。

高熱伝導性コンポジット材料

 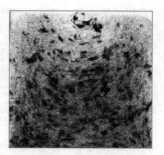

繊維が均一に分散した成形板　　　分散不良の成形板
（体積固有抵抗：2.2Ω・cm）　　（体積固有抵抗：0.8Ω・cm）

＊ABS樹脂にSUS繊維（線径8μm×3mm長×3000本収束）を
　10wt％混練分散、100mm×100mm×3mmの射出成形板を作製。

図3　射出成形板中の金属繊維の分散状態（X線透過）

表2　金属の熱伝導率

物質名	特性	温度 T (K)	密度 ρ (kg/m³)	熱伝導率 λ (W/m・K)	温度伝導率 κ (mm²/s)
銀（Ag）		300	10490	427	174
銅（Cu）		300	8880	398	117
アルミニウム（Al）		300	2688	237	96.8
亜鉛（Zn）		300	7131	121	41.6
ニッケル（Ni）		300	8899	90.5	22.9
鉄（Fe）		300	7870	80.3	22.7
錫（Sn）		300	7170	66.6	40.2
ステンレス鋼（304）		300	7920	16.0	4.07
銅合金（7/3黄銅）		300	8530	121	35.8
アルミナ（Al₂O₃）		300	3890	36.0	11.89

3.3.1　銀フィラー

貴金属で高価であるが，高分子に分散すると比較的容易に導電膜が得られ，また各種環境信頼性試験にも耐えることから電子部品の導電性フィラーとして多くの実績がある。銀フィラーには粒状，片状，球状，盤状とさまざまな形状がある。代表的な銀フィラーの粉末特性を表3，その形状を図4に示す。

細かい粒状銀フィラー（AgC-A0）は凝集しやすく，直接高分子に加えた場合粒子を均一に分散するのが難しい。したがって，この粒状粉を機械加工した片状粉が導電ペースト用として

第9章 熱硬化型の非絶縁系コンポジット材料

表3 銀フィラーの粉末特性

特性 品番	形状	タップ密度 (g/cm³)	BET法比表面積 (m²/g)
AgC-A0	粒状	1.2～1.8	0.6～1.6
AgC-74	粒状	1.1～2.5	0.1～0.4
AgC-A	片状	2.7～3.9	0.6～1.2
AgC-224	片状	3.5～5.6	0.2～0.5
Ag-XF301	片状	−	1.4～2.4
Ag-HWQ-1.5μm	球状	3.0～4.0	0.5～0.8
Ag-HWQ-5μm	球状	4.0～5.5	0.15～0.35
Ag-HWF-5μm	球状・盤状	5.0～6.5	0.15～0.35

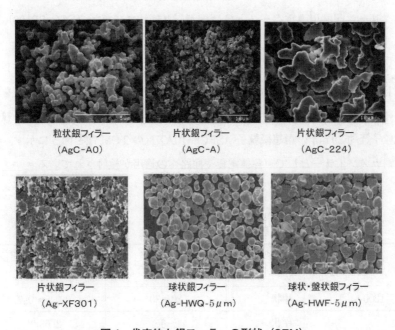

図4 代表的な銀フィラーの形状（SEM）

提供されている。一般の導電ペースト用には粒子径が小さい片状フィラー（AgC-A）が使用されている。高分子にフィラーを高充填するには，微粒子の少ない片状フィラー（AgC-224）が使用される。広い面積を塗布する塗料用には，少ない充填量でもフィラー同士が接触して導電膜を形成しやすい，厚みが薄い片状フィラー（Ag-XF301）が用いられている。

　高分子にフィラーを高充填し焼成膜や熱伝導膜とするには，一般に片状より球状形状が良

く，充填密度を最大にするため粒度調整が行われている．最近では球状フィラーに盤状フィラーを混合した高充填用フィラーが焼成材料などで使用されている．フィラーの粉末特性であるタップ密度が，高分子への高充填化の目安の一つになっている．

3.3.2 銅フィラー

酸化防止に対するさまざまな処理技術が必要であるが，銀フィラーより価格が安く，マイグレーション問題も少ないことから電磁波シールド塗料やスルーホール，ジャンパー回路，焼成型ペーストなどに使用量が増えてきている．銅フィラーには片状，球状，樹枝状，丸棒状とさまざまな形状がある．代表的な銅フィラーの粉末特性を表4，その形状を図5に示す．一般に片状銅フィラーは嵩が高く表面積も大きいので高分子に高充填するのが難しく，機能性複合材料用には適していない．球状フィラーや盤状フィラーは高分子に高充填でき，高温焼成型ペーストなどに多く使用されている．樹枝状フィラー（FCC-115）は嵩が高く，フィラー同士が絡みやすい独特の形状をしているので，塗料で塗膜を作製すると導電性ネットワークを形成しやすい．スクリーン印刷用導電ペーストには細かい丸棒状フィラー（FCC-SP-99）が使用される．

金属超微粒子は表面活性作用の増大，融点降下などが発現することからエレクトロニクス分野で現在注目されている．金属超微粒子は生産性や価格について解決すべき課題を有しているが，新しい機能性金属系フィラーとして実用化研究が進められている．金属超微粒子の例として，一次粒子径約20 nmの銅超微粒子（SFCP-10AX）のTEM像を図5に示す．低温焼成ペースト用銅ナノフィラーとして，各種電極や回路への適用が検討されている．

表4 銅フィラー粉末特性

特性 品番	形状	平均粒径 (μm)	BET法比表面積 (m^2/g)
MS-1200	片状	20〜30	0.5〜0.7
2L3	片状	4〜6	2.63
Cu-HWQ-1.5 μm	球状	1〜2	0.5〜0.8
Cu-HWQ-5 μm	球状	4〜6	0.15〜0.35
Cu-HWF-5 μm	球状・盤状	4.5〜6.5	0.15〜0.35
FCC-115	樹枝状	10〜20	0.25〜0.45
FCC-SP-99	丸棒状	8〜10	0.5〜0.6
SFCP-10AX	超微粒子	0.01〜0.02	14〜16

第9章 熱硬化型の非絶縁系コンポジット材料

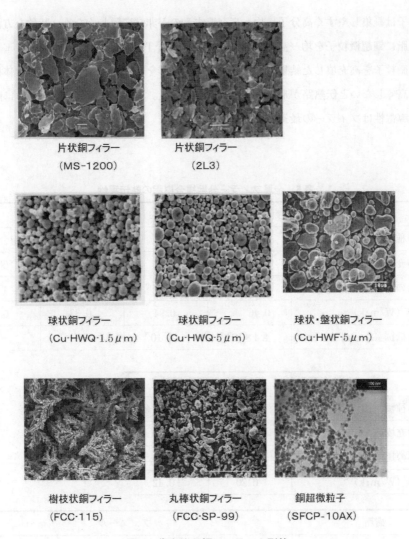

片状銅フィラー
(MS-1200)

片状銅フィラー
(2L3)

球状銅フィラー
(Cu-HWQ-1.5μm)

球状銅フィラー
(Cu-HWQ-5μm)

球状・盤状銅フィラー
(Cu-HWF-5μm)

樹枝状銅フィラー
(FCC-115)

丸棒状銅フィラー
(FCC-SP-99)

銅超微粒子
(SFCP-10AX)

図5 代表的な銅フィラーの形状

3.4 金属フィラー分散複合材料の熱伝導性

　高分子に金属フィラーを分散した複合材料の熱伝導特性の例を表5に示す。金属フィラーを一定量以上充填すると熱伝導性複合材料となる。ミクロンサイズの金属フィラーを高分子に高充填する作業はそれほど難しくない。しかし，金属フィラーをプラスチックに混練分散すると，金属フィラー表面とプラスチックの濡れ性が悪いために，導電性や熱伝導性が悪い場合がある。金属フィラーを高充填したプラスチック複合材料の断面状態を図6に示すが，濡れ性が悪いので金属フィラー表面に空気層が存在している。その場合，カップリング剤などで金属フィラーを表面処理して，高分子との濡れ性を改善する場合もある。粒子径が非常に細かい金

属超微粒子は凝集しやすく高分子に均一高充填するのが非常に難しくなる。特殊な方法でフェノール樹脂に銅超微粒子を均一高充填した成形体の断面 TEM 像を図7に示す。フェノール樹脂に銅超微粒子を高充填した結果によると，粒子サイズを細かくしてもフィラーの体積分率を一定以上高くしないと伝熱路が形成されないようである。熱伝導率は充填量とともに向上しているが，導電性はフィラーの最適充填率がある。

表5 金属フィラー分散複合樹脂の熱伝導性

樹脂	PBT		ナイロン	
金属粉の種類	銅粉		無し	銅合金粉
金属粉の充填量（wt%）	50	75	0	60
複合材料の比重	2.3	3.8	1.04	4.0
熱伝導率（W/m·k）	0.46	0.94	0.33	0.92
体積固有抵抗（Ω·cm）	4.4×10^{15}	$>10^7$	－	－

樹脂	ポリフロン	
金属粉の種類	無し	銅合金粉
金属粉の充填量（wt%）	0	60
複合材料の比重	2.17	3.95
熱伝導率（W/m·k）	0.20	0.42

樹脂	フェノール			
金属粉の種類	無し	銅超微粒子		
金属粉の充填量（wt%）	0	78	82	90
熱伝導率（W/m·k）	0.2	2.5	2.8	7.7
体積固有抵抗（$\times10^{-4}$Ω·cm）	$>10^{16}$	33	3.7	4.7

樹脂	シリコンゴム		
金属粉の種類	無し	銅超微粒子	
金属粉の充填量（wt%）	0	10	20
熱伝導率（W/m·k）	0.17	0.21	0.23
体積固有抵抗（$\times10^{14}$Ω·cm）	－	2.3	1.9

第9章　熱硬化型の非絶縁系コンポジット材料

青銅粉60wt%充填ナイロン複合材料

図6　金属フィラー複合プラスチックの断面（SEM）

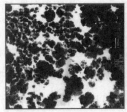  

銅超微粒子充填量78%　　　　82%　　　　　90%

図7　フェノール樹脂中の銅超微粒子分散状態（TEM）
撮影：大阪市立工業研究所

3.5　おわりに

　金属フィラーを高分子に分散した高熱伝導性複合材料の開発がさまざまな方法で進められている。熱伝導率の高い銀および銅フィラーについて概要と最近の動向について述べたが，熱伝導性フィラー選定の一助になれば幸いである。

文　　献

1) 石丸安彦, 粉末冶金の基礎と応用, 技術書院, p. 35〜42（1993）
2) 日本機械学会偏, 伝熱工学資料, 改訂4版（1986）

第10章　熱可塑型およびその他の非絶縁系コンポジット材料

1　黒鉛粒子配向制御によるコンポジット材の高熱伝導化

山本　礼*

1.1　はじめに

国際半導体技術ロードマップ（ITRS）2007年版[1]が指摘するように，現在，電子機器の放熱能力の向上が極めて重要な課題になっている。例えば，1994年には僅か5Wであったマイクロプロセッサの発熱は，配線微細化にともない130Wに増大している[2]。それにともないCPUの能力を十分発現させるためには，放熱性能を数十倍改善し，CPUの温度上昇を抑制することが必要になっている。

図1にデスクトップPC用CPUパッケージの断面構造を示す。CPUから発生する熱は，チップからヒートスプレッダ，ヒートシンクを介して大気中に放散される。これら部材間の熱伝達を高めるために熱伝達材料（Thermal Interface Material，以下TIMと略す）が必ず使用される[3]。TIMは，グリース状のものやシート状のもの，接着性を付与したもの等，多くの品種が開発されている。

TIMの必要特性は，①発熱体から放熱部材へ熱を伝えること，②両者の熱変形に柔軟に追従することの二つである。フォノン伝導性に優れるダイヤモンド，黒鉛，AlNなどの結晶性無機物材料は非常に硬く，②を満足できない。電子伝導性に優れる金，銀などの金属も同様である。一方，柔軟性に優れる高分子材料は，フォノン散乱が大きく，熱伝導性が劣る。このように単一材料で①，②を共に満足することは原理的に極めて困難であることから，TIMの多くは，柔軟性をもたせるために熱伝導性フィラーを樹脂中に分散させたコンポジット化がなさ

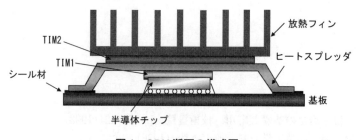

図1　CPU断面の模式図

---

*　Rei Yamamoto　日立化成工業㈱　筑波総合研究所　専任研究員

第10章 熱可塑型およびその他の非絶縁系コンポジット材料

れている。その形態は、シート状とグリース状に大別できる。このような従来のTIMでは樹脂が柔軟性を付与している一方で熱伝導性を阻害しているため、熱伝導率は数ワット程度が限界である。金属材料で比較的柔軟性のあるインジウムがハイエンドPCのCPU放熱TIMとして使用される例もあるが、インジウムがレアメタルということ、170℃の融点であるために実装後にリフロー工程を施し難い問題がある。

これらの問題はTIMに限らず、熱伝導部材全般に言えることである。我々はTIMに限らず広い用途で使用できる熱伝導部材の開発を行っている[4〜6]。樹脂の自己組織化によってメソゲン構造を含有する高熱伝導樹脂を開発してきた。この樹脂は従来に比べ5倍の熱伝導率をもつ。更にセラミックスフィラーとのコンポジット化によって接着性、絶縁性に加えて10 W/mK強の特性を発現させた。

高熱伝導化の手法として先に述べた樹脂自体の改良の他に、熱伝導粒子の配向を制御することも考案した。この配向制御によって、金属同等の高熱伝導性をもつコンポジットTIMの開発をした[7]。本報告では、粒子配向制御のコンポジットTIMについて説明したいと思う。この開発品はTIM内部の熱伝導粒子配向を高度に制御し、二つの特性（高熱伝導性と柔軟性）の両立を試みたものである[8]。本節では、従来の熱伝導材の問題点にふれ、熱伝導粒子の特長と熱伝導性にあたえる熱伝導粒子の配向効果について述べたいと思う。

1.2 従来の熱伝導材の問題点

熱伝導材としてTIMを例にあげる。TIMの機能は部材から部材へ熱を伝達することにある。そのためには、図2に示すようにTIMは、部材表面の微小な凹凸や大きな反りやうねりに追従しなければならない。発熱源の熱をヒートスプレッダやヒートシンク等の放熱部材に伝達する場合、より早くダイレクトに放熱部材へ伝熱する必要がある。つまり、図2に示すように発熱体から放熱部材の方向（垂直方向）に高い熱伝導率を有することが望ましい。コンポジット化された従来のTIMは大別すると表1に示すような種類がある。グリースはペースト状のもので実装時の厚みは数十μmと薄い。同じようにフェーズチェンジシートも使用される際の厚みは薄い。両者とも熱伝導率が数W/mKと低いため、実装時に厚みを極力薄くし熱抵抗を小さくする。熱抵抗はTIMが接続する発熱体と部材間の温度差ΔTを発熱体のエネルギーで割ったもので、値が小さいほど放熱特性が優れていることを意味する。この熱抵抗はΔTと熱伝導率に依存するため、熱伝導性が悪いTIMは、ΔTを抑えるため厚みを薄くする必要がある。一方で厚みを薄くすることで外部からの衝撃に対するクッション性が不足し、部材に反りや段差がある場合には、TIMが十分に界面に密着することができず界面での接触抵抗が増大し、かえって伝熱効率が悪くなる問題がある。加えてシリコーン樹脂を用いたグリース

図2 TIM材の使用部位

表1 コンポジットTIM材の熱伝導率と厚み

項目	グリース	フェーズチェンジシート
厚み（mm）	0.02〜0.04	0.01〜0.05
熱伝導率（W/mK）	3〜5	1〜5
形状	ペースト状	シート状 （融点以上で流動）

では，低分子成分が揮発して電子機器を汚染する懸念と，発熱を繰り返す間に部材が熱変形し，その変形によって周囲に押出されるポンプアウトが発生しやすい問題もある。そのため，長期使用での信頼性が必要となるサーバPCやパワーデバイス用途では敬遠されがちである。フェーズチェンジシートは温度による層変化を利用し部材間の隙間をうめる。このシートは，発熱体の発熱温度付近が融点となるように設計する。発熱時にシートが流動性を増し界面凹凸を埋め接触面積を拡大させることがきる。しかし，グリースと同じように長期使用時においては，部材の熱変形によるポンプアウトが発生し，部材の変形に追従することができなくなる可能性がある。

一般的に熱伝導材には，図3に示すような熱伝導性と柔軟性の関係がある。柔軟性のあるグリースは熱伝導率が小さく，熱伝導率の高い材料は，結晶性のある金属等の硬い材料になる。熱伝導率の小さいものは，先ほど述べたように厚みを薄くすることで熱抵抗を抑えることが可能であるが，部材への追従や，長期的に安定した熱抵抗に対しては不安がある。

①部材変形を吸収できる厚み，②部材変形，表面凹凸に追従できる柔軟性，③高い熱伝導性，これらを満足する材料は存在しないと考えていた。逆に，それがTIMの理想材料であることも言える。この理想構造は図4に示すような概念である。シートが金属バネのように部材の変形に応じて追従し，熱は金属であるバネを通じて伝熱し，シートが厚み方向（垂直方向）に高い熱伝導率をもつ。

第10章　熱可塑型およびその他の非絶縁系コンポジット材料

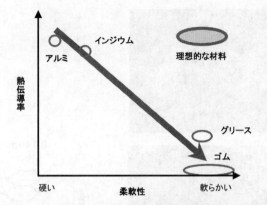

図3　熱伝導材料の熱伝導率と柔軟性の一般的な関係

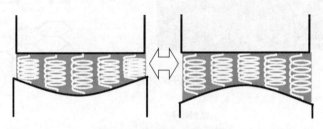

図4　TIM材の理想モデル

1.3　高熱伝導性と柔軟性の両立

　樹脂を利用したコンポジット化が柔軟性をもたせる一つの手段である。コンポジット材の熱伝導性は熱伝導粒子によって担われている。熱伝導粒子には様々な形状（球状，板状，寸法など）と多くの素材の種類がある。素材では，結晶の格子振動（フォノン伝導）によって熱を伝える"絶縁系"のもの，自由電子が結晶内を動き，熱を伝える"導電系"に大きくわけることができる。理想の目的である熱伝導率と柔軟性の両立の検討に際し，熱伝導粒子素材には，当社創業当時からのコア材料である黒鉛を選定した。理由は黒鉛のもつ高い熱伝導性である。そしてTIM対応として新規黒鉛を開発した。図5に黒鉛粒子の外観と結晶の模式図を示す。黒鉛は六方晶の層状結晶がファンデルワールス力で結合した構造であり，同素体のダイヤモンドと異なり自由電子が存在する。その自由電子が結晶面内を移動するため，結晶面内において200 W/mK以上の熱伝導率をもつと言われる。

　黒鉛粒子は，結晶層間の結合力が弱いために外力を加えると層間がへき開する脆さがある。そのため黒鉛粒子単体の熱伝導材料は，結晶構造由来の剛直さと結晶層間の脆さをもち，凹凸に追従する柔軟性に劣る。柔軟性を付与するためには，樹脂のもつ軟らかさを利用する必要がある。黒鉛粒子を樹脂中に分散させたコンポジット化によって柔軟性を発現させる。また樹脂

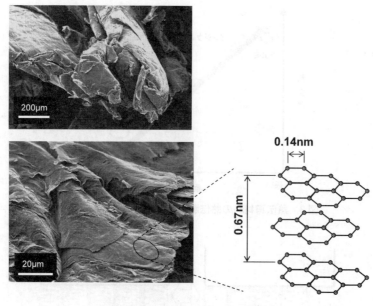

図5 黒鉛粒子の外観と一般構造

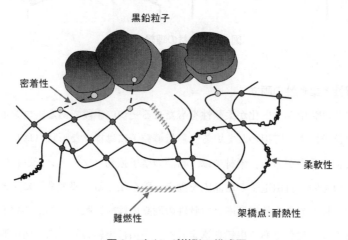

図6 バインダ樹脂の模式図

には，発熱源の温度にも耐える耐熱性や，黒鉛粒子との結合性，強度，柔軟性，更には難燃性が必要である。これらの特性を満たすにはアクリルポリマーが有効である。図6に樹脂開発のコンセプトを模式的に示す。耐熱性が200℃近くまであるアクリルポリマーをベースとして，黒鉛との密着性をもつ極性基の選定や，分子量を最適化してポリマー鎖の擬似架橋密点を増やし，強度があり強靱性の新規ポリマーを開発した。TIMにクッション性を付与するため，実装後に硬化し部材間を固着する機能はもたせていない。固着による界面接着ではなく，樹脂がもつ粘着性を利用した界面でのソフトな密着を開発したアクリルポリマーで実現している。

第10章 熱可塑型およびその他の非絶縁系コンポジット材料

　今までは，素材について説明した。しかし，高熱伝導性と柔軟性の両立において最も重要なポイントは熱伝導粒子の配向である。先ほど述べた図4に示す理想構造を実現するには，熱伝導粒子の配向を制御することが必要不可欠である。例えば，グリースやフェーズチェンジシートでは，図7に示すようにシート厚みに対して非常に小さな大きさの熱伝導粒子が配向制御されておらずランダム分散している。この構造では，熱伝導材がバネのように動作することは困難で，また熱伝導率も小さい。ここで，図8に示すように熱伝導粒子の熱伝導方向が垂直方向を向くような構造を考える。先に黒鉛は結晶面内に高い熱伝導性をもつと述べた。この黒鉛粒子を結晶面が垂直方向に沿うように配向制御すれば，厚み方向に高い熱伝導率をもつことになる。黒鉛粒子は結晶面が粒子の長手方向になるように板状，またはりん片状に加工する。黒鉛粒子の結晶面方向が部材に対して垂直に配置されるため，黒鉛の結晶面方向の強度を利用して柔軟性のある樹脂の変形を抑制する効果が期待できる。

　また，熱伝導粒子を垂直に配向した熱伝導材料の研究はいくつか報告されている[9, 10]。磁場や電場で熱伝導粒子を配向させ，垂直方向に高い熱伝導率をもつことが特長である。これらの研究も熱伝導粒子を垂直方向に配向させることがポイントである。

　TIMとして重要な熱特性がもう一点ある。熱伝導粒子の配向は，熱伝導材料（バルク単体）で任意の方向に熱伝導性を向上させる手段である。しかし，TIMは部材間の接触界面を含む伝熱経路で評価されるため，界面での伝熱効率（界面の接触抵抗）も考慮しなければならない。表層に樹脂が多く存在する場合，界面の接触熱抵抗は悪化する。もう一つのポイントとは，熱伝導粒子をいかに表層に露出するかである。熱伝導粒子が垂直配向された熱伝導材料で

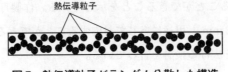

図7　熱伝導粒子がランダム分散した構造

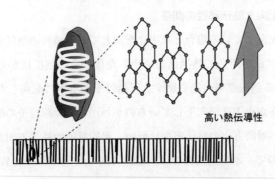

図8　熱伝導粒子が垂直に配向した構造

(a) シート外観　　　　　　　　　　　(b) シート断面

図9　開発品の外観と断面

あっても表層が樹脂で覆われていると，高熱伝導材料の意味をなさない。

　熱伝導粒子の表面露出はプロセスに依存するところが多い。従来使用される，有機溶媒によって低粘度化液状素材を塗工・乾燥によって製膜する工法や，有機溶媒を使用せず樹脂の融点以上の温度で流動化させ型に入れ冷却して熱伝導材を得る射出成形工法は，熱伝導材表層が樹脂で覆われている。当社では，電気的エネルギーを必要とせず容易に黒鉛粒子を高度に制御しかつ，熱伝導粒子を表面に露出させるプロセスを開発した。このプロセスについては，また別の機会で述べたいと思う。

　図9に作製した熱伝導材を示す。シート断面を撮像したSEM画像からは，黒鉛粒子が垂直方向に配向しているのが確認できる。シート外観図からは，大きな段差に置いても脆性破壊することなく曲げられることがわかる。この柔軟性は，CPU等の数十mm角の大きさで表面がフラットなものに限らず，より大きな部材や，円柱形状や表面に大きなうねりがある発熱体表面に対しても密着することができることを示している。作製可能の厚みは薄いシートで0.15 mm，厚いシートで2 mmと用途に応じて対応することができる。現在，作製シートの大型化および作製厚み範囲を広げる検討を行っている。

1.4　熱伝導粒子の配向と熱伝導性の関係

　黒鉛粒子が垂直に配向している場合と水平に配向している場合の熱伝導率を比較した。熱伝導率は，トランジスタ法を用いて熱抵抗を算出した後，その熱抵抗から逆算して求めた。図10に配向の違いによる熱伝導率の差を示す。黒鉛粒子が水平に配向した構造に比べ，垂直配向構造では，熱伝導率が約100倍向上しているのがわかる。黒鉛粒子の熱伝導性には異方性がある。結晶面内に比べ層間方向の熱伝導率は低い。黒鉛粒子の長手方向が黒鉛の結晶面方向となるように加工したので，水平配向品では，垂直方向の熱伝導率は数W/mKであったが，水平方向の熱伝導率は数十W/mKであると推測できる。つまり水平配向品は熱を上下方向に伝

第10章　熱可塑型およびその他の非絶縁系コンポジット材料

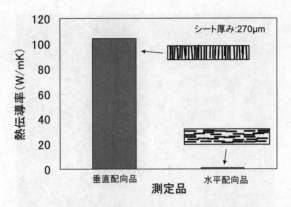

図10　黒鉛粒子の配向の違いによる熱伝導率の差

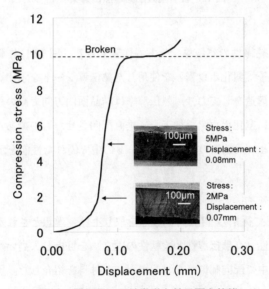

図11　開発品の圧縮挙動と粒子配向状態

える効果は少ないが，熱を面内方向に効率よく拡散させることが期待できる。

　TIMを部材に圧着して使用する場合，黒鉛粒子の配向状態の変化が懸念される。図11にTIMの圧縮荷重を負荷した時の，厚み変位と黒鉛粒子の配向状態を示す。TIMの破壊強度は約10 MPaと非常に高い。黒鉛粒子の配向は5 MPaの圧縮においても維持されている。CPUのような実装荷重が0.6 MPa以下の場合，黒鉛粒子の配向は十分に維持することができる。

1.5　絶縁性伝導材

　今まで，導電性の黒鉛を熱伝導粒子に取り上げ話を進めてきたが，絶縁粒子を用いた絶縁で柔軟性のある熱伝導材も開発されている[8]。黒鉛粒子を使用したときと同様に熱伝導粒子の配

高熱伝導性コンポジット材料

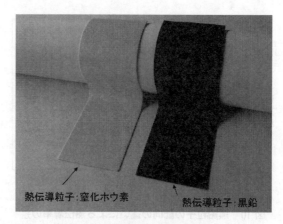

図12　粒子垂直配向の熱伝導シート

向制御を行うことで，絶縁性の熱伝導シートも作製できる。図12に作製した黒鉛を使用した熱伝導シートと絶縁粒子"窒化ホウ素"を使用した熱伝導シートを示す。窒化ホウ素は黒鉛と同じ六方晶の層状結晶構造をしており，熱伝導率は結晶面内方向で高い熱伝導率を有する。板状などの異方性の形状に窒化ホウ素を加工し，垂直配向させたものである。作製したシートの熱伝導率は20 W/mKと，柔軟性のある絶縁シートの中で優れた性能を示す。

1.6　おわりに

今回，CPUを例にして従来のTIMの問題点を取り上げ，理想とされる熱伝導材の特性を示した。そして，理想特性（高熱伝導性と柔軟性の両立）を目指し，高い熱伝導率を有する黒鉛を用いて，それを樹脂中で配向制御したコンポジット材料を紹介した。黒鉛粒子の垂直配向によって，一般的な工法（塗工や射出成形）で得られる熱伝導粒子の水平配向品に比べ，シート厚み方向の熱伝導率が100倍向上することを述べた。熱伝導性の飛躍的な向上は，粒子の垂直配向制御によって達成される。更に，窒化ホウ素を用いた絶縁熱伝導シートの展開も行っている。

2010年から，この熱伝導シートの量産を開始している。今後，CPUだけでなくLED，カメラやモニターなどの民生用電子機器，電源，インバータモジュールをはじめとする自動車・産業機器用途など，顧客の様々なニーズに対応していきたい。

第10章　熱可塑型およびその他の非絶縁系コンポジット材料

文　献

1) "国際半導体技術ロードマップ（ITRS）2007年版", http://www.itrs.net/Links/2008 ITRS/Update/2008_Update.pdf
2) 日本能率協会総合研究所マーケティングデータバンク, "MDB市場情報レポート放熱材料（発熱部接触材料）", pp. 2-10, 日本能率協会総合研究所（2007）
3) Eric C. Samson, Sridhar V. Machiroutu, Je-Young Chang, Ishmael Santos, Jim Hermerding, Ashay Dani, Ravi Prasher and David W. Song, "Interface Material Selection and a Thermal Management Technique in Second-Generation Platforms Built on Intel", Intel Technology Journal, **3**（1）, pp. 75-86（2005）
4) 宮崎靖夫, 福島敬二, 片桐純一, 西山智雄, 高橋裕之, 竹澤由高, "高次構造制御エポキシ樹脂を用いた高熱伝導コンポジット", ネットワークポリマー, **29**（4）, pp. 216-220（2008）
5) Yasuo Miyazaki, Tomoo Nishiyama, Hiroyuki Takahashi, Jun-ichi Katagiri and Yoshitaka Takezawa, "Development of Highly Thermoconductive Epoxy Composites.", IEEE CEIDP 2009 annual report
6) 西山智雄, 高橋裕之, 片木秀行, 原直樹, 竹澤由高, "メソゲンを含有するエポキシ樹脂コンポジットシートの開発", ネットワークポリマー講演討論会講演要旨集, **59**, pp. 77-80（2009）
7) 山本礼, 吉田優香, 吉川徹, 矢嶋倫明, 関智憲, "黒鉛粒子垂直配向制御によるコンポジットシートの高熱伝導化", エレクトロニクス実装学会誌, **13**（6）, pp. 462-468（2010）
8) 日立化成工業㈱ニュースリリース, "金属並みの高熱伝導性と柔軟性を併せ持つ放熱シートを開発", 2009.6.23
9) 青木恒, 下山直之, 木村亨, 飛田雅之, "熱液晶性高分子の磁場配向による高性能化", 高分子学会予稿集, **54**（2）, pp. 3716-3717（2005）
10) 木村亨, "磁場配向による高分子材料の高性能化", 第57回ネットワークポリマー講演討論会講演要旨集, **57**, pp. 129-132（2007）

2 高熱伝導性グラファイトシートの特性と応用

西川泰司*

2.1 はじめに

近年,半導体の高性能化・高速化に伴う発熱量の増加や電子機器の小型・薄型化により,携帯電話,パソコン,ディスプレイなどの電子機器において熱対策が急務になっている[1,2]。発熱部の冷却方法には,熱対流・熱放射・熱伝導を利用する方法がある。熱対流を利用するものとしては空冷ファン,熱放射を利用するものとしてはセラミック系塗料,熱伝導を利用するものとしてはヒートパイプ,熱伝導性樹脂,熱伝導シートなどがある[3]。

熱伝導シートとしては,サーマルインターフェイスマテリアル(TIM)とヒートスプレッダー(HSP)がある。TIMは,発熱源と放熱部品(ヒートシンク)との間の熱抵抗を低減するために使用され,シリコーン樹脂やアクリル樹脂に熱伝導性フィラーを添加した材料がある。一方,HSPは,発熱源の熱(ヒートスポット)を緩和するために使用される。ヒートスポットは電子部品の寿命低下,ユーザーの低温火傷などを引き起こす可能性がある。近年,このHSPとして,高熱伝導性のグラファイトシート(GS)の使用例が増加している。この解説では高熱伝導性GSの特性とその応用について述べる。

2.2 グラファイトの特徴

炭素材料は,炭素の結合状態によって3種類に分類できる。具体的には,sp^3結合からなるダイヤモンド,sp^2結合からなるグラファイト,sp結合からなるカルビンに分類でき,炭素材料はこれらの結合の組み合わせからなっている。図1に,グラファイトの結晶構造を示す。グラファイトは,六角網平面から構成され,この六角網平面同士はπ電子相互作用による弱いvan del Waals力で積層されている。このため,グラファイトの物理的性質には,X-Y軸とZ軸で大きな異方性がある。

図2には,様々な材料の熱伝導率を示す[4]。グラファイト単結晶のX-Y軸方向の熱伝導率は2000 W/mKであり,この値はダイヤモンドに次いで大きな値である。その一方で,グラファイト単結晶のZ軸方向の熱伝導は5〜20 W/mKであり,X-Y軸とZ軸方向の熱伝導率の異方性は100〜400倍ある。

一般に,固体の熱伝導キャリヤは,電子・フォノン(格子振動)である。グラファイトの場合には電子の数は少ないため,電子の寄与は小さく,原子間の強い結合に由来するフォノンの

---

* Yasushi Nishikawa ㈱カネカ 電材事業部 技術統括部 電子材料開発研究グループ 幹部職

第10章　熱可塑型およびその他の非絶縁系コンポジット材料

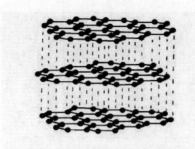

図1　グラファイトの結晶構造模式図

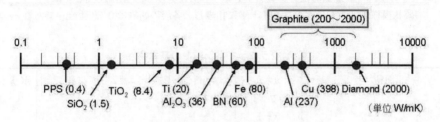

図2　各種材料の熱伝導率

寄与が大きい[5]。そのため，グラファイトのX-Y軸の熱伝導率を高くするためには，結晶の完全性，特に結晶子を大きくすることが重要である。

2.3　高熱伝導性グラファイトシート（GS）の作製と物性

　グラファイトシート（GS）の製法には二種類の方法がある。一つ目の方法は，天然グラファイトを原料とし，膨張処理後，圧延する方法である（この方法で作成されたGSを天然グラファイトシート（天然GS）と呼ぶことにする）[6]。二つ目の方法は，高分子フィルム（ポリオキサジアゾール（POD），ポリイミド（PI），ポリパラフェニレンビニレン（PPV）など）を高温熱処理する方法である[7～11]。この方法で，高熱伝導性GSを得るためには，熱処理中に分子をシートの面方向に配向させる必要があり，高分子フィルムの選択，配向性制御，炭化・黒鉛化プロセス制御（昇温速度制御等）が重要となる。㈱カネカは，これら条件を最適化することで，優れた熱伝導性（>1200 W/mK）を有するグラファイトシート（カネカGS）を商品化することに成功した。

　図3には，カネカGSの断面TEM（透過型電子顕微鏡）写真を示す。カネカGSは，六角網平面が分子レベルで整列しており，単結晶並みの結晶性を有している。このため，表1に示すように，カネカGSは，天然GSよりも4～6倍優れた熱伝導性を有する。

高熱伝導性コンポジット材料

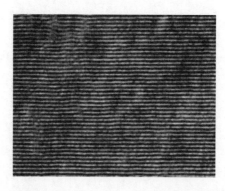

図3　高熱伝導性グラファイトシート（カネカGS）断面のTEM像
縞状模様が，図1のグラファイト層に相当し，各層の間隔は0.3354 mmである

表1　グラファイトシートの基本物性

面積		カネカグラファイトシート	天然グラファイトシート	アルミニウム	銅	ポリイミドフィルム
熱伝導率（W/mK）	X-Y軸	1200	200-300	237	398	0.1-0.5
	Z軸	5	5	237	398	0.18
電気伝導率（S/cm）	X-Y軸	1.2×10^4	1.0×10^3	3.8×10^5	6.0×10^5	1.0×10^{-16}
密度（g/cm³）		1.9	1.0	2.7	8.9	1.4

2.4　グラファイト複合シート

　グラファイトシートを，電子機器用のヒートスプレッダーとして使用する場合，発熱部品や筐体に固定する必要がある。固定するためには，アクリル系両面テープを使用するのが一般的である。また，グラファイトシートは，導電性があるために，絶縁性を必要とする箇所に使用する場合には，絶縁性を付与する必要がある。絶縁性付与のためには，PETテープ（PETフィルム／アクリル系粘着材）でグラファイトシートの少なくとも片面を被覆することが一般的である。実際の使用では，図4に示す構成が一般的である。

2.5　高熱伝導性グラファイトシートの特性

2.5.1　グラファイトシートと他材料との比較

　各種材料（ポリイミドフィルム（PI），アルミ箔，銅箔，カネカGS，天然GS）の熱拡散効果の評価を行った。具体的には，図5に示すように，ヒーター（2.0 W：サイズ10×10×1.8 mm）に，熱伝導ゲル（熱伝導度6.5 W/mK：厚さ0.3 mm）を介して，各種材料（サイ

第10章 熱可塑型およびその他の非絶縁系コンポジット材料

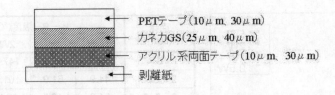

図4 グラファイト複合シートの構成例

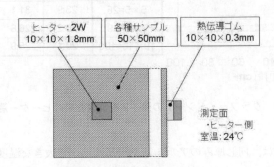

図5 熱拡散効果の評価系

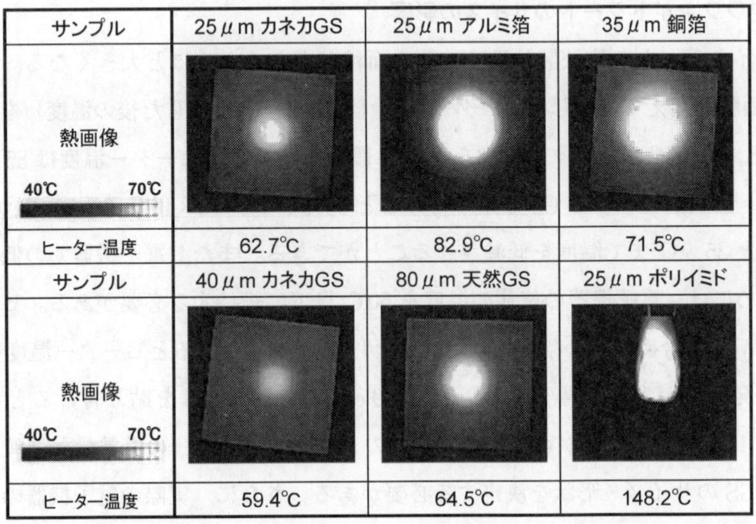

図6 各種材料の熱拡散効果を示す熱画像とヒーター温度

ズ：50×50×tmm）を貼り付け，熱画像装置（TH9100MV：NEC-アビオ）を用いてヒーターの温度を測定した。

図6には，その測定結果と熱画像を示す。熱拡散効果のほとんどないPIの場合では，ヒーター温度は148.2℃であった。それ以外の各種材料では，アルミ箔（82.9℃），銅箔（78.5℃），80μm天然GS（64.5℃），25μmカネカGS（62.7℃），40μmカネカGS（59.4℃）の順に優

253

高熱伝導性コンポジット材料

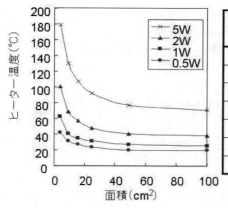

図7 グラファイトシートのサイズを変えた時のヒーター温度

面積 (cm²)	ヒーター温度(℃)			
	0.5W	1W	2W	5W
0	63.5	85.2	147.1	245.8
2×2=4	41.9	61.9	101.0	179.0
3×3=9	31.2	40.9	68.9	130.2
4×4=16	26.9	34.9	56.8	107.1
5×5=25	23.9	31.1	47.9	92.3
7×7=49	20.2	26.8	40.8	76.9
10×10=100	20.1	25.9	38.6	70.5

れていた。カネカGSは，同じ厚みのアルミ箔や銅箔に比べて大きな温度低減効果を有している。また，カネカGSは，天然GSに比べても優れた熱拡散効果を有しており，25 μm カネカGSは，3倍以上の厚みを有する 80 μm 天然GSよりも優れた熱拡散効果を有している。

2. 5. 2 グラファイトシートのサイズの影響

グラファイトシートの熱拡散効果は，その面積が大きくなるほど大きくなる。図7にはカネカGSの面積を変えて測定したヒーター温度（温度が一定に達した後の温度）を示す。例えばカネカGSを使用せずヒーター電力を1Wに設定した場合，ヒーター温度は85.2℃であったが，4×4=16 cm² のカネカGSを貼り付けると34.9℃に，10×10=100 cm² のカネカGSを貼り付けると25.9℃まで温度を低減させることができる。また，電子機器での低温やけどを防止するためには，電子機器の筐体の温度を50℃以下に維持する必要がある。ヒーターの発熱量が0.5Wの場合には，2×2=4 cm² のカネカGSを貼り付けるとヒーター温度を41.9℃，ヒーターの発熱量が1Wの場合には，3×3=9 cm² のカネカGSを貼り付けるとヒーター温度を40.9℃に低減することが可能になる。このように，ヒーターの発熱量と低減温度に応じて，カネカGSのサイズ・形状を決定する必要がある。さらに，実際の電子機器の内部には，限られたスペースしかない。従い，電子機器内の熱源の位置や個数を考慮して，シミュレーションを行い，効果的な熱伝導シートの形状を決めなければならない。小型電子機器の場合，シート形状は非常に重要で，如何に効果的に熱拡散を行うかがノウハウとなる。

2. 6 グラファイトシートのアプリケーションへの応用例

2. 6. 1 液晶ディスプレイにおけるヒートスポット緩和効果

液晶ディスプレイのヒートスポットの緩和にカネカGSを利用した場合の効果を，シミュ

第10章　熱可塑型およびその他の非絶縁系コンポジット材料

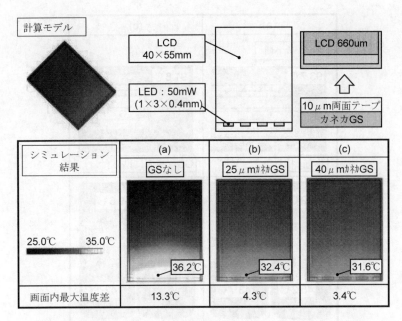

図8　液晶ディスプレイ（LED光源）におけるヒートスポット緩和
(a) 熱対策を施さない場合のヒートスポット
(b) 液晶裏面に25μmカネカGSを貼った場合のヒートスポット
(c) 液晶裏面に40μmカネカGSを貼った場合のヒートスポット

レーションによって検証した．図8には，液晶ディスプレイにGSを使用しない場合と使用した場合の熱分布を示している．(a) は，カネカGSを使用しない場合の結果であり，LED光源が搭載されている画面下部の温度が非常に高くなっており，画面内最大温度差も13.3℃あった．一方，(b) (c) は，液晶ディスプレイの裏面に25μm，40μmのカネカGSを貼り付けた場合の結果であり，画面内最大温度差を4.3℃，3.4℃まで低減できており，LED光源部分のヒートスポットを大幅に解消できている．

2. 6. 2　携帯電話におけるヒートスポット緩和効果

携帯電話のヒートスポットの緩和にカネカGSを利用した場合の効果を，シミュレーションによって検証した．図9には，筐体断面（上段図）および筐体表面の熱分布（下段図）を示している．(a) は，カネカGSを使用しない場合の結果である．発熱体の温度は93.7℃であり，筐体キーパッド側には40.6℃と43.7℃のヒートスポット，筐体裏面には40.6℃と43.7℃のヒートスポットが存在する．(b) は筐体内面に25μmのカネカGSを貼り付けた場合の結果であり，カネカGSにより裏面のヒートスポットをほぼ完全に無くす事ができている．

高熱伝導性コンポジット材料

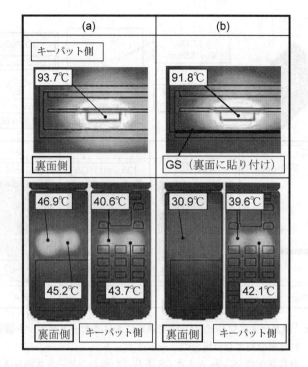

図9 携帯電話におけるヒートスポット緩和（上図：筐体断面，下図：筐体表面）
(a) 熱対策を施さない場合のヒートスポット，
(b) 筐体内面に 25μm カネカ GS を貼った場合のヒートスポット

2.7 おわりに

　この解説では高熱伝導性グラファイトシートの特性と応用について述べた。GS は，現在，電子機器の熱拡散には不可欠な素材となっており，携帯電話のみならず，パソコン，各種ゲーム機，LED 照明，液晶ディスプレイなどの各種電子機器にその用途が広がっている。今後ますます重要な材料となるであろう。

文　　献

1) 宇野麻由子，日経エレクトロニクス，2007 年 8 月 13 日号，39（2007）
2) 伊藤大貴，日経エレクトロニクス，2004 年 6 月 7 日号，67（2004）
3) 国峰尚樹，機能材料，**26**（11），18（2006）
4) 上利泰幸ほか，プラスチックエージ，**49**（April），106（2003）

第10章 熱可塑型およびその他の非絶縁系コンポジット材料

5) B. T. Kelly, Chemistry and Physics of Carbon vol.5, p.119, Marcel Dekker Inc (1969)
6) 広瀬芳明, 炭素材料の新展開, p.322, 東京工業大学応用セラミック研究所 (2007)
7) 村上睦明, 炭素材料の新展開, p.343, 東京工業大学応用セラミック研究所 (2007)
8) M. Murakami *et al.*, *Appl. Phys. Lett.*, **48** (23), 1594, (1986)
9) T. Hoshi *et al.*, *National Technical Report*, **40**, 74 (1994)
10) M. Inagaki *et al.*, Chemistry and Physics of Carbon vol.26, p.245, Marcel Dekker Inc (1999)
11) 羽島浩章ほか, 資源環境技術総合研究所報告, **17**, 1 (1996)

3 カーボンナノファイバーを添加したシリコーングリース，ゴムの熱伝導特性

富村寿夫[*1]，奥山正明[*2]

3.1 はじめに

カーボンナノファイバー（Carbon Nanofiber, CNF）は直径が数十から数百nm程度，長さがミクロンオーダーの炭素原子で構成される繊維状物質である。このCNFは，高熱伝導性，高導電性，高強度を有する素材であり，広い分野での応用が期待されている[1]。

このような背景のもと，高密度実装化された電子機器や高熱流束機器などにおける放熱系では，ヒートソースとヒートシンクとの間の接触熱抵抗を低減するために，接触面にシリコーングリースなどの熱インターフェイス材料（Thermal Interface Material, TIM）を導入する対策が講じられており，最近ではTIMの熱伝導性向上を目的として，金属粒子やCNFなどのさまざまな高熱伝導性物質の添加が試みられているが，定量的な評価は未だ十分には行われていないようである。

同様に，このようなCNFを，ゴムの補強剤などとして一般的によく使われているカーボンブラックの代わりに添加すれば，熱伝導特性，電気特性，力学的特性などが向上すると考えられる。またCNFは軸方向に上記の特性を発揮することが予測され，ファイバーの配向をコントロールすることにより更なる特性の向上が期待される。

ここでは，シリコーングリースならびにゴムの熱伝導特性に及ぼすカーボンナノファイバー添加の影響について，著者らがこれまでに得た実験的知見を示す。

3.2 熱伝導率の測定原理と方法

図1に示すように，周囲を断熱した金属製ロッドの間に厚さδの試料を保持し，上部ロッドの上端を加熱，下部ロッドの下端を冷却すると，定常状態では，温度が直線的に変化する1次元温度場が形成され，上下ロッド間に温度差ΔTが生じる。そして，この温度差ΔTは，ロッド表面のミクロンオーダーの粗さとその凹空間に存在するグリースやボイドなどの熱抵抗に起因する温度差ΔT_iと厚さδ，熱伝導率λの試料層の熱抵抗に起因する温度差ΔT_sから構成されているものと考えられ，上下ロッド表面と試料との間の接触条件は同じと仮定すると，次式で与えられる。

---

*1 Toshio Tomimura 熊本大学 大学院自然科学研究科 産業創造工学専攻
　　　　先端機械システム講座 教授
*2 Masaaki Okuyama 山形大学 大学院理工学研究科 機械システム工学分野 准教授

第10章 熱可塑型およびその他の非絶縁系コンポジット材料

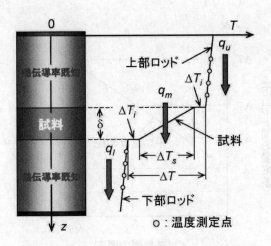

図1 上下ロッドおよび試料内の1次元温度場

$$\Delta T = 2\Delta T_i + \Delta T_s \tag{1}$$

また，試料層内の熱流束 q_m は，熱伝導率が既知の上下ロッド内の温度勾配を測定することにより求められる熱流束 q_u, q_l の算術平均値として与えられる。

$$q_m = \frac{q_u + q_l}{2} \tag{2}$$

まず，試料と上下ロッドとの間の密着性が良好で接触熱抵抗が無視できる場合，上下ロッド間で生じる温度差 ΔT は次式で近似できる。

$$\Delta T \cong \Delta T_s \tag{3}$$

以上から，試料の熱伝導率 λ は，Fourier の法則を用いることにより次式で評価することができる。

$$\lambda = q_m \frac{\delta}{\Delta T} \cong q_m \frac{\delta}{\Delta T_s} \tag{4}$$

次に，試料の熱抵抗に対し，試料と上下ロッド間の接触熱抵抗が無視できないと予測できる場合，図2に示すように，試料の厚さを3段階に変えた測定を行うと，ロッドと試料との間の接触面における温度差 ΔT_i の影響を取り除くことができるだけでなく，試料層内での平均温度勾配 $d(\Delta T_s)/d\delta$ が求まり，試料の熱伝導率 λ は次式により評価することができる。

$$\lambda = \frac{q_{mt}}{d(\Delta T)/d\delta} = \frac{q_{mt}}{d(\Delta T_s)/d\delta} \tag{5}$$

高熱伝導性コンポジット材料

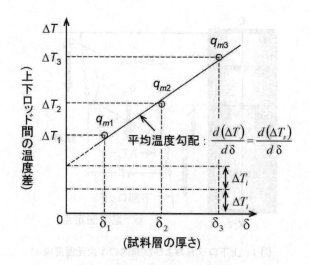

図2 上下ロッド間の温度差 ΔT と試料層厚さ δ の関係

ここで，

$$q_{mt} = \frac{q_{m1} + q_{m2} + q_{m3}}{3} \tag{6}$$

であり，q_{m1}, q_{m2}, q_{m3} は，それぞれ，試料の厚さが δ_1, δ_2, δ_3 の場合の試料内での熱流束である。

さらに，この平均勾配線を，試料の厚さが $\delta \to 0$ まで形式的に外挿した切片の値から，ロッドと試料との間の接触面における温度差 ΔT_i が求まり，接触熱抵抗 $r_m = \Delta T_i / q_m$ も評価することができる。

上記の方法は，試料の厚さを3段階に変えた場合の熱流束 q_{mj}（$j = 1, 2, 3$）がほぼ一定とみなせる場合には有効であるが，実際には，試料の熱抵抗増大に伴う周囲への熱損失の増加により q_{mj} は低下し，試料の熱伝導率評価における誤差の一因子となると考えられる。

そこで，試料内での熱流束 q_m と温度差 ΔT_s はフーリエの法則から比例関係にあること，またロッドと試料との間の接触面における温度差 ΔT_i も q_m に比例することに基づき，図3に示すように，各試料の厚さ δ_j（$j = 1, 2, 3$）における上下ロッド間の温度差 ΔT_j を熱流束 q_{mj} で除した，単位熱流束あたりの上下ロッド間の温度差 $\Delta T_j / q_{mj}$ を用いると，単位熱流束あたりの温度勾配 $d(\Delta T_s / q_m)/d\delta$ が求まり，試料の熱伝導率 λ は次式により評価することができる。

$$\lambda = \frac{1}{d(\Delta T / q_m)/d\delta} \tag{7}$$

第10章 熱可塑型およびその他の非絶縁系コンポジット材料

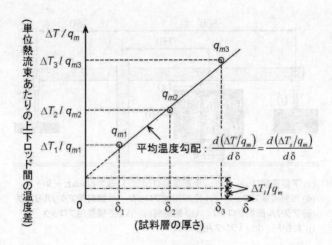

図3 単位熱流束あたりの上下ロッド間の温度差 $\Delta T/q_m$ と試料層厚さ δ の関係

なお，この場合の接触熱抵抗 $r_m=\Delta T_i/q_m$ は，図3の切片を用いて直ちに評価できる。

3.3 測定装置

図4に測定装置の概要を示す。直径30 mmの下部黄銅ロッド（a）の底面には冷却用銅ブロック（e）が設置されており，上部黄銅ロッド（b）は，直径40 mmのフィルムヒータ（c）が貼り付けられた上面直径40 mm，下面直径30 mmの加熱用銅ブロック（d）とシリコーンエラストマーを介して接続されている。

上下ロッド間には，図5に示すシリコーングリース試料保持用アクリルリングあるいは図6に示すゴム試料保持用アクリルリング（f）が挟まれており，リングの内径は28 mmである。また，シリコーングリース保持部の厚さは0.75，1.75，2.70 mmであり，リング周囲には，直径1 mmの余剰グリースおよび空気排除用の貫通孔が4ヵ所設けられている。一方，ゴム保持部の厚さは0.72 mmであり，測定で使用したゴム試料の最小厚さ1 mmより薄くなるように設定してある。なお，アクリルリング内の試料層を通過する熱量は，例えばシリコーングリース試料の場合，投入熱量の約97%と見積もられ，測定への影響は無視できる。

測定部は長さ500 mmの荷重用アームの支点から250 mmの位置に置かれ，測定部に作用する力 F はおもりによる力の2倍に拡大される。上下ロッドの側面は厚さ65 mmの断熱材（h）で覆われており，フィルムヒータ（c）の上部には厚さ20 mmのアクリル断熱ブロック（g）が設置されている。なお，測定では，リング部に掛ける平均圧力は $p_m=0.0738$ MPa一定とした。

ロッド（a），（b）により，上下ロッド間の温度差 ΔT を測定すると同時に，試料内での熱

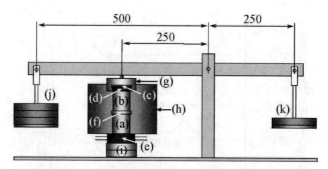

(a) 下部黄銅ロッド　(b) 上部黄銅ロッド　(c) フィルムヒーター
(d) 加熱用銅ブロック　(e) 冷却用銅ブロック　(f) 試料用アクリルリング
(g) アクリル断熱ブロック　(h) 断熱材　(i) 高さ調整用ブロック
(j) おもり　(k) バランス用おもり

図4　測定装置の概要

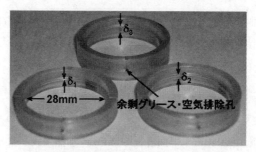

δ_1 = 0.75 mm, δ_2 = 1.75 mm, δ_3 = 2.70 mm

図5　シリコーングリース試料保持用アクリルリング

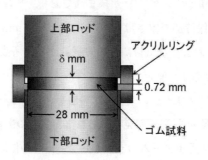

図6　ゴム試料保持用アクリルリング

流束 q_m も評価した。ロッドは，直径30 mm，長さ45 mmの黄銅製丸棒から切り出されており，表面は研磨仕上げされている。グリースと接触する端面から15，22，29，36 mmの位置に，直径0.55 mmのドリルで穴あけした深さ5 mmの温度測定点があり，各測定点には

第10章 熱可塑型およびその他の非絶縁系コンポジット材料

銀ペーストを塗布した直径 0.5 mm の T 型シース熱電対を挿入した。なお，上下ロッドの熱伝導率は，同一材料から製作した長さ 90 mm の試験片を用いた 3 回の温度測定結果から，113 W/(m·K) であった。

3.4 カーボンナノファイバー，シリコーングリース，ゴム

添加用のカーボンナノ物質として，市販のカーボンナノファイバー CNF を使用した。製品カタログによれば，平均の繊維径と繊維長は，それぞれ，150 nm と 8 μm，単繊維としての熱伝導率は 1,200 W/(m·K) である。

シリコーングリースとしては，モメンティブ・パフォーマンス・マテリアルズ・ジャパン合同会社製の放熱用シリコーンオイルコンパウンド YG6260 V ならびに YG6260 を使用した。プロダクトデータに記載されている熱伝導率の値は，それぞれ，1.00 W/(m·K)[2] ならびに 0.84 W/(m·K)[3] である。

またゴムとしては，エチレンプロピレンジエン共重合体ゴム (Ethylene-Propylene-Diene Rubber, EPDM) を使用した。

3.5 カーボンナノファイバーを添加したシリコーングリースの熱伝導特性

まず，本測定方法の妥当性を検証するために，熱伝導率が既知のシリコーングリースのみ，すなわち CNF の重量割合が $w_{CNF} = 0$ wt% の場合の測定結果について説明する。

図 7 に，グリース（放熱用シリコーンオイルコンパウンド YG6260 V）の厚さが $\delta = 1.75$ mm，加熱量が $Q = 5.4$ W の場合の上下ロッドの軸方向温度分布の例を示す。横軸 z は，図 1 に示したように，上部ロッドの上端から下方に向かって測った距離であるが，では簡単の

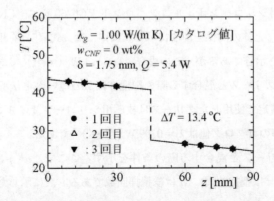

図7 上下ロッドの軸方向温度分布の例（$w_{CNF} = 0$ wt%）
[放熱用シリコーンオイルコンパウンド YG6260 V]

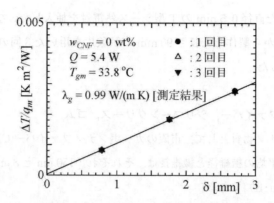

図8 単位熱流束あたりの温度差 $\Delta T/q_m$ とグリース層厚さ δ の関係 ($w_{CNF} = 0\,\text{wt}\%$)
[放熱用シリコーンオイルコンパウンド YG6260 V]

ためグリース層の厚さ部分は省略した。ここでは，定常状態に達した後，10 分程度の時間間隔をおいて 3 回の測定を行ったが，それらの結果を記号●，△，▼で示した。また，実線は，それらを一括して 1 次式で最小二乗近似した結果である。図から，上下ロッド内の温度が直線的に変化し，1 次元の定常温度場が形成されているのが確認できる。

図 8 に，図 7 のようにして得られた結果を，グリース層の厚さ δ_j ($j=1, 2, 3$) に関し，単位熱流束あたりの温度差 $\Delta T/q_m$ と δ_j の関係で整理した結果を示す。ここで，実線は，記号●，△，▼で示した 3 回の測定結果を一括して 1 次式で最小二乗近似した結果である。なお，T_{gm} はグリース層の平均温度である。この例の場合，3.2 で説明した方法により，式 (5) を用いて得られるグリースの熱伝導率は $\lambda_g = 0.99\,\text{W}/(\text{m}\cdot\text{K})$ である。同じ測定を合計 3 回行った結果，平均値として $0.98\,\text{W}/(\text{m}\cdot\text{K})$ が得られた。この値は，カタログ値 $1.00\,\text{W}/(\text{m}\cdot\text{K})$[2] と良好に一致しており，本測定法の妥当性を確認することができる。

同様にして，放熱用シリコーンオイルコンパウンド YG6260 V に，CNF を $w_{CNF} = 1.5\,\text{wt}\%$ 添加した場合の $\Delta T/q_m$ と δ の関係を図 9 に示す。図中には，式 (5) を用いて得られるグリースの熱伝導率 λ_g の値も示してあるが，この場合，$\lambda_g = 1.4\,\text{W}/(\text{m}\cdot\text{K})$ であった。

ここでは，CNF をグリースと混合する際の総撹拌回数の違いが熱伝導率に及ぼす影響についても検討した。本測定で使用したグリースは放熱用シリコーンオイルコンパウンド YG6260 であり，その熱伝導率のカタログ値は $\lambda_g = 0.99\,\text{W}/(\text{m}\cdot\text{K})$[3] である。

表 1 に，CNF をグリースと混合する際の条件を示す。ここで，w_{CNF} は CNF の重量割合，N は撹拌の回転速度，t は撹拌時間，Nt は総撹拌回数である。表に示したように，ここでは，w_{CNF} を約 $2\,\text{wt}\%$ 一定，また t を $15\,\text{min}$ 一定とし，撹拌の回転数を変えることにより，総撹拌回数を変化させた。

第10章 熱可塑型およびその他の非絶縁系コンポジット材料

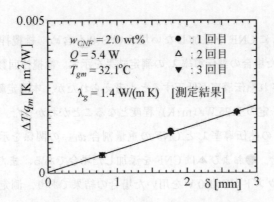

図9 単位熱流束あたりの温度差 $\Delta T/q_m$ とグリース層厚さ δ の関係（w_{CNF} = 1.5wt%）
［放熱用シリコーンオイルコンパウンド YG6260 V］

表1 カーボンナノファイバーとグリースの混合条件

試料名	S-1	S-2	S-3	S-4
重量割合 w_{CNF} [wt%]	1.92	2.11	1.92	2.20
回転速度 N [rpm]	1.0	2.0	3.0	4.5
撹拌時間 t [min]	15	15	15	15
総撹拌回数 Nt [-]	15	30	45	67.5

図10 カーボンナノファイバーとグリースの混合

図10に混合の様子を示す。内径58 mm，深さ34.6 mmの透明容器内に所定量のCNFとグリースを入れ，ギヤヘッド先端に取り付けた4枚の回転羽根を一定回転数で15分間ほど回し，混合した。なお，混合を始めると，回転羽根にCNFとグリースが塊となって付着し羽根の後方に抜けていかないので，羽根の前面に付着した塊を棒で掻き落としながら混合を続け

た。

　図11に，グリースにCNFを添加しない場合のS-0も含め，総攪拌回数 Nt を15回から67.5回まで変化させた場合の熱伝導率 λ_g の測定結果を示す。総攪拌回数の増大に伴いファイバー繊維が短く切断され熱伝導率が低下するとも考えられたが，本測定範囲ではそのような傾向は見られず，ほぼ一定の 1.25 W/(m·K) 程度となることがわかった。

　図12に，グリースの熱伝導率 λ_g と CNF の重量割合 w_{CNF} の関係を示す。ここで，記号○はグリースのみの場合，●および▲は CNF を添加した場合である。また実線は，放熱用シリコーンオイルコンパウンド YG6260 V を用いた場合の結果であり，測定範囲の $0 \leq w_{CNF} \leq 2$ wt% で最小二乗法により2次式近似した相関式は，次式で与えられる。

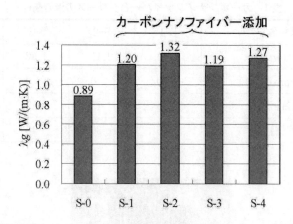

図11　単位熱流束あたりの上下ロッド間の温度差 $\Delta T/qm$ とグリース層厚さ δ の関係に及ぼすカーボンナノファイバー重量割合 w_{CNF} の影響（$w_{CNF} = 2.0$ wt% の場合）

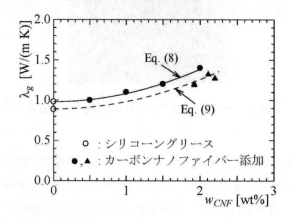

図12　グリースの熱伝導率 λ_g とカーボンナノファイバーの重量割合 w_{CNF} の関係

第10章　熱可塑型およびその他の非絶縁系コンポジット材料

$$\lambda_{g1} = 0.10 w^2_{CNF} + 0.98 \tag{8}$$

一方，破線は，放熱用シリコーンオイルコンパウンド YG6260 を用いた場合の結果であり，上式において $w_{CNF} = 0$ wt% の場合の λ_g の値 0.98 W/(m·K) で式 (8) を除し，さらにその式に $w_{CNF} = 0$ wt% の場合の本測定結果 0.89 W/(m·K) を掛けた次式，

$$\lambda_{g2} = (0.89/0.98)\lambda_{g2} = 0.091 w^2_{CNF} + 0.89 \tag{9}$$

をプロットした結果である。図から，記号▲で示した YG6260 を用いた測定結果は，記号●で示した YG6260 V を用いた測定結果と同様な傾向を示し，再現性の良い測定が行われていることが確認できるとともに，グリースに CNF を添加した場合の熱伝導率 λ_g は重量割合 w_{CNF} の 2 次関数として与えられることがわかる。なお，CNF の添加量が増加するとともにグリースの粘性も増大し流動性を失うため，CNF の添加量は $w_{CNF} = 2$ wt% 程度が限界と考えられる。

3.6　カーボンナノファイバーを添加したゴムの熱伝導特性

カーボンナノファイバー（CNF）を添加することによるエチレンプロピレンジエン共重合体ゴム（EPDM）の熱伝導率の向上ならびに熱伝導率に及ぼすファイバーの配向性を調べるために，ファイバーがゴムシートに沿う平行配向試料と直交する垂直配向試料の 2 種類を製作した。

図 13 に示すように，CNF と EPDM を混ぜ込んだ原料をオープンロールに投入し，均等に混ざり合うように混練を行う。次に，図 14 に示すように，混練した素材をシート状に切り分けることにより平行配向試料を，またゴムシートを短冊状にカットし，90°回転させて繋ぎ合わせた素材（図 15 参照）を成形することにより垂直配向試料を作製した。

図 16 および図 17 に，試料 EC150（表 2 参照）を例として，それぞれ，平行配向および垂

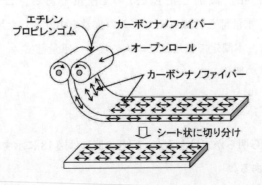

図 13　カーボンナノファイバーを添加したゴムシートの作製

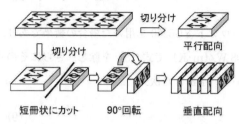
図14 平行配向ゴム試料と垂直配向ゴム試料の作製

図15 成形前の垂直配向ゴム試料

図16 平行配向ゴム試料 EC150 の SEM 画像例

図17 垂直配向ゴム試料 EC150 の SEM 画像例

直配向の場合のSEM写真を示す。写真中の白い短線がカーボンナノファイバーであり、ファイバーがゴム内部において比較的コントロールされた状態で配向していることがわかる。

本測定で用いたゴム試料は、表2に示すように、CNFを添加しないEPDMのみのEPDM, EPDMにCNFを14.1 wt%（50 phr）添加したEC50, 33.0 wt%（150 phr）添加したEC150およびEC287 48.5 wt%（287 phr）添加したEC287の4種類である。ここで、phr（parts per hundred rubber）は、重量部と呼ばれる、ゴムの重量を100とした場合の添加物の重量を表す単位であり、特に、本測定で使用したゴムの場合、重量部 x_{CNF} [phr] と重量割合 w_{CNF} [wt%] との間には次式の関係，

$$x_{CNF} = \frac{304 w_{CNF}}{100 - w_{CNF}} \qquad (10)$$

がある。なお、上式から明らかではあるが、両者の間には図18に示すように非線形の関係があるので注意が必要である。

図19に，エチレンプロピレンジエン共重合体ゴム（EPDM）の熱伝導率 λ_r に及ぼすカーボ

第 10 章　熱可塑型およびその他の非絶縁系コンポジット材料

表 2　カーボンナノファイバーを添加したゴム試料の重量割合と重量部

試料名	EPDM	EC50	EC150	EC287
重量割合 w_{CNF} [wt%]	0	14.1	33.0	48.5
重量部 x_{CNF} [phr]	0	50	150	287

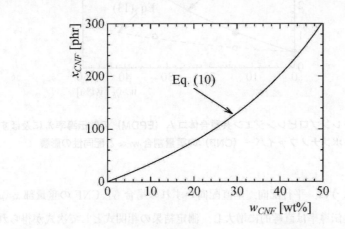

図 18　測定に使用したゴムの試料の重量部 x_{CNF} [phr] と重量割合 w_{CNF} [wt%] の関係

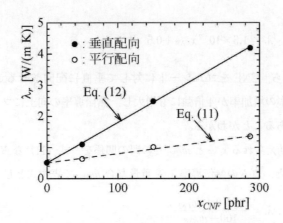

図 19　エチレンプロピレンジエン共重合体ゴム（EPDM）の熱伝導率 λ_r に及ぼすカーボンナノファイバー（CNF）の重量部 x_{CNF} と配向性の影響

ンナノファイバー（CNF）の添加量ならびに配向性の影響を示す。記号〇が平行配向，●が垂直配向の場合の測定結果である。なお測定に際しては，ゴム試料とロッドとの間の接触熱抵抗を極力低減するために，接触面にグリース（信越シリコーン製　オイルコンパウンド G-747，$\lambda_g = 0.90$ W/(m·K)［カタログ値］）を塗布した。また，厚さの異なるゴム試料が 2 種類しか作製できなかったため，熱伝導率の評価は式（4）を用いて行い，その算術平均値を示した。

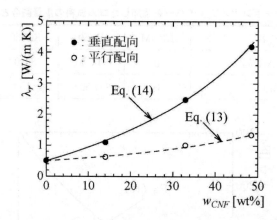

図20 エチレンプロピレンジエン共重合体ゴム（EPDM）の熱伝導率 λ_r に及ぼすカーボンナノファイバー（CNF）の重量割合 w_{CNF} と配向性の影響

図から明らかなように，平行配向，垂直配向いずれの場合も，CNF の重量部 x_{CNF} が増大するとともにゴムの熱伝導率は直線的に増大し，測定結果の相関式として次式が得られる。

平行配向の場合： $\lambda_r = 3.0 \times 10^{-3} x_{CNF} + 0.5$ (11)

垂直配向の場合： $\lambda_r = 1.3 \times 10^{-2} x_{CNF} + 0.5$ (12)

図ならびに上式から，CNF をゴムシートに対して垂直に配向させることにより，重量部 x_{CNF} に対する熱伝導率の増加率が4倍強にも増大し，熱伝導率の向上にファイバーの配向コントロールが効果的であることがわかる。

なお，式（10）で与えられる x_{CNF} と w_{CNF} との間の関係を，式（11）ならびに式（12）に代入して x_{CNF} を消去すると，ゴムの熱伝導率 λ_r を重量割合 w_{CNF} で表す式として次式が得られる。

平行配向の場合： $\lambda_r = \dfrac{50 + 0.41 w_{CNF}}{100 - w_{CNF}}$ (13)

垂直配向の場合： $\lambda_r = \dfrac{50 + 3.5 w_{CNF}}{100 - w_{CNF}}$ (14)

図20 に，上式で与えられる相関式を測定結果とともに示す。当然のことではあるが，両者の間には良好な一致が得られている。

以上，著者らがこれまでに行ってきた一連の測定の途上で得られた知見の一部を紹介したが，今後，再現性の確認も含めた数多くの測定の積み重ねが必要である。

第 10 章　熱可塑型およびその他の非絶縁系コンポジット材料

文　　献

1) NEDO 技術開発機構，よくわかる技術解説カーボンナノチューブ，http://app2.infoc.nedo.go.jp/kaisetsu/nan/nan07/index.html
2) モメンティブ・パフォーマンス・マテリアルズ・ジャパン合同会社，Product Dada 放熱用シリコーンオイルコンパウンド YG6260 V，http://www.momentive.jp
3) モメンティブ・パフォーマンス・マテリアルズ・ジャパン合同会社，Product Dada 放熱用シリコーンオイルコンパウンド YG6260，http://www.momentive.jp

高熱伝導性コンポジット材料《普及版》(B1187)

2011年 1月26日　初　版　第1刷発行
2016年12月 8日　普及版　第1刷発行

監　修	竹澤由高	Printed in Japan
発行者	辻　賢司	
発行所	株式会社シーエムシー出版	

東京都千代田区神田錦町 1-17-1
電話 03(3293)7066
大阪市中央区内平野町 1-3-12
電話 06(4794)8234
http://www.cmcbooks.co.jp/

〔印刷　あさひ高速印刷株式会社〕　　　　　　　© Y.Takezawa 2016

落丁・乱丁本はお取替えいたします。

本書の内容の一部あるいは全部を無断で複写（コピー）することは，法律で認められた場合を除き，著作権および出版社の権利の侵害になります。

ISBN978-4-7813-1129-6　C3043　¥5400E